教育部规划教材
中等职业学校机械专业
（含岗位培训　行业中级技术工人等级考核）

装配钳工工艺与技能训练

蒋增福　主编

高等教育出版社

内容简介

本书是根据教育部 2003 年 12 月颁布的《中等职业学校数控应用专业领域技能型紧缺人才培养培训指导方案》中核心教学与训练项目的基本要求，并参照装配钳工国家职业标准和行业职业技能鉴定规范对中级装配钳工的考核内容编写的。

本书的主要内容有：装配钳工的基础知识、装配钳工基本技能与技能训练、装配工艺与主要机构的装配、典型组件部件及设备的装配、机床的精度检验与试车以及考证综合练习等。

本书可作为中等职业学校机械类及其相关专业的教学用书，也可作为有关行业岗位培训及职业技能鉴定培训教材。

图书在版编目（CIP）数据

装配钳工工艺与技能训练 / 蒋增福主编 . —北京：高等教育出版社，2008.4（2020.11 重印）

ISBN 978-7-04-023468-8

Ⅰ. 装… Ⅱ. 蒋… Ⅲ. 安装钳工-专业学校-教材

Ⅳ. TG946

中国版本图书馆 CIP 数据核字（2008）第 028965 号

策划编辑	陈大力	责任编辑	薛立华	封面设计	李卫青	责任绘图　朱　静
版式设计	王艳红	责任校对	朱惠芳	责任印制	刁　毅	

出版发行	高等教育出版社	咨询电话	400—810—0598
社　　址	北京市西城区德外大街 4 号	网　　址	http://www.hep.edu.cn
邮政编码	100120		http://www.hep.com.cn
印　　刷	山东百润本色印刷有限公司	网上订购	http://www.landraco.com
开　　本	787×1092　1/16		http://www.landraco.com.cn
印　　张	15	版　　次	2008 年 4 月第 1 版
字　　数	360 000	印　　次	2020 年 11 月第 6 次印刷
购书热线	010—58581118	定　　价	22.70 元

前　　言

为了贯彻落实"全国职业教育工作会议"精神，满足劳动力市场对技能型人才的需求，根据 2003 年 12 月颁布的《中等职业学校数控应用专业领域技能型紧缺人才培养培训指导方案》中核心教学与训练项目的基本要求，参照装配钳工国家职业标准和行业职业技能鉴定规范对中级装配钳工的考核内容，结合中国职业教育的特点和教学目标，编写了本书。

本书紧紧把握职业教育的方向和培养目标，严格按照新的国家职业标准来编排内容。在教材的编写过程中，正确处理知识与技能训练的关系及所学本领与职业技能鉴定考核的关系；充分贯彻以技能训练为主线、着重提高学生操作技能的原则。为满足不同地区、不同层次学生对实际操作的需要，本书在技能训练的内容安排上富有弹性，在保证教学目标的前提下积极培养学生的创新能力。

本书在理论知识的编排中，坚持以够用为度的原则；在技能训练的实习中，坚持以生产实际为本的原则，使训练项目更具有针对性、实践性和广泛的适用性。为使学生具有适应第一职业的能力，顺利考取职业资格等级证书，本书最后还编排了考证练习。在考证综合练习中，按照职业技能鉴定考核的命题格式、命题范围及命题的难易程度，精心编排了理论知识及技能鉴定考核模拟试题。理论知识试题附有参考答案，技能试题附有评分标准。

本书以最小的篇幅和精练的语言由浅入深地讲述了从装配钳工入门到中级钳工应掌握的理论知识和应会的操作技能，使学生易学、易懂、易记、易用，完全能满足教学大纲的要求和行业职业技能鉴定考核的需要。本书不仅可作为中等职业学校、职业技术院校机械类专业教材，还可作为各类院校学生考取初中级装配钳工国家职业资格等级证书的培训教材，并可作为职工的岗位培训、职业技能鉴定培训和自学用书。

本书由蒋增福、陈旭、崔丽霞、李爱武、王永琳、谢立宇编写，蒋增福主编。高等教育出版社刘兴祥审阅了本书。

由于编者水平有限，本书不足之处在所难免，敬请广大读者批评指正，以利本书的修正、补充和完善。

编　者

2007 年 11 月

目　　录

绪论 ……………………………… 1

项目1　装配钳工的基础知识 ……… 3

　1.1　入门知识 ………………………… 3

　1.2　装配钳工常用工具 …………… 11

　1.3　常用量具、量仪及测量方法 …… 16

项目2　装配钳工基本技能与技能

　　　　训练 …………………………… 37

　2.1　划线 …………………………… 37

　2.2　錾削、锉削与锯削 …………… 45

　2.3　刮削与研磨 …………………… 58

　2.4　钻孔、攻螺纹与套螺纹 ……… 71

　2.5　综合技能训练（一） ………… 88

　2.6　弯形与矫正 …………………… 92

　2.7　锡焊、粘接与铆接 …………… 96

　2.8　综合技能训练（二） ………… 103

项目3　装配工艺与主要机构的

　　　　装配 …………………………… 112

　3.1　装配工艺的基本知识 ………… 112

　3.2　固定连接的装配 ……………… 125

　3.3　传动机构的装配 ……………… 133

项目4　典型组件部件及设备的

　　　　装配 ……………………… 165

　4.1　组件与部件的装配 …………… 165

　4.2　减速器的装配 ………………… 174

项目5　机床的精度检验与试车 … 181

　5.1　机床精度的检验 ……………… 181

　5.2　试车简介 ……………………… 197

项目6　考证综合练习 …………… 200

　6.1　理论知识与技能训练试题 …… 200

　6.2　职业技能鉴定考核模拟试卷 …… 226

参考答案 …………………………… 233

绪　　论

教育是民族振兴的基石，大力发展职业教育是建设有中国特色社会主义的一项长期战略方针。随着科学技术的迅速发展，我国机器制造行业正在向着世界先进行列阔步前进。任何一个机器制造厂的最终产品，如汽车、拖拉机、机床等均是由装配钳工装配而成的，所以装配钳工是机器制造业诸多工种中最重要的工种之一。

装配钳工工艺与技能训练是研究机器装配、调整和试车的一种专门工艺学。它把生产实践中的基本技能、装配技能、精度检验、机器调整与试车等综合为系统的理论知识，并与现代先进技术相结合，融知识性、科学性和实践性为一体，对指导生产、提高生产效率、保证产品质量、增加经济效益都有积极的作用。

装配钳工的职业定义是：操作机械设备或使用工装、工具，进行机械设备零件、组件或成品组合装配与调试的人员。装配钳工的特点是手工操作多、灵活性强、工作范围广、技术要求高，且操作者本身的技能水平直接影响机器总成的综合质量。

装配钳工基本操作技能包括划线、錾削、锉削、锯削、钻孔、攻螺纹、套螺纹、弯形与矫正、铆接与粘接、刮削与研磨等。装配技能包括固定连接的装配，传动机构的装配，部件组件的装配，机器设备的总装配、调整、精度检验与试车等。

装配钳工工艺与技能训练课程是中等职业学校机械类专业开设的集工艺理论与技能训练为一体的专业课。课程的任务是使学生掌握初、中级装配钳工应知的理论知识和应会的操作技能，培养学生理论联系实际、分析和解决生产中一般问题的能力。

本课程是一门实践性很强的专业技术课，学习时应以技能为主线，并坚持用理论知识指导技能训练，通过技能训练加深对理论知识的理解、消化、巩固和提高。要求学生必须认真观察、模仿老师的示范操作，并进行反复练习，达到掌握各种操作技能的目的。

本书综合技能训练是各单项技能训练的综合、巩固与提高阶段，读者在进行综合训练前，应首先复习各单项技能训练的理论知识，通过老师指导，提高分析问题、解决问题和实际制作的能力。

本书考证综合练习部分，是根据所学过的理论知识和职业技能鉴定考核的范围编排出来的。除了要求读者在考证前进行系统完整的强化训练外，平时最好化整为零将其分散穿插到相关的项目中进行分析、讲解和考查，以减小考证前强化训练时对学生的压力。

读者学完本课程后应达到如下要求：

1）熟悉装配钳工的安全操作规程，养成安全生产、文明生产的良好习惯，避免人身及设备事故的发生。

2）掌握装配钳工常用工具、量具、量仪及设备的结构、原理、使用及保养方法。

3）熟悉装配钳工常用工具的几何形状，掌握其使用与刃磨方法。

4）掌握中级装配钳工应具备的理论知识及有关计算，并能熟练查阅装配钳工方面的手册和资料。

5）掌握装配钳工应具备的錾削、锉削、锯削、刮削、研磨、弯形、铆接和粘接等基本技能。

6）掌握中级装配钳工应会的工件制作和设备装配的技能，能对制作的工件、设备装配质量进行分析，能解决生产中一般技术问题。

7）能独立制订中等复杂工件制作的加工工艺；能制订简单设备装配的装配工艺。

8）了解机械装配方面的新工艺、新材料、新设备和新技术，理解提高生产率方面的有关知识。

9）学生在毕业前，通过职业技能鉴定考核达到中级装配钳工的水平。

项目

装配钳工的基础知识

1.1 入门知识

一、装配钳工安全操作知识

1）装配设备时，在制订装配方案的同时，必须制订相应的安全措施，确保生产安全。

2）操作前，应穿戴必要的劳保防护用品，同时遵守相关的规定。如使用电动工具时，需要穿戴绝缘手套和胶鞋；使用手持照明灯时，其工作电压应低于 36 V。

3）多人、多层作业时，要做到统一指挥、密切配合、动作协调，以确保安全。

4）装配用的零部件按相关规定摆放，不要乱丢乱放。

5）起吊和搬运重零部件时，应严格遵守起重工安全操作规程。

6）高处作业必须佩戴安全帽，系好安全带。不准上下抛掷工具或零件。

7）试车前，应检查电源的接法是否正确；各部分的手柄、行程开关、撞块等是否灵敏可靠，传动系统的安全防护装置是否齐全。确认无误后，方可开车运转。

二、装配钳工常用设备

1. 装配钳工工作台

钳工工作台（图 1-1）简称钳工台、钳桌或钳台，其主要作用是用来安装台虎钳和存放钳工的工、夹、量具。

2. 台虎钳

台虎钳是用来夹持工件的通用夹具。它的规格用钳口的宽度来表示，常用的规格有 100 mm、125 mm、150 mm 和 200 mm 等。

台虎钳有固定式和回转式两种，见图 1-2。两者的基本结构和工作原理大致相同，其不同点只是回转式台虎钳比固定式台虎钳多了一个转盘座，钳身可在转盘座上转动。因此，回转式台虎钳使用起来更方便，应用更广泛，可满足不同加工方位的需要。

3. 砂轮机

砂轮机是用来刃磨各种刀具、工具的常用设备。它由电动机、砂轮机座、托架和防护罩等

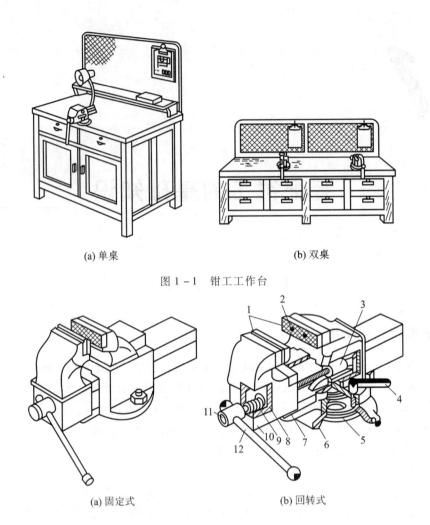

(a) 单桌　　　　　　　　　　　(b) 双桌

图 1 - 1　钳工工作台

(a) 固定式　　　　　　　　　　(b) 回转式

图 1 - 2　台虎钳

1—钳口；2—螺钉；3—螺母；4、12—手柄；5—夹紧盘；6—转盘座；

7—固定钳身；8—挡圈；9—弹簧；10—活动钳身；11—丝杠

几部分组成，见图 1 - 3。

砂轮较脆，且转速又很高，使用时应严格遵守以下安全操作规程：

1）砂轮的旋转方向要正确，只能使磨屑向下飞离砂轮。

2）砂轮机起动后，应在砂轮旋转平稳后再进行磨削。若砂轮有明显的跳动，应及时停机修理。

3）托架与砂轮之间的距离应保持在 3 mm 以内，以防止工件扎入而造成事故。

4）磨削时应站立在砂轮机的侧面，且用力不宜过大。

4. 压力机

装配钳工用的压力机有手动式（手动压床）、液动式和气动式等几种，而应用最广泛的是手动压床。手动压床是一种手动的、吨位较小的压力机械，主要用于那些连接方式为过盈连接的零件的拆卸和装配，也可用来矫正或矫直弯曲变形的零件。常用的手动压床见图 1 - 4。

5. 千斤顶

千斤顶是一种小型的起重工具，主要用来起重小型设备、零部件或重物。千斤顶的体积小，操作简单，使用方便。装配钳工常用的千斤顶有螺旋式（图1-5）和液压式（图1-6）两种。

6. 轴承加热器

轴承加热器是一种专门用来对轴承体进行加热，以获得所需要的膨胀量和去除新轴承表面防锈油的加热装置。轴承加热器有用油加热的，见图1-7；也有利用电磁感应进行加热的，见图1-8。

图1-7所示轴承加热器的工作原理是：当接通配电箱5中的电源后，油槽底部的螺旋管加热器开始发热，对油箱中的油进行加热，使浸泡在油中的轴承体的温度随油温的升高而升高，从而产生所需要的膨胀量。

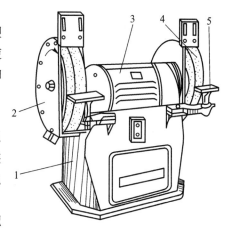

图1-3 砂轮机

1—砂轮机座；2—防护罩；
3—电动机；4—砂轮；5—托架

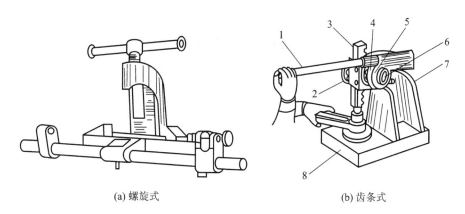

(a) 螺旋式　　　　　　　　(b) 齿条式

图1-4 手动压床

1—手把；2—手轮；3—齿条；4—棘爪；5—棘轮；6—轴；7—床身；8—底座

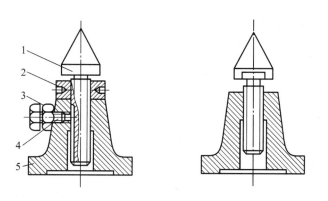

图1-5 螺旋式千斤顶

1—顶尖；2—螺母；3—锁紧螺母；4—螺钉；5—基体

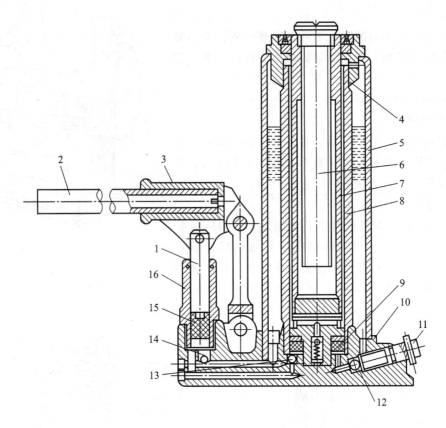

图 1-6 液压式千斤顶

1—液压泵芯；2—油缸手把；3—揿手；4—顶帽；5—外套；6—调整螺杆；

7—活塞杆；8—活塞缸；9、15—活塞胶碗；10—底盘；11—回油开关；

12、13、14—单向阀；16—液压泵缸

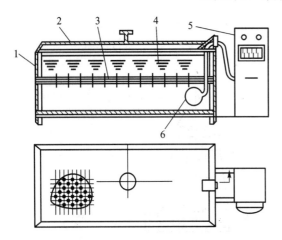

图 1-7 用油加热的轴承加热器

1—油箱；2—盖；3—油盘；4—重型机械油；

5—配电箱；6—螺旋管加热器

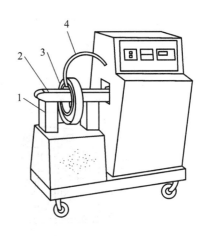

图 1-8 利用电磁感应加热的轴承加热器

1—铁心；2—轭铁；

3—轴承；4—测温导线

利用电磁感应加热的轴承加热器要比用油加热的加热器节能、安全，效率高且操作方便。图 1－8 所示轴承加热器的工作原理是：加热时，将轭铁 2 的左端抬起，套入轴承 3 后，轭铁 2 落下放平，并与铁心 1 保持紧密接触；再将测温导线 4 连接到轴承 3 上。接通电源，通过测温导线 4 来控制轴承体被加热的温度，以获得所需要的膨胀量。

7. 钻床

钻床是常用的金属切削机床，可用它进行钻孔、扩孔、铰孔、攻螺纹、套螺纹和研磨等多种加工。钻床有台式钻床、立式钻床和摇臂钻床等多种。

（1）台式钻床

台式钻床是装配钳工常用的一种小型钻床，一般用来钻削直径在 13 mm 以下的孔。钻床的规格是指钻孔的最大直径。图 1－9 所示是一种最常见的台式钻床。电动机 5 轴端装有 5 级带轮，可使主轴获得 5 种转速。台架 4 连同电动机 5 与 5 级带轮可在立柱 9 上作上下移动，同时也可绕立柱任意转动。工作台 3 也可在立柱上作上下移动和绕立柱转动。当加工小工件时，可将工件放在工作台上；当加工较大工件时，可将工作台转开，将工件直接放在底座 1 上进行加工。使用台式钻床时，应注意以下几点：

1）在使用过程中，必须保持工作台面整洁。

2）钻通孔时，必须保证钻头能够通过工作台面上的让刀孔，或在工件下面垫上垫铁，以免钻坏工作台面。

3）钻削工作结束后，应将钻床外露的滑动面及工作台面擦拭干净，并对各滑动面和注油孔加注润滑油。

（2）立式钻床

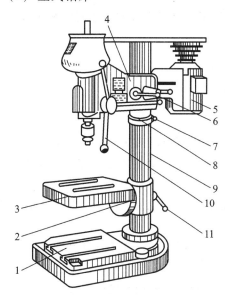

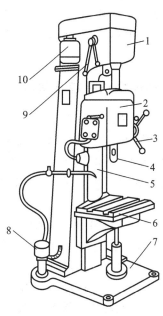

图 1－9　台式钻床

1—底座；2—锁紧螺钉；3—工作台；
4—台架；5—电动机；6—手柄；
7—螺钉；8—保险环；9—立柱；
10—进给手柄；11—锁紧手柄

图 1－10　Z525 型立式钻床

1—主轴变速箱；2—进给箱；3—进给手柄；
4—主轴；5—床身（立柱）；6—工作
台；7—底座；8—冷却系统；
9—变速手柄；10—电动机

立式钻床一般用来钻削中小型工件上的孔，其规格有 25 mm、35 mm、40 mm 及 50 mm 等几种。它的功率较大，可实现机动进给，因此，可获得较高的生产效率和加工精度。图 1-10 所示是一种应用比较广泛的立式钻床。床身(立柱)5 固定在底座 7 上；主轴变速箱 1 固定在箱形床身的顶部；进给箱 2 安装在床身导轨面上，可以沿着床身导轨上下移动，以满足不同工件的加工需要；工作台 6 安装在床身导轨下方，也可以沿着床身导轨上下移动。使用立式钻床时，应注意以下几点：

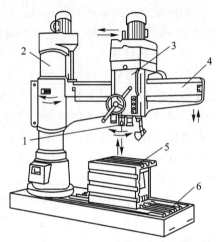

1）在使用立式钻床前，必须先进行空转试车，待机床各机构正常工作后方可操作。

2）钻削工作中不采用机动进给时，应将进给手柄 3 的端盖向里推，以断开机动进给。

3）变换主轴转速和机动进给量时，应在停车状态下进行。

（3）摇臂钻床

摇臂钻床见图 1-11，它适用于对较大型、中型及多孔工件的单件、小批或中等批量的孔进行钻削加工。它是靠移动主轴 1 来进行找正的，所以使用起来既方便又灵活。

摇臂钻床的主轴箱 3 不仅可以在摇臂 4 上的较大范围内移动，而且摇臂 4 又可以绕立柱 2 作 360°回转，还可以沿着立柱上下移动，所以摇臂钻能在很大范围内工

图 1-11　摇臂钻床
1—主轴；2—立柱；3—主轴箱；
4—摇臂；5—工作台；6—底座

作。钻削时，中小型工件可以固定在工作台 5 上，大型工件可以直接放置在底座 6 或地面上进行加工。

三、钻床操作规程及保养

1. 钻床的安全操作规程

使用钻床时应遵守以下安全技术操作规程：

1）工作前，对所用钻床和工具、夹具、量具进行全面检查，确认正常方可操作。

2）工件装夹必须牢靠，即使钻小孔时，也要用工具夹持，禁止用手拿工件。操作中严禁戴手套。

3）使用自动进给时，要选好进给速度，调整好限位块。手动钻削时，一般按照逐渐增压和逐渐减压原则进行，以免用力过猛，造成事故。

4）钻头上绕有长钢屑时，要停车清除。禁止用风吹或用手拉，要用刷子或钩子清除。

5）精铰深孔时，拔取测量用具不能用力过猛，以免手撞在刀具上。

6）严禁在旋转的刀具下翻转、卡压或测量工件。严禁用手触摸旋转的刀具。

7）摇臂钻的摇臂回转范围内不得有障碍物。工作前，摇臂必须夹紧。

8）摇臂和工作台上不得放任何物件。

9）工作结束后，应将摇臂降低到最低位置，主轴箱靠近立柱，并且都要夹紧。

2. 钻床的保养

做好机床设备的保养工作，对于减少设备事故，延长机床使用寿命具有十分重要的作用。机床的保养实行"三级保养制"，即日常保养、一级保养和二级保养。

钻床的日常保养包括：班前、班后由操作者认真检查、擦拭钻床各个部位和注油保养，使钻床经常保持润滑、清洁。班中钻床发生故障，要及时给予排除，并认真做好记录。

一级保养是以操作者为主，维修工人配合，对设备进行局部解体和检查。清洗所规定的部位，疏通油路，更换油线、油毡，调整各部位配合间隙，紧固各个部位。钻床在累计运转满500 h后应进行一级保养。下面重点介绍立式钻床和摇臂钻床的一级保养内容。

（1）立式钻床的一级保养内容

1）外保养

① 外表清洁，无锈蚀、无油污；

② 检查补齐螺钉、手球和手柄；

③ 清洁工作台丝杠、齿条和锥齿轮。

2）润滑

① 油路畅通，清洁无铁屑；

② 清洗油管、油孔、油线和油毡；

③ 检查油质，保持良好，油表、油位、油窗明亮。

3）冷却

① 清洗水泵和过滤器；

② 清洗全部切削液槽；

③ 根据情况更换切削液。

4）电气装置保养

① 清扫电气箱、电动机；

② 电气装置固定整齐。

（2）摇臂钻床的一级保养内容

1）外保养

① 外表清洁，无锈蚀、无油污；

② 清洗立柱和摇臂导轨及升降丝杠。

2）润滑

① 油路畅通，清洁无铁屑；

② 检查油质，保持良好，油杯齐全，油窗明亮。

3）冷却

① 管路畅通、牢固；

② 清洗切削液槽，无沉淀杂质；

③ 根据情况更换切削液。

4）电气装置保养

① 清扫电气箱、电动机；

② 检查限位装置，确保安全可靠。

四、切削液

切削过程中合理选择切削液，可减小切削过程中的摩擦力和降低切削温度，减小工件的热变形及表面粗糙度值，保证加工精度，延长刀具使用寿命和提高生产率。

1. 切削液的作用

1）冷却作用　切削液可带走切削时产生的大量热量，改善切削条件，起到冷却工件和刀具的作用。

2）润滑作用　切削液可渗透到工件表面与刀具后面之间、切屑与刀具前面之间的微小间隙中，减小工件与后面和切屑与前面之间的摩擦力。

3）清洗作用　切削液可把沾到工件和刀具上的细小切屑冲掉，防止拉毛工件，起到清洗作用。

4）防锈作用　切削液中加入防锈剂，可保护工件、机床、刀具免受腐蚀，起到防锈作用。

2. 切削液的种类

常见切削液有乳化液和切削油两种。

1）乳化液　乳化液是将乳化油加注 15～20 倍的水稀释而成。乳化液的特点是比热容大、粘度小、流动性好，可吸收切削热中的大量热量，主要起冷却作用。乳化液对环保有影响，将逐步由其他水基切削液所代替。

2）切削油　切削油的特点是比热容小、粘度大、流动性差，主要起润滑作用。切削油的主要成分是矿物油，常用的有全损耗系统用油、煤油、柴油等。

3. 切削液的选择

切削液应根据工件的材料、刀具材料、加工性质和工艺要求进行合理选择。

1）粗加工时因切削深、进给快、产生热量多，所以应选以冷却为主的乳化液或其他水基切削液。

2）精加工时主要是保证工件的精度、减小表面粗糙度值和延长刀具使用寿命，应选择以润滑为主的切削油。

3）使用高速钢刀具应加注切削液，使用硬质合金刀具一般不加注切削液。

4）切削脆性材料铸铁时，一般不加注切削液，若加只能加注煤油。

五、常用设备操作、保养技能训练

1. 台虎钳的操作与保养练习

首先了解台虎钳的结构，熟悉各手柄的作用；然后进行工件夹紧、松开及回转盘的转动、固定等基本动作练习；最后进行台虎钳的日常保养练习。

2. 砂轮机的操作与磨削练习

首先认真观察砂轮机的结构，调整托架，使其与砂轮之间的距离不大于 3 mm；然后进行磨削练习；最后进行砂轮更换（或装拆）练习和砂轮机日常保养练习。

3. 台式钻床的操作练习

1）认真观察台式钻床的结构，熟悉各手柄的作用，并进行润滑练习。

2）练习手动进给，掌握匀速进给的基本方法。

3）进行主轴由低速到高速逐级的变速练习。

4）进行工作台的升降及固定练习。

5）熟练完成单项操作后，可进行钻头装夹及空转、进给的练习；然后，进行台式钻床的保养练习。

4. 立式钻床的操作练习

1）认真观察立式钻床的结构，熟悉各手柄的作用，并进行润滑练习。

2）练习手动进给，掌握匀速进给的基本方法。

3）进行主轴由低速到高速逐级的变速练习。

4）进行钻头装夹、主轴空转及机动进给练习。

当立式钻床使用一段时间后，应对其进行一级保养。一级保养的内容及要求见表 1 – 1。

表 1 – 1　立式钻床一级保养

保养部位	保养内容及要求
机床外表面	（1）清洗机床外表面及死角，拆洗各罩盖，要求内、外清洁，无锈蚀，无污迹，漆见本色，铁见亮 （2）清除导轨面及工作台面上的磕碰毛刺 （3）检查、补齐螺钉、手柄和手球 （4）清洗工作台、丝杠、齿条和锥齿轮，要求无油垢
主轴和进给箱	（1）检查油质、油量是否符合要求 （2）清除主轴锥孔的毛刺 （3）检查调整电动机传动带，使松紧适当 （4）检查各手柄是否灵活，各工作位置是否可靠
润滑系统	要求油杯齐全，油路畅通，油窗明亮，油毡洁净
冷却系统	（1）清洗冷却泵、过滤器及冷却油槽 （2）检查冷却液管路，保证无渗漏现象
电气装置	清洁电动机及电气箱（必要时配合电工进行）

5. 手动压床的操作练习

1）首先，分清实习场地上应用的手动压床属于哪种手动压床，是螺旋式、齿轮齿条式，还是液压式。

2）其次，仔细观察该手动压床的结构，熟悉各组成部分的作用。

3）最后，进行手动压床操作练习。

1.2　装配钳工常用工具

一、螺纹连接装配时常用工具

1. 螺钉旋具

常用的螺钉旋具有一字槽螺钉旋具（图 1 – 12a）、十字槽螺钉旋具（图 1 – 12b）、快速螺钉旋具(图 1 - 12c)和弯头螺钉旋具(图 1 - 12d)等。使用螺钉旋具时，应注意以下几点：

1）根据螺钉头部沟槽的形状和尺寸选用相应规格的螺钉旋具。

2）使用螺钉旋具时应手握旋具柄部，使刀口对准螺钉头部沟槽，在沿着螺钉方向用力的同时旋转旋具，即可拧紧或松开螺钉。

3）不能将螺钉旋具作为撬棒使用，也不能用锤子敲击螺钉旋具的柄部，将螺钉旋具作为錾子使用。

4）不能在旋具刀口附近用扳手或钳子来增加扭转力矩。

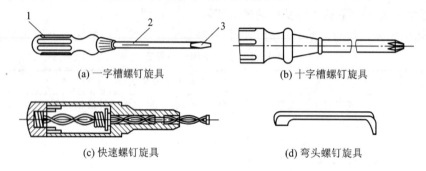

(a) 一字槽螺钉旋具   (b) 十字槽螺钉旋具

(c) 快速螺钉旋具   (d) 弯头螺钉旋具

图 1 - 12 螺钉旋具

1—木柄；2—刀体；3—刀口

2. 扳手

扳手分为活扳手、专用扳手和特种扳手三类。专用扳手又分为呆扳手、整体扳手、成套套筒扳手和内六角扳手等多种。

活扳手见图 1 - 13a，用来装拆六角形、正方形螺钉及各种螺母。使用活扳手时，应让固

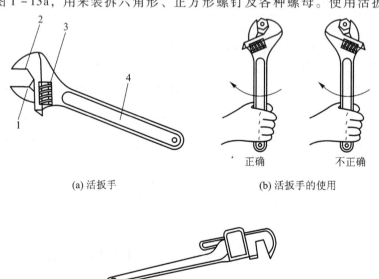

(a) 活扳手   (b) 活扳手的使用

正确   不正确

(c) 管子钳

图 1 - 13 活扳手及其使用

1—活动钳口；2—固定钳口；3—螺杆；4—扳手体

定钳口 2 受主要作用力，见图 1－13b；钳口的尺寸应适合螺母的尺寸，以防损坏扳手或扳坏螺母。拧紧或旋松管子时，应使用管子钳，见图 1－13c。

专用扳手见图 1－14，只能用来扳动一种规格的螺母或螺钉。呆扳手用于扳动或装拆六角形或四方头的螺母或螺钉。整体扳手与呆扳手用途相同，但它能将螺母或螺钉的头部全部围住，从而使装拆更加可靠。成套套筒扳手用于装拆操作空间狭小或比较隐蔽的螺母和螺钉。内六角扳手用于装拆标准的内六角头螺钉。

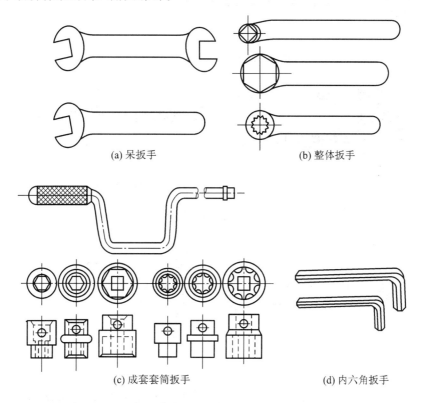

(a) 呆扳手　　　　　　　　(b) 整体扳手

(c) 成套套筒扳手　　　　　　(d) 内六角扳手

图 1－14　专用扳手

特种扳手有圆螺母套筒扳手、钳形扳手、单头钩形扳手、棘轮扳手和指针式扭力扳手等多种，见图 1－15。圆螺母套筒扳手用于装拆埋入孔内的圆螺母；钳形扳手用于装拆端面带孔的圆螺母；单头钩形扳手用于装拆在圆周方向开有直槽或孔的圆螺母；棘轮扳手用于装拆处于狭窄位置上的螺母和螺钉，使用时正向转动（顺时针方向）为拧紧，反向转动为空行程；指针式扭力扳手主要用于有力矩要求的螺纹连接的装配。

二、拆卸工具

1. 拔销器

拔销器见图 1－16a，主要用于拔出带有内（或外）螺纹的小轴，带有内螺纹的圆柱销、圆锥销和带有钩头楔形键的零件（图 1－16b、c、d）。

2. 顶拔器

顶拔器见图 1－17，常用于顶拔机械中的轮、盘或轴承等。顶拔时，用钩头钩住被拔零

13

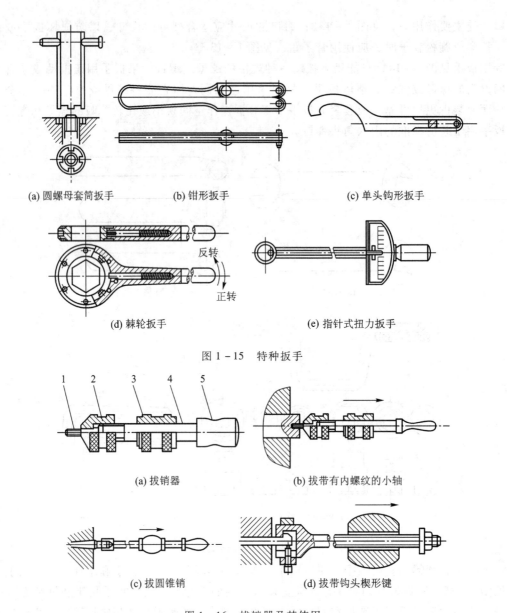

(a) 圆螺母套筒扳手　　　　　(b) 钳形扳手　　　　　(c) 单头钩形扳手

(d) 棘轮扳手　　　　　　　　(e) 指针式扭力扳手

图 1 – 15　特种扳手

(a) 拔销器　　　　　　　　(b) 拔带有内螺纹的小轴

(c) 拔圆锥销　　　　　　　(d) 拔带钩头楔形键

图 1 – 16　拔销器及其使用

1—螺杆；2—拉头；3—作用力圈；4—拉杆；5—受力圈

件，同时，转动螺杆以顶住轴端面中心；用力旋转螺杆转动手柄，即可将被拔零件缓慢拉出（图 1 – 17c）。

3. 弹性挡圈安装钳

1）轴用弹性挡圈安装钳子　机床上广泛采用弹性挡圈，它们多由弹簧钢淬火制成，性脆，稍不留心即会断裂，故采用图 1 – 18 所示轴用弹性挡圈安装钳子安装。此类弹性挡圈安装钳子又可分Ⅰ型和Ⅱ型，Ⅰ型为直嘴式，Ⅱ型为弯嘴式。

2）孔用弹性挡圈安装钳子　孔用弹性挡圈安装钳子（图 1 – 19）和轴用弹性挡圈安装钳子是不一样的。当用手捏紧钳把时，轴用弹性挡圈安装钳子的钳嘴是张口的，而孔用挡圈钳子的钳嘴是收缩的。此类钳子也分为Ⅰ型和Ⅱ型两种，Ⅰ型为直嘴式，Ⅱ型为弯嘴式。

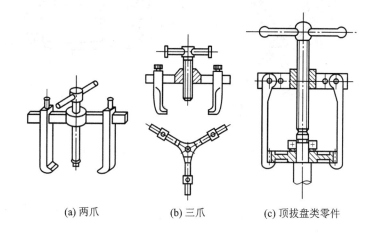

(a) 两爪　　　　　　(b) 三爪　　　　　(c) 顶拔盘类零件

图 1 - 17　顶拔器

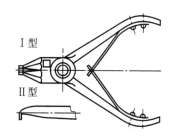

图 1 - 18　轴用弹性挡圈安装钳子

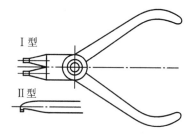

图 1 - 19　孔用弹性挡圈安装钳子

4. 锤子

锤子主要有金属锤和非金属锤两种，金属锤主要有钢锤和铜锤两种，而非金属锤有木锤和橡胶锤等，见图 1 - 20。

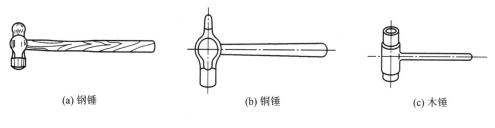

(a) 钢锤　　　　　　　　　　(b) 铜锤　　　　　　　　　　(c) 木锤

图 1 - 20　锤子

三、电动工具

1. 手电钻

手电钻见图 1 - 21，它是一种手提式电动工具。在工件的修理或装配过程中，当工件形状或部位受到限制以致无法在钻床上进行钻孔时，则可用手电钻来钻孔。手电钻所使用的电源有单相（220 V）和三相（380 V）两种，可根据不同工作情况来选择使用。使用电钻时，应注意以下两点。

15

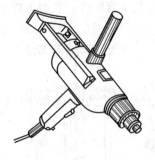
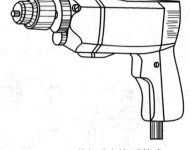

(a) 三相手电钻(手提式)　　　　(b) 单相手电钻(手枪式)

图 1-21　手电钻

1）在使用电钻之前，应先开机空转 1 min，以此来检查各个部件是否正常。如有异常现象，应在故障排除后，再进行钻削。

2）使用的钻头必须保持锋利，且钻孔时不宜用力过猛。当孔将被钻穿时，应逐渐减轻压力，以防发生事故。

2. 电磨头

电磨头见图 1-22，它是一种高速旋转的磨削工具，适用于零件的修理、修磨和除锈。使用电磨头时，应注意以下几点：

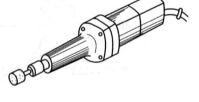

1）使用前应开机空转 2~3 min，检查旋转声音和旋转状况是否正常。如有异常现象，应在故障排除后再使用。

2）新安装的砂轮应修整后再使用，否则因砂轮不平衡而产生离心力，将造成剧烈的振动，严重影响磨削质量。

图 1-22　电磨头

3）砂轮外径不得超过磨头铭牌上规定的尺寸。

4）磨削时，不宜用力过大，更不能用砂轮冲击工件，以防砂轮碎裂，造成严重事故。

1.3　常用量具、量仪及测量方法

一、游标量具

装配钳工常用的游标量具主要有游标卡尺、游标高度尺和游标万能角度尺等。

1. 游标卡尺

游标卡尺可用来测量小型工件的长度、厚度、外径、内径、孔深和中心距等尺寸。游标卡尺的分度值有 0.1 mm、0.05 mm 和 0.02 mm 三种。

（1）游标卡尺的结构

游标卡尺的规格较多，常用的有两用游标卡尺和双面游标卡尺。

1）两用游标卡尺

两用游标卡尺的结构见图 1-23。它由外测量爪 1、刀口内测量爪 2、尺身 3、游标 5、紧固螺钉 4 和深度尺 6 组成。

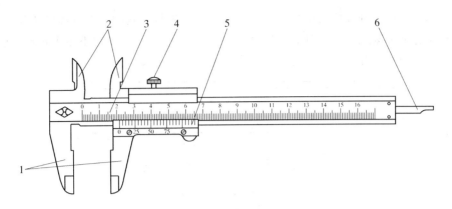

图 1 – 23 　两用游标卡尺

1—外测量爪；2—刀口内测量爪；3—尺身；4—紧固螺钉；5—游标；6—深度尺

2）双面游标卡尺

双面游标卡尺的结构见图 1 – 24。为精确调整尺寸，在游标 3 上增加了微调装置 5。测量时，当量爪将要与被测量的工件相接触时，应拧紧紧固螺钉 4，转动微调螺母 7，通过螺杆 8 带动游标作微量移动。应当注意，当用下量爪测量孔径或槽宽时，其实际尺寸为读数加上下量爪 9 的厚度 b（b 一般为 10 mm）。

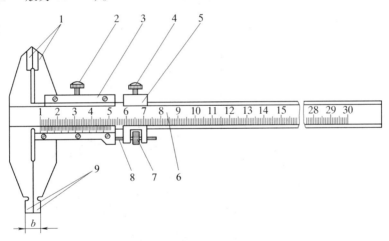

图 1 – 24 　双面游标卡尺

1—外测量爪；2、4—紧固螺钉；3—游标；5—微调装置；6—尺身；7—微调螺母；8—螺杆；9—内测量爪

（2）游标卡尺的刻线原理

分度值为 0.05 mm 的游标卡尺的刻线原理是：尺身每 1 格长度为 1 mm；游标尺总长度为 39 mm，且等分为 20 格，每格长度为 39 mm/20 = 1.95 mm；则尺身 2 格与游标尺 1 格长度之差为 2 mm – 1.95 mm = 0.05 mm，所以它的读数值为 0.05 mm。

分度值为 0.02 mm 游标卡尺的刻线原理是：尺身每 1 格长度为 1 mm；游标尺总长度为 49 mm，且等分为 50 格，每格长度为 49 mm/50 = 0.98 mm；则尺身 1 格与游标尺 1 格长度之差为 1 mm – 0.98 mm = 0.02 mm，所以它的读数值为 0.02 mm。

（3）游标卡尺的读数方法

首先，读出游标零刻线所对应的尺身上的左边整毫米数；其次，看游标尺从零刻线开始第几条刻线与尺身某一刻线对齐，其游标刻线数与精度的乘积就是读数不足 1 mm 的小数部分；最后将整毫米数与小数部分相加就是测得的实际尺寸(图 1 – 25)。

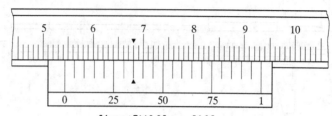

54 mm+7×0.05 mm=54.35 mm

(a) 0.05 mm 游标卡尺

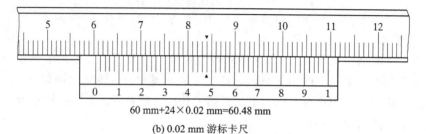

60 mm+24×0.02 mm=60.48 mm

(b) 0.02 mm 游标卡尺

图 1 – 25　游标卡尺的读数方法

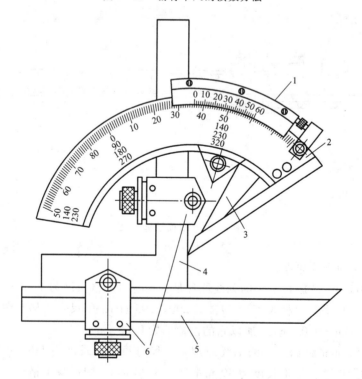

图 1 – 26　游标万能角度尺

1—游标；2—主尺；3—基尺；4—90°角尺；5—可换尺；6—卡块

2. 游标万能角度尺

游标万能角度尺是用来测量工件内、外角度的量具。其分度值有 2′ 和 5′ 两种，测量范围在 0°~320°之间。

（1）游标万能角度尺的结构

游标万能角度尺的结构见图 1-26，主要由主尺 2、基尺 3、游标 1、90°角尺 4、可换尺 5 和卡块 6 等部分组成。

（2）游标万能角度尺的刻线原理

主尺刻度每格 1°，游标共为 29°，等分为 30 格，游标每格为 29°/30 = 58′，则主尺 1 格和游标 1 格之差为 1° - 58′ = 2′，所以它的测量分度值为 2′。

（3）游标万能角度尺的读数方法

首先，读出游标零刻线所对应的主尺上前面的整度数；其次，看游标从零刻线开始第几条刻线与主尺刻线对齐，读出角度 "′" 的数值；最后，两者相加的结果就是测量的角度值。

游标万能角度尺测量不同范围角度的方法如图 1-27 所示。

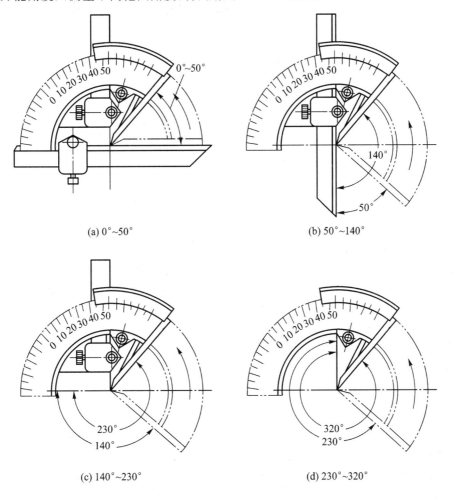

(a) 0°~50°   (b) 50°~140°

(c) 140°~230°   (d) 230°~320°

图 1-27　游标万能角度尺测量方法示意图

二、千分尺

千分尺是测量中最常用的精密量具之一。千分尺的规格较多，按其用途不同可分为外径千分尺、内径千分尺、深度千分尺、内测千分尺、螺纹千分尺和公法线千分尺等多种。千分尺分度值为 0.01 mm。

1. 外径千分尺

（1）外径千分尺的结构

外径千分尺的结构见图 1 – 28。

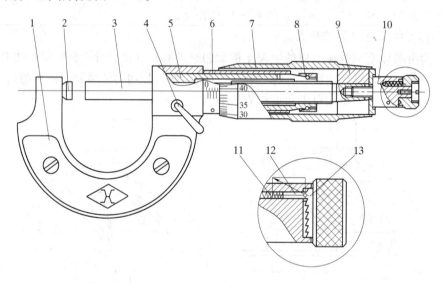

图 1 – 28　外径千分尺的结构

1—尺架；2—砧座；3—测微螺杆；4—手柄；5—螺纹套；6—固定套筒；7—微分筒；
8—螺母；9—接头；10—测力装置；11—弹簧；12—棘轮爪；13—棘轮

（2）外径千分尺的刻线原理

固定套筒 6 在轴向上每格长度为 0.5 mm；测微螺杆 3 的螺距为 0.5 mm。当微分筒 7 每旋转 1 圈时，测微螺杆就移动 1 个螺距(0.5 mm)。微分筒圆锥面等分为 50 格，微分筒 7 每旋转 1 格，测微螺杆 3 就移动 0.5 mm/50 = 0.01 mm，所以外径千分尺的分度值为 0.01 mm。

（3）外径千分尺的读数方法

先读出固定套筒上露出刻线的整毫米数和半毫米数；再看微分筒上哪一条刻线与固定套筒上的基准线对齐，读出不足半毫米的小数部分；最后将两次读数相加，即为测量的实际尺寸，见图 1 – 29。

2. 内径千分尺

内径千分尺主要用于测量孔径及槽宽等尺寸。内径千分尺的外形见图 1 – 30。当使用内径千分尺测量孔径时，内径千分尺在孔内应左右摆动，在径向上找出最大尺寸，在轴向上找出最小尺寸，这两个重合位置的尺寸就是孔的实际尺寸。内径千分尺的使用方法见图 1 – 31。

3. 其他千分尺

除外径千分尺和内径千分尺外，还有用来测量孔深和内阶台的深度千分尺、测量三角形螺

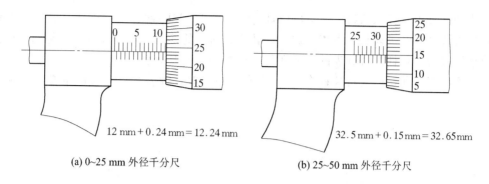

(a) 0~25 mm 外径千分尺　　　　　　　　(b) 25~50 mm 外径千分尺

图 1-29　外径千分尺的读数方法

12 mm + 0.24 mm = 12.24 mm　　　32.5 mm + 0.15 mm = 32.65 mm

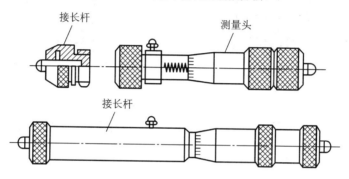

图 1-30　内径千分尺的外形图

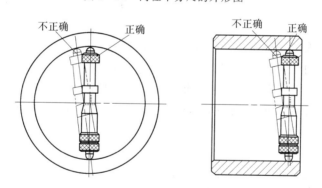

图 1-31　内径千分尺的使用方法

纹中径的螺纹千分尺、测量较小孔径的内测千分尺和用于以三针法测量梯形螺纹(或蜗杆)中径及齿轮公法线长度的公法线千分尺等多种。这些千分尺的刻线原理和读数方法与外径千分尺相同。

三、百分表

百分表是一种指示式量仪,其刻度值为 0.01 mm。刻度值为 0.001 mm 或 0.002 mm 的称为千分表。百分表主要用于测量工件的形状和位置精度,测量内径以及找正工件在机床上的安装位置。

1. 钟表式百分表和杠杆式百分表

常用的百分表有钟表式(图1-32a)和杠杆式(图1-32b)两种。钟表式百分表的工作原理是测杆的直线移动经过齿轮齿条传动放大，转变为指针的摆动。杠杆式百分表是利用杠杆齿轮放大原理制成的，杠杆式百分表的球面测杆可根据测量需要改变位置。

百分表在使用前，应先将长针对准"0"位，测量时，钟表式百分表的量杆必须垂直于被测量的工件表面。

(a) 钟表式

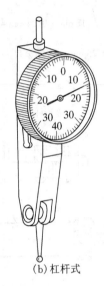
(b) 杠杆式

图1-32　百分表

2. 内径百分表

内径百分表是用来测量孔径及孔的形状误差的量仪。

内径百分表的结构见图1-33。将百分表安装在表架1上，活动测头5通过摆块4、测杆3将测量值1:1地传送给百分表。活动测头可根据孔径大小更换。测量前，应配合千分尺将内径百分表对准零位；测量时，应沿轴向摆动百分表，测量出的最小尺寸值才是孔径的实际尺寸。

四、塞尺

塞尺是用来测量两平面之间间隙的片状量规。

塞尺外形见图1-34。它有两个平行的测量面，其长度有50 mm、100 mm、200 mm等多种。塞尺有若干个不同厚度的薄片，可叠加在一起装在夹板里。

当使用塞尺时，应根据测量间隙的大小来选择塞尺的片数，可用一片或数片重叠起来插入间隙内。因为厚度小的塞尺片很薄，且易弯曲变形，甚至折断，所以插入时一定要注意不能用力太大。使用完毕后，应将塞尺擦拭干净，并及时叠加在一起装入夹板内。

五、量块

量块是机械制造中长度尺寸的标准量具。可以用量块对其他量具和量仪进行校正，也可以用其对精密划线和精密机床进行调整；若同附件配合使用，还可以测量那些对精度要求高的尺寸。

22

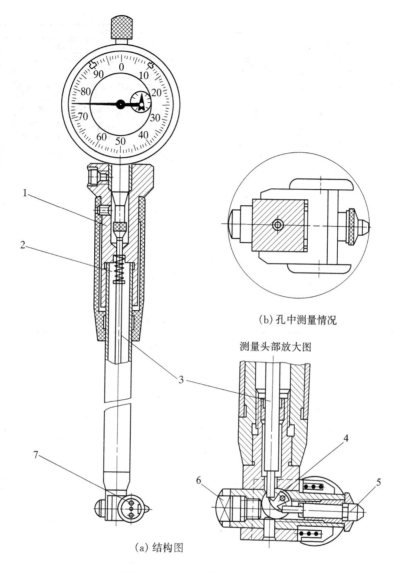

(b) 孔中测量情况

测量头部放大图

(a) 结构图

图 1-33 内径百分表的结构

1—表架；2—弹簧；3—测杆；4—摆块；5—活动测头；6—测量头；7—定心器

量块见图 1-35。它是采用不易变形且耐磨性好的材料(如铬锰钢)制成的，其形状为长方形六面体，它有两个工作面和四个非工作面。工作面是一对互相平行的且平面度误差、表面粗糙度值都极小的平面，工作面又称测量面。

量块具有较高的贴合性。使用时，只要用较小的压力，把两个量块的工作面互相推合，就可以牢固地贴合在一起。因此可根据测量需要，将几个不同尺寸的量块组合成需要的尺寸。

量块一般都做成多块一套，装在特制的木盒内，见图

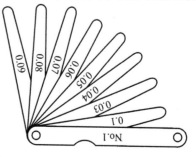

图 1-34 塞尺

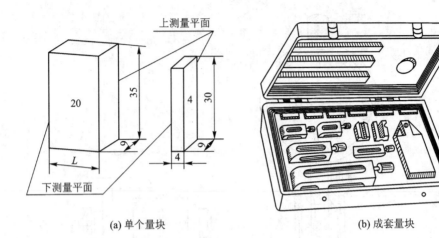

(a) 单个量块	(b) 成套量块

图 1 – 35　量块

1 – 35b。常用的量块有 91 块一套、46 块一套、10 块一套、5 块一套等多种，它的基本尺寸见表 1 – 2。

表 1 – 2　成 套 量 块

套别	总块数	级　　别	尺寸系列/mm	间隔/mm	块数
1	91	00, 0, 1	0.5	—	1
			1	—	1
			1.001, 1.002, …, 1.009	0.001	9
			1.01, 1.02, …, 1.49	0.01	49
			1.5, 1.6, …, 1.9	0.1	5
			2.0, 2.5, …, 9.5	0.5	16
			10, 20, …, 100	10	10
2	83	00, 0, 1, 2, (3)	0.5	—	1
			1	—	1
			1.005	—	1
			1.01, 1.02, …, 1.49	0.01	49
			1.5, 1.6, …, 1.9	0.1	5
			2.0, 2.5, …, 9.5	0.5	16
			10, 20, …, 100	10	10
3	46	0, 1, 2	1	—	1
			1.001, 1.002, …, 1.009	0.001	9
			1.01, 1.02, …, 1.49	0.01	9
			1.1, 1.2, …, 1.9	0.1	9
			2, 3, …, 9	1	8
			10, 20, …, 100	10	10

套别	总块数	级　别	尺寸系列/mm	间隔/mm	块数
4	38	0, 1, 2, (3)	1	—	1
			1.005	—	1
			1.01, 1.02, …, 1.49	0.01	9
			1.1, 1.2, …, 1.9	0.1	9
			2, 3, …, 9	1	8
			10, 20, …, 100	10	10
5	10	00, 0, 1	0.991, 0.992, …, 1	0.001	10
6	10 +	00, 0, 1	1, 1.001, …, 1.009	0.001	10
7	10 −	00, 0, 1	1.991, 1.992, …, 2	0.001	10
8	10 +	00, 0, 1	2, 2.001, 2.002, …, 2.009	0.001	10
9	8	00, 0, 1, 2, (3)	125, 150, 175, 200, 250, 300, 400, 500		8
10	5	00, 0, 1, 2, (3)	600, 700, 800, 900, 1 000		5
11	10	0.1	2.5, 5.1, 7.7, 10.3, 12.9, 15, 17.6, 20.2, 22.8, 25		0
12	10	0.1	27.5, 30.1, 32.7, 35.3, 37.9, 40, 42.6, 45.2, 47.8, 50		10
13	10	0.1	52.5, 55.1, 57.7, 60.3, 62.9, 65, 67.6, 70.2, 72.8, 75		10
14	10	0.1	77.5, 80.1, 82.7, 85.3, 87.9, 90, 92.6, 95.2, 97.8, 100		10
15	12	3	41.2, 81.5, 121.8, 51.2, 121.5, 191.8, 101.2, 201.5, 291.8, 10, 20(两块)		12
16	6	3	101.2, 200, 291.5, 375, 451.8, 490		6
17	6	3	201.2, 400, 581.5, 750, 901.8, 990		6

　　在使用量块时，为减小测量过程中产生的积累误差，应尽量选用最少的块数。用 83 块一套的量规，一般不超过 5 块。选取量块的方法是：第一块应根据组合尺寸的最后一位数字选

取，每选取一块应使尺寸的位数减少一位。例如：从 83 块一套的量块中，选取量块组成 62.315 mm 的尺寸，其选取方法是：

$$
\begin{array}{rl}
62.315 & \text{组合尺寸} \\
-\ 1.005 & \text{第一块尺寸} \\
\hline
61.310 & \\
-\ 1.310 & \text{第二块尺寸} \\
\hline
60.000 & \text{第三块尺寸}
\end{array}
$$

即选用 1.005 mm、1.310 mm 和 60 mm 的量块共三块。

应当注意：为了保持量块的精度不变，延长量块的使用寿命，一般不允许用量块直接测量工件的尺寸。

六、正弦规

正弦规是利用三角函数中的正弦关系，与量块配合测量工件角度和锥度的精密量具。

1. 正弦规的结构

正弦规由工作台 1、两个直径相同的精密圆柱 2、侧挡板 3 和后挡板 4 等零件组成，见图 1-36。

根据两精密圆柱的中心距 L 及工作台平面宽度 B 不同，正弦规又分为宽型和窄型两种，其规格见表 1-3。

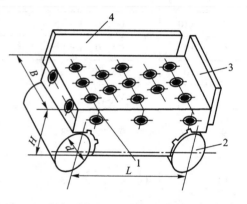

图 1-36 正弦规
1—工作台；2—精密圆柱；3—侧挡板；4—后挡板

表 1-3 正弦规的规格   mm

形式	L	B	d	H	C	C_1	C_2	C_3	C_4	C_5	C_6	d_1	d_2	d_3
窄型	100	25	20	30	20	40	—	—	—	—	—	12	—	—
	200	40	30	55	40	85	—	—	—	—	—	20	—	—
宽型	100	80	20	40	—	40	30	15	10	20	30	—	7B12	M6
	200	80	30	55	—	85	70	30	10	20	30	—	7B12	M6

2. 正弦规的使用方法

测量时，将正弦规放置在精密平板上，工件放置在正弦规工作台的台面上，在正弦规一个圆柱下面垫上一组量块，见图 1-37，量块组的高度可根据被测零件的圆锥角通过计算获得。然后用百分表（或测微仪）检验工件圆锥面上母线两端的高度，若两端高度相等，说明工件的角度或锥度正确；若高度不等，说明工件的角度或锥度有误差。

量块组尺寸的计算公式是：

$$h = L\sin 2\alpha \tag{1-1}$$

式中：h——量块组的尺寸，mm；

    L——正弦规两圆柱的中心距，mm；

2α——被测工件的圆锥角(即正弦规放置的角度)。

例 1-1 使用中心距为 200 mm 的正弦规，检验圆锥角为 3°的圆锥塞规，试求圆柱下应垫量块组的尺寸为多少。

解 由题意已知

$$L = 200 \text{ mm}, \quad 2\alpha = 3°$$

根据公式

$$h = L\sin 2\alpha$$

得

$$h = 200 \text{ mm} \times 0.052\ 336 = 10.467 \text{ mm}$$

所以，正弦规圆柱下应垫量块组尺寸为 10.467 mm。

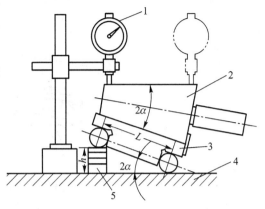

图 1-37 正弦规的使用方法
1—百分表(或测微仪)；2—工件；
3—正弦规；4—平板；5—量块组

七、水平仪

水平仪是用来测量小角度的精密量仪。主要用来测量平面对平面或平面对竖直面的位置偏差，也是机械设备安装、调试和精度检验过程中的常用量仪之一。生产中常用的水平仪有框式水平仪和合像水平仪两种。下面只介绍框式水平仪。

1. 框式水平仪的结构

框式水平仪由正方形框架 1、主水准器 2 和调整水准器(也称横水准器)3 组成，见图 1-38。框架的测量面上设有 V 形槽，便于在圆柱面或三角形导轨上进行测量。

主水准器是一个封闭的玻璃管，管内装有酒精或乙醚，并留有一定体积的气泡。玻璃管内表面制成具有一定曲率半径的圆弧面，在外表面上刻有与曲率半径相对应的刻线。因为主水准器内的液面始终保持在水平位置，且气泡也总是停留在玻璃管内最高处，所以当框式水平仪倾斜一个角度时，气泡就将相对于刻线移动一段距离。

2. 框式水平仪的精度与刻线原理

框式水平仪的精度是以气泡每偏移一格时被测平面在 1 m 长度内的高度差来表示的。如框式水平仪中的气泡偏移一格，被测平面在 1 m 长度内高度差为 0.02 mm，则水平仪的分度值为 0.02/1 000。

框式水平仪的刻线原理见图 1-39。假定平板处于水平位置，在平板上放置一根长度为 1 m 的平行平尺，平尺上框式水平仪的读数为零(即处于水平状态)。如果将平尺一端垫高 0.02 mm，相当于平尺与平板成 4″的夹角。若气泡移动的距离为一格，则框式水平仪的分度值就是 0.02/1 000，读作千分之零点零二。

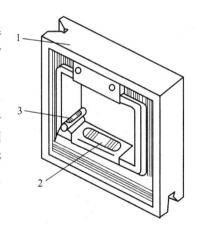

图 1-38 框式水平仪
1—框架；2—主水准器；3—调整水准器

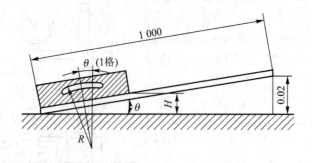

图 1 – 39   框式水平仪的刻线原理

根据框式水平仪的刻线原理，可以计算出被测平面两端之间的高度差，其计算式为

$$\Delta h = nli \qquad\qquad (1-2)$$

式中：Δh——被测平面两端之间的高度差，mm；

   n——水准器气泡偏移的格数；

   l——被测平面的长度，mm；

   i——框式水平仪的分度值。

例 1 – 2   将分度值为 0.02/1 000 的框式水平仪放置在长度为 800 mm 的平行平尺上，若主水准器的气泡移动 2 格，试求平尺两端高度差是多少毫米。

解   由题意可知：

$$i = 0.02/1\ 000,\ \ l = 800\ \text{mm}；\ n = 2$$

根据公式 $\Delta h = nli$，得

$$\Delta h = 2 \times 800\ \text{mm} \times 0.02/1\ 000 = 0.032\ \text{mm}$$

故平尺两端高度差为 0.032 mm。

3. 框式水平仪的读数方法

（1）绝对读数法

当主水准器的气泡在中间位置时，读作"0"。以零线为基准，气泡向任意一端偏离零线的格数，就是实际偏差的格数。通常把偏离起端向上的格数读作"＋"，而把偏离起端向下的格数读作"－"。在测量中，习惯上从左向右进行测量，把气泡向右移动作为"＋"，向左移动作为"－"，如图 1 – 40a 所示为 ＋2 格。

（2）平均值读数法

当主水准器的气泡静止时，读出气泡两端各自偏离零线的格数；然后将两格数相加，再除以 2，取其平均值作为读数。如图 1 – 40b 所示，气泡右端偏离零线为 ＋3 格，气泡左端偏离零线为 ＋2 格，其平均值为上 $\dfrac{(+3)+(+2)}{2} = +2.5$ 格，平均值的读数为 ＋2.5 格，即右端比左端高 2.5 格。平均值读数法不受环境温度的影响，读数准确，且精度高。

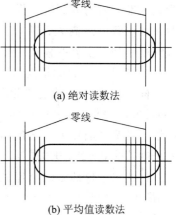

零线

(a) 绝对读数法

零线

(b) 平均值读数法

图 1 – 40   框式水平仪的读数方法

八、平尺、方尺和90°角尺

1. 平尺

平尺主要测量刮削过程中的导轨面。平尺有桥形平尺、平行平尺和角度平尺三种,见图1-41。

(a) 桥形平尺　　　　　(b) 平行平尺　　　　　(c) 角度平尺

图 1-41　平尺

2. 方尺和90°角尺

方尺和90°角尺用来检验机床部件的垂直度。常用的有方尺、90°角尺、宽座90°角尺和90°平尺四种,见图1-42。

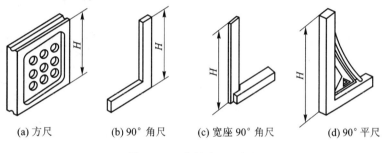

(a) 方尺　　　　(b) 90°角尺　　　　(c) 宽座90°角尺　　　　(d) 90°平尺

图 1-42　方尺和90°角尺

九、数显量具简介

1. 组成与分类

数显量具是以多功能、小型化、高度集成化的容栅传感器电子组件(带液晶显示器的数显单元),配以游标卡尺(含深度尺、高度尺)、千分尺(含外径千分尺、内径千分尺)、指示表(含百分表、千分表)这三大类普通量具的机械部分组件,形成了相应的电子数显三大类量具——电子数显游标卡尺(图1-43)、电子数显千分尺(图1-44)和电子数显指示表(图1-45)

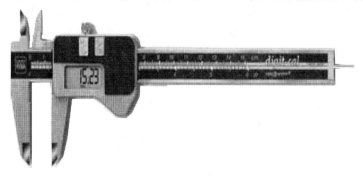

图 1-43　电子数显游标卡尺

29

图 1 – 44　电子数显千分尺

2. 特点

1）可直接读数。

2）可任意位置清零。

3）可任意进行米制和英制测量数值转换。

4）可进行绝对测量和相对测量两种测量方式的转换。

5）可设置公差带并显示测量结果是否合格（如超差还可显示超差是偏大还是偏小）。

6）可设置在测量中跟踪极大值或极小值。

7）可瞬时锁定测量数据（适用于不便读数情况下）。

3. 使用

1）设定测量模式（不同型号数显量具按键方法各不相同，可参阅其说明书）。

2）测量方法同普通量具。

3）从显示器上直接读取结果。

图 1 – 45　电子数显百分表/千分表

十、测量技能训练

1. 用游标卡尺测量

用游标卡尺测量长度、孔径、宽度、孔深的方法，分别见图 1 – 46、图 1 – 47、图 1 – 48 和图 1 – 49。

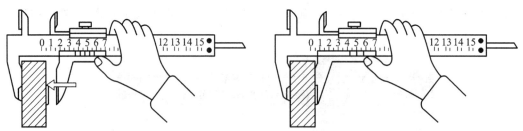

图 1 – 46　用游标卡尺测量工件的外形尺寸的方法

2. 用千分尺测量

用千分尺测量时，首先应将砧座和测微螺杆的测量面擦拭干净，并校正千分尺的零位。测

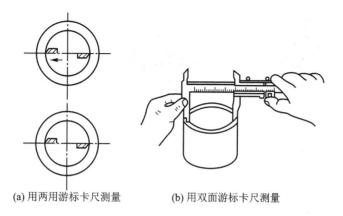

(a) 用两用游标卡尺测量　　　　　　(b) 用双面游标卡尺测量

图 1-47　用游标卡尺测量孔径的方法

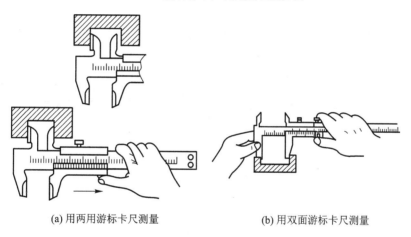

(a) 用两用游标卡尺测量　　　　　　(b) 用双面游标卡尺测量

图 1-48　用游标卡尺测量沟槽宽的方法

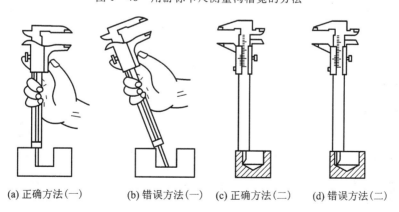

(a) 正确方法(一)　　(b) 错误方法(一)　　(c) 正确方法(二)　　(d) 错误方法(二)

图 1-49　用游标卡尺测量深度的方法

量时应根据工件的大小采用单手或双手操作,其具体方法见图 1-50。不管采用哪种方法进行测量,一般应先旋转微分筒,当测量面将要接触或刚刚接触工件表面时,再旋转测力装置使测微螺杆端面与工件接触,直至棘轮打滑,发出响声为止,再读出读数。

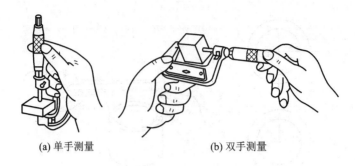

(a) 单手测量   (b) 双手测量

图 1 - 50 千分尺的使用方法

用内测千分尺测量较小孔径的方法见图 1 - 51。

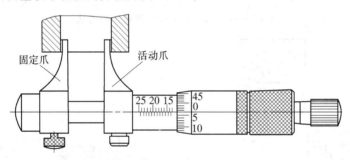

固定爪   活动爪

图 1 - 51 用内测千分尺测量较小孔径的方法

用深度千分尺测量孔深的方法见图 1 - 52。

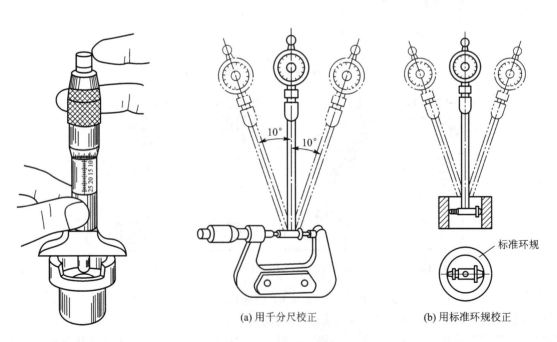

(a) 用千分尺校正   (b) 用标准环规校正

标准环规

图 1 - 52 用深度千分尺   图 1 - 53 校正内径百分表零位的方法
测量孔深的方法

3. 用内径百分表测量

内径百分表常用来测量内孔的尺寸和形状误差。在测量尺寸精度前，应根据孔径尺寸，用千分尺或标准环规校正内径百分表的零位，见图1-53。测量时，为保证测量尺寸准确，内径百分表在孔内必须摆动（图1-54），当表杆中心线与内孔中心线重合时，测得的尺寸为最小尺寸值，也就是孔径的实际尺寸。

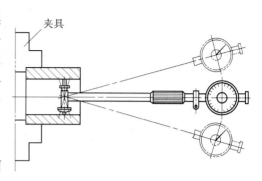

图1-54 用内径百分表测量孔径

在测量孔的圆度误差时，应在孔的同一个截面圆周上变换方向，进行多次测量，所测得的最大读数与最小读数之差的一半即为圆度误差（图1-55a）。

在测量孔的圆柱度误差时，可用内径百分表在孔全长的前、中、后各测量几点，比较所得的测量值，其中最大读数与最小读数之差的一半即为孔在全长上的圆柱度误差，见图1-55b。

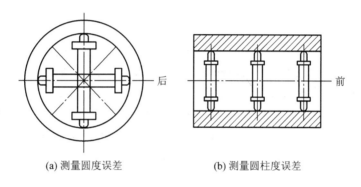

(a) 测量圆度误差　　　　　　(b) 测量圆柱度误差

图1-55 用内径百分表测量孔的形状误差

4. 用水平仪测量

（1）用水平仪测量直线度

用水平仪测量直线度的方法主要有两种：一种是作图法；另一种是计算法。下面只介绍作图法。

例如：使用200 mm×200 mm、分度值为0.02/1 000的框式水平仪测量一长度为1 600 mm的平导轨的直线度，采用的水平仪垫板长度也为200 mm。

将水平仪置于被测导轨中间及两端位置，对导轨的水平状态再一次进行复查，以免在检查时因水平仪的气泡移出刻线范围而影响测量的读数。

将水平仪连同水平仪垫板放置在被测导轨的一端，不断移动水平仪及水平仪垫板来进行分段测量，且每次移动的距离为200 mm，首尾衔接，不得出现间隔，也不能使测量区域相重叠，依次对导轨全长进行测量。当水平仪的移动方向与气泡偏移方向相同时，读数为正；相反时，则读数为负。若测得8段区域中，水平仪的读数依次为：+3、0、-1、0、-1、+3、+1、-1（单位：格），根据测得的8段区域的读数作出相应的误差曲线图，见图1-56。

1）首尾连接法

将误差曲线的起点和终点连接起来，如图1-56中 O—O′线所示。由图可知，实际导轨曲

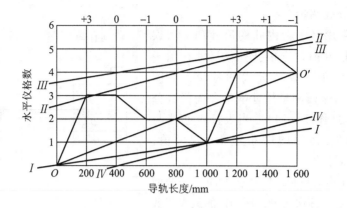

图 1-56 导轨直线度误差曲线图

线位于连线的两侧。把连线两侧最大值的绝对值相加所得的值近似作为该导轨的直线度误差，图中 200 mm 处正的最大值为 + 2.5 格，1 000 mm 处负的最大为 - 1.5 格，则导轨的直线度误差为 2.5 + 1.5 = 4 格。

2）包容法

为了精确地确定导轨的直线度误差值，可采用包容法，即在图中找出两条互相平行的直线，这两条平行直线不仅包容整个导轨曲线，而且要求它们之间的距离最小。其作图步骤是：首先，在曲线上找出两个相距最远的最高（或最低）拐点，连接两拐点并能使导轨曲线位于连线的同一侧（图 1-56 中 O 点与 1 000 mm 处最低拐点的连线 I—I ; 200 mm 处与 1 400 mm 处最高拐点的连线 II—II ）。然后，在 I—I 连线上方，过 1 400 mm 处的最高拐点作 I—I 线的平行线 III—III ，这一组平行线间的距离为 3.6 格，即导轨直线度最大差值点在 1 400 mm 处，其差值为 3.6 格。

在 II—II 线下方，过 1 000 mm 处的最低拐点作 II—II 线的平行线 IV—IV ，该组平行线之间的距离为 3.3 格，即导轨直线度最大差值点在 1 000 mm 处，其差值为 3.3 格。

在以上两组平行线中，因第二组平行线之间的距离最小，所以这组平行线之间的距离就是该导轨直线度误差值，即 3.3 格。

（2）用水平仪测量平行度

使用 200 mm × 200 mm、分度值为 0.02/1 000 的框式水平仪测量机床导轨的 V 形导轨面与平导轨面间的平行度的方法如图 1-57 所示。

用水平仪测量导轨面间的平行度（扭曲）的方法是：首先，将导轨全长分成若干相等的节距，一般可取 200 mm、250 mm、500 mm 等，或者是所采用桥板（垫板）的长度。然后，将桥板放置在被测机床的导轨面上，水平仪放置在桥板上，并使水平仪与桥板移动方向垂直，调整桥板一端的支撑，使桥板顶面呈水平状态。最后，从导轨的一端开始，不断地移动桥板（应当注意，移动桥板时要保证水平仪和桥板的相对位置不变），并在每一节距位置处读出水平仪的读数，直至全

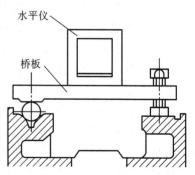

图 1-57 用水平仪测量两导轨
面间的平行度（扭曲）

长各节距测量完毕，再反方向依次测量一次，取两次对应位置读数的平均值作为每一节距的测量结果。

以导轨任意 1 m 长度上测得的最大读数的代数差和导轨全长上测得的最大读数的代数差，作为测量的导轨平行度误差。这种方法得出的平行度误差是角值误差，如果要用线值表示时，还需经过线值换算，其换算公式为

线值误差 = 水平仪最大读数差（格）× 桥板长度 × 水平仪分度值

例如：测出机床导轨平行度误差（即最大读数的代数差）为 4 格，桥板长度（即桥板垫板中心之间的距离，或两导轨面之间的距离）为 800 mm，水平仪的分度值为 0.02/1 000，则机床两导轨面间的平行度误差 Δ 为

$$\Delta = 4 \times 800 \text{ mm} \times 0.02/1\ 000 = 0.064 \text{ mm}$$

（3）用水平仪测量垂直度

例如用方框水平仪测量卧式镗床工作台面相对于立柱导轨面的垂直度，其测量方法见图 1-58。该方法要求分别在立柱相对于工作台的纵向和横向两个方向上测量其垂直度。由于镗床工作台的台面要求是中凹的，所以必须在工作台的台面上放置一根用两等高块支撑的平行平尺作为水平基准。

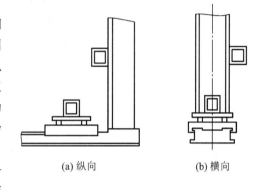

(a) 纵向　　(b) 横向

图 1-58　检查镗床工作台面相对于立柱的垂直度

测量时，由于分别采用了框式水平仪的两个工作面来测量读数，所以对框式水平仪各工作面间的垂直度要求较高。如果立柱为圆柱体（如摇臂钻床的立柱），可用水平仪的 V 形面进行测量。两次测量读数值（工作台面上的读数与立柱上的读数）的代数差，即为它们的垂直度误差。若将垂直度的角值误差变为线值误差，同样需要经过线值换算，且线值换算的长度值一般在公差要求上会注明（即每米允差多少或全长允差多少）。

复习思考题

1. 试述装配钳工职业的定义和工作内容。
2. 使用砂轮机时，应注意的安全操作规程主要有哪些？
3. 使用台式钻床时，应注意哪些事项？
4. 使用立式钻床时，应注意哪些事项？
5. 切削液的作用、种类及选择的一般原则是什么？
6. 使用活动扳手时，应注意些什么？
7. 顶拔器的主要功用是什么，如何使用？
8. 使用手电钻时，应注意的事项主要有哪两点？
9. 使用千斤顶时，应注意的安全操作规程有哪些？
10. 试述读数值为 0.05 mm 的游标卡尺的刻线原理。
11. 试述读数值为 0.02 mm 的游标卡尺的刻线原理。

12. 根据题图 1-1，说出该游标卡尺的读数值及其所示的尺寸值。

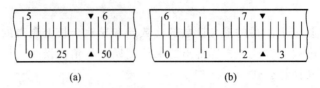

(a)　　　　　　　　　　(b)

题图 1-1　游标卡尺读法示意图

13. 试述游标万能角度尺的主要结构和分度值为 2′的游标万能角度尺的刻线原理。

14. 试述外径千分尺的刻线原理。

15. 读出题图 1-2 所示外径千分尺的实际读数。

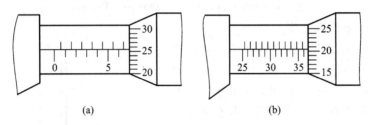

(a)　　　　　　　　　　(b)

题图 1-2　外径千分尺读数示意图

16. 试述百分表的作用及使用钟表式百分表应注意的事项。

17. 量块的用途是什么？试用 83 块 1 套的量块组配下列尺寸：36.43 mm；62.135 mm；89.545 mm。

18. 水平仪的主要用途有哪些？

19. 简述分度值为 0.02/1 000 方框水平仪的刻线原理。

20. 将分度值为 0.02/1 000 的框式水平仪，放置在长度为 1 000 mm 的平行平尺上，若主水准器的气泡偏移了 1.5 格，试求平行平尺两端的高度差是多少毫米？

21. 简述正弦规的结构及使用方法。

22. 数显量具、量仪的主要特点是什么？

装配钳工基本技能与技能训练

2.1 划　　线

在毛坯或工件上，用划线工具划出待加工部位的轮廓线或作为基准的点、线的过程，称为划线。

划线一般可分为平面划线和立体划线两种。只需在工件的一个表面上划线，即能明确表示加工界线，这种划线称为平面划线；需要在工件几个互成不同角度（一般是互相垂直）的表面上划线，才能明确表示加工界线的划线过程，称为立体划线。

一、划线工具

1. 划针

划针是可以直接在毛坯或工件上进行划线的工具。划针及其用法见图 2-1。

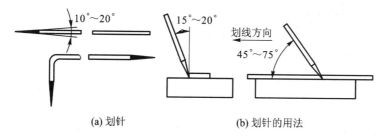

(a) 划针　　　　　　　　　　(b) 划针的用法

图 2-1　划针及其用法

2. 划规

划规见图 2-2，是用来划圆和圆弧、等分线段、等分角度以及量取尺寸的工具。

划规（除长划规外）两脚要磨成长短一样，两脚合拢时脚尖才能靠紧。用划规划圆弧时，作为旋转中心的一脚应施以较大的压力，以防旋转中心滑移。

3. 划线盘

划线盘见图 2-3，是直接划线或找正工件位置的工具。一般情况下，划针的直头端用来划线，弯头端用来找正工件的位置。

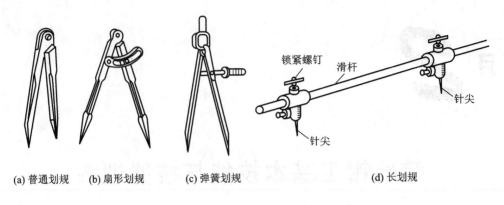

(a) 普通划规　　(b) 扇形划规　　(c) 弹簧划规　　　　　(d) 长划规

图 2-2　划规

4. 钢直尺

钢直尺是一种简单的测量工具和划线的导向工具。

5. 游标高度尺

游标高度尺见图 2-4，是比较精密的量具及划线工具。它可以用来测量高度，又可以用划线量爪直接划线。

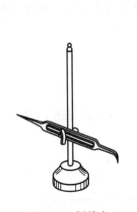

图 2-3　划线盘

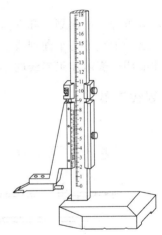

图 2-4　游标高度尺

6. 90°角尺

90°角尺见图 2-5a，在钳工制作中被广泛应用。它不仅可以作为划平行线、垂直线的导

(a) 90°角尺　　　　(b) 用 90°角尺划平行线　　　(c) 用 90°角尺划垂直线

图 2-5　90°角尺及其用法

向工具，还可以用来找正工件在划线平板上的垂直位置，并可检验两平面的垂直度或单一平面的平面度。90°角尺的用法见图2-5b、c。

7. 样冲

样冲见图2-6，用于在工件、毛坯所划的加工线上打样冲眼（图2-7、图2-8），作为加强加工界线的标记；还用于在圆弧的圆心或钻孔的定位中心打样冲眼（也称中心样冲眼），作为划规脚尖的立脚点或辅助钻头找正钻孔位置。

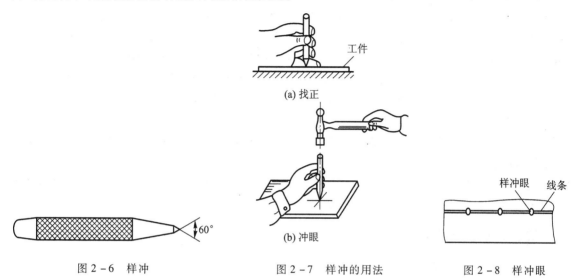

图2-6 样冲　　　　　图2-7 样冲的用法　　　　　图2-8 样冲眼

二、划线前的准备与划线基准的选择

1. 划线前的准备

划线前的准备包括对工件或毛坯进行清理、涂色及在工件孔中装中心塞块等。

常用的涂料有石灰水和蓝油。石灰水用于铸件毛坯表面的涂色；蓝油是由质量分数为2%~4%的龙胆紫、3%~5%的虫胶和91%~95%的酒精配制而成的，主要用于已加工表面的涂色。

2. 划线基准的选择

划线时，选择工件上的某个点、线或面作为依据，用它来确定工件的各部分尺寸、几何形状及工件上各要素的相对位置，这个依据称为划线基准。

划线应从划线基准开始。选择划线基准的基本原则是：尽可能使划线基准和设计基准（设计图样上所采用的基准）重合。这样能直接量取划线尺寸，简化尺寸换算过程。

划线基准一般有以下三种类型：

1）以两个互相垂直的平面（或直线）为基准。

2）以两条互相垂直的中心线为基准。

3）以互相垂直的一个平面和一条中心线为基准。

划线时，在工件各个方向上都需要选择一个划线基准。其中，平面划线一般选择两个划线基准；立体划线一般要选择三个划线基准。

三、划线前的找正与借料

1. 找正

找正就是利用划线工具，通过调节支撑工具，使工件有关的毛坯表面都处于合适的位置。找正时应注意的事项如下：

1）当毛坯工件上有不加工表面时，应按不加工表面找正后再划线，这样可使加工表面与不加工表面之间的尺寸均匀。注意：当工件上有两个以上不加工表面时，应选择重要的或较大的不加工表面作为找正依据，并兼顾其他不加工表面，这样不仅可以使划线后的加工表面与不加工表面之间的尺寸比较均匀，而且可以使误差集中到次要或不明显的部位。

2）当工件上没有不加工表面时，可对各待加工表面自身位置找正后再划线。这样可以使各待加工表面的加工余量均匀分布，避免加工余量相差悬殊，有的过多，有的过少。

2. 借料

当毛坯的尺寸、形状或位置误差和缺陷难以用找正划线的方法补救时，就需要利用借料的方法来解决。

借料就是通过试划和调整，使各待加工表面的余量互相借用，合理分配，从而保证各待加工表面都有足够的加工余量，使误差和缺陷在加工后可排除。

四、划线技能训练

1. 基本线条的划法

基本线条的划法包括划平行线、垂直线、角度线、圆弧线与等分圆周等。其中，划平行线、垂直线、角度线与圆弧线的方法与机械制图画法相同。这里主要介绍等分圆周的划法。

在工业生产中，等分圆周的划线方法主要是靠分度头来完成的。当没有分度头时，可利用计算方法解决。常用的方法是按同一弦长等分圆周。这种方法是根据在同一圆周上，每一等分圆弧所对应的弦长相等的原理来等分圆周的。此方法的关键是如何确定弦长（图 2 - 9）。

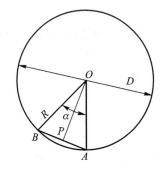

图 2 - 9　按同一弦长等分圆周

假设将圆周 n 等分，每一等分弧长所对的圆心角为 α，则 $\alpha = \dfrac{360°}{n}$。由三角函数关系可得 $AP = R\sin\dfrac{\alpha}{2}$，所以弦长 $AB = 2R\sin\dfrac{\alpha}{2}$，当弦长确定之后，就可以用划规量其弦长，并在圆周上进行等分。

2. 平面划线技能训练

（1）平面划线的步骤

1）对照工件实物看清、看懂图样，详细了解工件上需要划线的部位；明确工件及其与划线有关部分在产品上的作用和要求；了解有关的后续加工工艺。

2）选定划线基准。

3）初步检查工件的误差情况，并对工件表面进行涂色。

4）正确安放工件和选用划线工具。

5）划线。

6）详细对照图样，检查划线的准确性，以及是否有遗漏的地方。

7）在划线线条上打样冲眼。

（2）平面划线实例

工件图样见图 2 - 10。其具体划线方法可参考如下步骤：

根据图样各尺寸之间的关系，确定以底边和右侧面这两条相互垂直的线为划线基准。

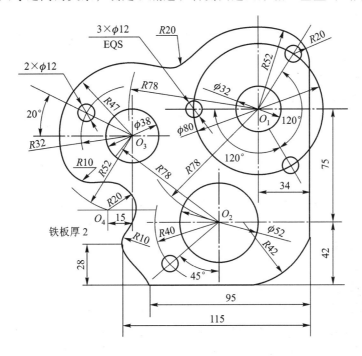

图 2 - 10　划线样板

1）沿板料边缘划两条垂直基准线。

2）划距底边尺寸为 42 mm 的水平线。

3）划距底边尺寸为（42 + 75）mm 的水平线。

4）划距右侧面尺寸为 34 mm 的垂直线。

5）以 O_1 点为圆心、78 mm 为半径划弧，并截 42 mm 水平线得 O_2 点，通过 O_2 点作垂直线。

6）分别以 O_1、O_2 点为圆心，以 78 mm 为半径划弧相交得 O_3 点，通过 O_3 点作水平线和垂直线。

7）通过 O_2 点作 45°线，并以 40 mm 为半径截得小圆 ϕ12 mm 的圆心。

8）通过 O_3 点作与水平成 20°的线，并以 32 mm 为半径截得另一小圆 ϕ12 mm 的圆心。

9）划垂直线与 O_3 垂直线的距离为 15 mm，并以 O_3 为圆心、52 mm 为半径划弧截得 O_4 点。

10）划距底边尺寸为 28 mm 的水平线。

11）按尺寸 95 mm 和 115 mm 划出左下方的斜线。

12）划出 $\phi32$ mm、$\phi80$ mm、$\phi52$ mm 和 $\phi38$ mm 的圆周线。

13）把 $\phi80$ mm 的圆周线按图作三等分。

14）划出 5 个 $\phi12$ mm 的圆周线。

15）以 O_1 点为圆心、52 mm 为半径划圆弧，并以 20 mm 为半径作相切圆弧。

16）以 O_3 点为圆心、47 mm 为半径划圆弧，并以 20 mm 为半径作相切圆弧。

17）以 O_4 点为圆心、20 mm 为半径划圆弧，并以 10 mm 为半径两处的相切圆弧。

18）以 42 mm 为半径作右下方的相切圆弧。

至此全部线条划完。

在划线过程中，圆心确定后应立即打样冲眼，以便用划规划圆弧。水平线和垂直线的划法可根据实际情况选择。

3. 简单件立体划线技能训练

（1）立体划线基准选择原则

1）划线基准应与设计基准重合，以便能直接量取划线尺寸，避免因尺寸换算过程复杂而增大划线误差。

2）以精度高且加工余量小的型面作为划线基准，以保证主要型面能够顺利进行加工和便于安排其他型面的加工位置。

3）当毛坯在尺寸、形状和位置上存在误差和缺陷，且难以用找正划线方法进行补救时，可将所选择的基准位置进行适当的调整（借料），使各待加工表面都有一定的加工余量，并使误差和缺陷在加工后能够得到排除。

（2）立体划线实例（图 2－11）。

图 2－11a 所示轴承座需要加工的部位有底面、轴承座内孔、两个螺钉孔及其凸台面、两个大端面。需要划线的尺寸共有三个方向，工件需要安放三次才能划完全部线条。轴承座毛坯上已铸有 $\phi50$ mm 的毛坯孔，需先安装塞块并做好其他划线准备，见图 2－11b。

划线基准选定为轴承座内孔的两个互相垂直的中心平面 $I—I$ 和 $II—II$，以及过两个螺钉孔的中心平面 $III—III$，见图 2－11b、c 和 d。

划线的参考步骤如下：

1）划底面加工线，见图 2－11b。因为这一方向的划线工作将涉及主要部位的找正和借料。

先确定 $\phi50$ mm 轴承座内孔和 $R50$ mm 外轮廓的中心。由于外轮廓是不加工的，所以应以 $R50$ mm 外轮廓作为找正中心的依据。即先在装好中心塞块的孔的两端，用划规分别求出中心；然后用划规试划 $\phi50$ mm 圆周线，看内孔四周是否料厚均匀。如果内孔与外轮廓偏心过多，就要适当地借料。

用三只千斤顶支承轴承座底面，调整千斤顶高度并用划线盘找正，使两端孔的中心初步调整到同一高度。由于 A 面不加工，为了保证在底面加工后厚度尺寸 20 mm 在各处都比较均匀，还要用划线盘的弯脚找平 A 面。两端中心孔既要保持同一高度，A 面又要处于水平位置，当两者发生矛盾时，就要兼顾两个方面并进行相应的调整。待两端中心孔位置确定后，就可以在孔中心打上样冲眼，划出基准线 $I—I$ 和底面加工线。两个螺钉孔凸台的加工线也应同时划出。

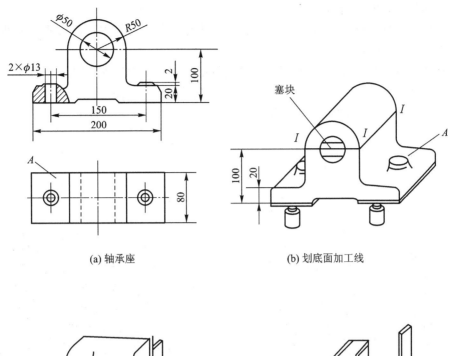

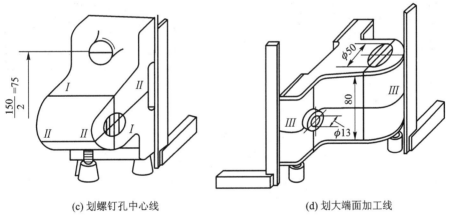

(a) 轴承座 (b) 划底面加工线

(c) 划螺钉孔中心线 (d) 划大端面加工线

图 2-11　轴承座立体划线

2）划两螺钉孔中心线，见图 2-11c。将工件侧翻 90°，并用千斤顶支承，通过千斤顶的调整和划线盘的找正，使轴承座内孔两端中心处于同一高度，同时用 90°角尺按已划出的底面加工线找正到垂直位置，便可划出Ⅱ—Ⅱ基准线与两螺钉孔中心线。

3）划出两个大端面的加工线，见图 2-11d。将工件翻转到图示位置，用千斤顶支承，通过千斤顶的调整和 90°角尺的找正，分别使底面加工线和Ⅱ—Ⅱ基准平面处于垂直位置。

以两个螺钉孔的初定中心为依据，试划两大端面的加工线。若两端面加工余量相差较多时，可通过调整螺钉孔中心来借料。调整满意后即可划出Ⅲ—Ⅲ基准线和两个大端面加工线。

4）用划规划出轴承座内孔和两个螺钉孔的圆周尺寸线。

5）对照图样进行检查，确认无误、无遗漏后，在所划线条上打样冲眼，划线过程至此全部完成。

（3）立体划线的安全措施

1）当用千斤顶作三点支承时，一定要稳固，防止倾倒。对较大工件还要作辅助支承，以确保工件安放稳定、牢靠。

2）对较大工件划线，而且须使用起重机进行吊运时，吊索应安全可靠。当大工件放置在划线平板上，用千斤顶进行调整时，工件下方应放置垫木，以确保安全。

3）当调整千斤顶的高度时，不可用手直接进行调节，以防工件掉下来将手砸伤。

4．配套练习

（1）平面划线练习（图2-12）

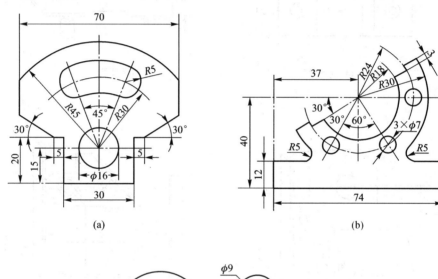

(a)   (b)

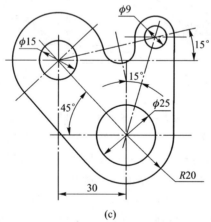

(c)

图2-12 练习平面划线

（2）立体划线练习（图2-13）

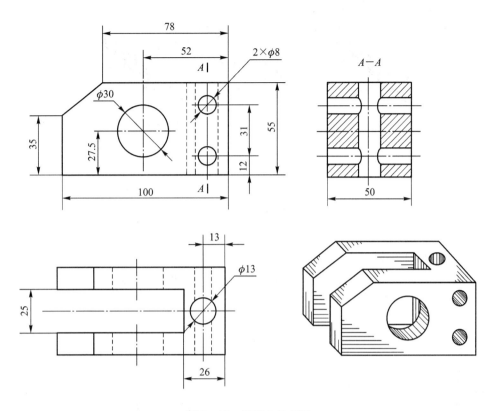

图 2 – 13 拐臂立体划线

2.2 錾削、锉削与锯削

一、錾削

1. 概述

（1）錾子的种类与用途

用锤子打击錾子对金属工件进行切削加工的方法，称为錾削。

錾削主要用于不便用机械加工的场合，如去除毛坯上的凸缘、毛刺、浇口、冒口，以及分割材料、錾削平面和沟槽等。錾削用的工具主要是錾子和锤子，见图 2 – 14、图 2 – 15。

錾子由头部、柄部和切削部分组成，见图 2 – 14。

1）錾子的种类及用途

① 扁錾见图 2 – 14a。扁錾的切削部分扁平，切削刃较长，刃口略带圆弧形。扁錾主要用来錾削平面，去毛刺、凸缘和分割材料等。

② 狭錾见图 2 – 14b。狭錾的切削刃比较短，从切削刃到柄部逐渐变狭小，以防止在錾沟槽时錾子的两侧面被卡住。狭錾主要用来錾削沟槽及分割曲线形板料等。

③ 油槽錾见图 2 – 14c。油槽錾的切削刃很短，并呈圆弧形，切削部分做成弯曲形状。油槽錾主要用来錾削平面或曲面上的油槽等。

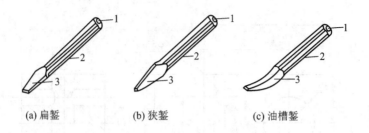

(a) 扁錾　　　　(b) 狭錾　　　　(c) 油槽錾

图 2 - 14　錾子的组成与种类

1—头部；2—柄部；3—切削部分

2）锤子

锤子由锤头、木柄和楔子组成，见图 2 - 15。锤子的规格有 0.25 kg、0.5 kg 和 1 kg 等几种。

（2）錾子的几何角度

錾子一般用碳素工具钢 T7A 锻成，其切削部分刃磨成楔形，经热处理使其硬度达到 52 ~ 62 HRC。錾子的几何角度见图 2 - 16。

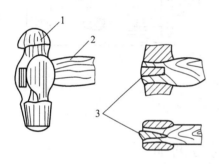

图 2 - 15　锤子

1—锤头；2—木柄；3—楔子

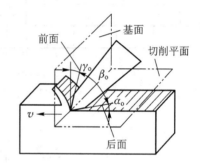

图 2 - 16　錾子的几何角度

1）楔角（β_o）　前面与后面间的夹角称为楔角。楔角由刃磨形成，其大小主要影响切削部分的强度和錾削阻力。楔角大的切削部分强度高，但錾削阻力也大。因此，在满足强度要求的前提下，应尽量选择较小的楔角。

2）后角（α_o）　后面与切削平面间的夹角称为后角。后角的大小决定于錾子被掌握的位置。后角的主要作用是减小后面与切削平面之间的摩擦。后角太大，錾削深度大，切削困难；后角太小，易使錾子从工件表面滑过。錾削时后角一般取 5° ~ 8°比较适宜。

3）前角（γ_o）　前面与基面间的夹角称为前角。前角对切削力、切屑的变形影响较大。前角大，錾削省力，切屑变形小。前角、楔角与后角三者之间的关系为：$\gamma_o + \beta_o + \alpha_o = 90°$。当后角被确定之后，前角的大小也就确定了。

2. 錾削技能训练

（1）錾削平面

錾削平面应该使用扁錾，每次錾削余量为 0.5 ~ 2 mm。

起錾时，一般应从工件的边缘尖角处着手，称为斜角起錾，见图 2 - 17a。从尖角处起錾时，由于切削刃与工件的接触面小，故阻力小，只需轻敲，錾子即能切入材料。当需要从工件的中间部位起錾时，錾子的切削刃要抵紧起錾部位，錾子头部向下倾斜，使錾子与工件起錾端面基本垂直，见图 2-17b，再轻敲錾子，这样能够比较容易地完成起錾工作，这种起錾方法称为正面起錾。

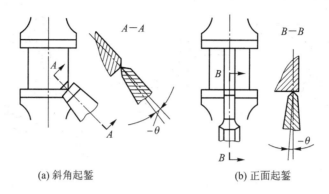

(a) 斜角起錾　　　　　　　　(b) 正面起錾

图 2-17　起錾方法

当錾削快到尽头时，必须调头錾削余下的部分，否则极易使工件的边缘崩裂，见图2-18。
当錾削大平面时，一般应先用狭錾间隔开槽，再用扁錾錾去剩余部分，见图2-19。

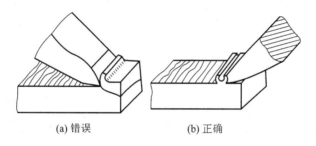

(a) 错误　　　　　　　　　　(b) 正确

图 2-18　尽头处的錾法

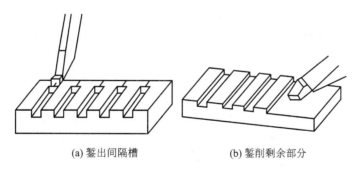

(a) 錾出间隔槽　　　　　　　(b) 錾削剩余部分

图 2-19　錾削大平面的方法

在曲面上錾油槽时，錾子的倾斜情况应随曲面变动，以保证錾削时的后角不变。油槽錾削完毕后，还应该修去槽边的毛刺。

（2）錾削板料

錾削较薄的板料，应该在台虎钳的夹持下进行，见图 2-20a。用扁錾沿着钳口自右向左并斜对着板面约成 45°方向进行錾削。注意：錾削工件的断面要与钳口平齐，夹持要牢固可靠，以防在錾削时板料松动而使錾削线歪斜。

錾削较厚的板料时，应该在铁砧上进行，见图2-20b。对于那些较厚且形状复杂的板料，应先划线，再钻出排孔，最后用扁錾或狭錾錾削。

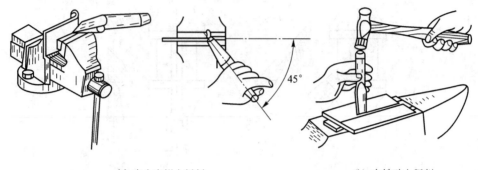

(a) 在台虎钳上錾削　　　　　　　　　　(b) 在铁砧上錾削

图2-20　錾削板料

（3）錾削V形架坯料

1）根据毛坯材料选择较大的平面作为第一个加工面，见图2-21。先粗錾再精錾，待达到錾纹整齐后，可用钢直尺检查錾削面是否平直，若符合加工要求，即可作为正六面体的加工基准面。

2）按照图样的加工要求依次完成划线、錾削等过程。

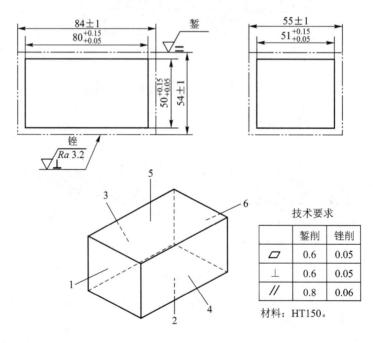

技术要求

	錾削	锉削
▱	0.6	0.05
⊥	0.6	0.05
∥	0.8	0.06

材料：HT150。

图2-21　V形架坯料

二、锉削

用锉刀对工件进行切削加工的方法，称为锉削。锉削的精度可达 0.01 mm，表面粗糙度可达 $Ra0.8$ μm。

1. 锉刀

锉刀是用碳素工具钢 T12、T13 或 T12A 制成的，经热处理淬硬，其切削部分的硬度达 62 HRC 以上。

（1）锉刀的组成

锉刀由锉身和锉柄两部分组成。锉刀面是锉削的主要工作面。

（2）锉齿和锉纹

锉刀工作面上有无数个锉齿，锉削时每个锉齿都相当于一把錾子在对材料进行切削。

锉纹就是锉齿规则排列所形成的图案。锉刀的齿纹有单齿纹和双齿纹两种，见图 2 - 22。

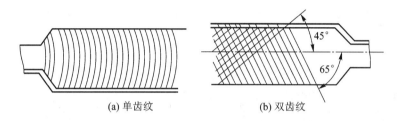

(a) 单齿纹   (b) 双齿纹

图 2 - 22　锉刀的齿纹

单齿纹见图 2 - 22a，指锉刀只在一个方向上有齿纹，锉削时全齿宽同时参加锉削，切削力大。因此，单齿纹锉刀常用来锉削较软的材料。

双齿纹见图 2 - 22b，指锉刀在两个方向排列有齿纹，齿纹浅的叫底齿纹，齿纹深的叫面齿纹。底齿纹和面齿纹的方向和角度不相同，锉削时使每一个齿的锉痕相互交错而不重叠，从而使锉削表面粗糙度值变小。

当采用双齿纹锉刀进行锉削加工时，锉屑通常是断碎的，且切削力小，再加上锉齿强度高等原因，所以双齿纹锉刀适用于较硬材料的锉削。

（3）锉刀的种类

锉刀按其用途不同可分为钳工锉、异形锉和整形锉三类。

钳工锉按其横断面形状的不同又可分为扁锉、方锉、三角锉、半圆锉和圆锉等。

异形锉有刀形锉、三角锉、单面三角锉、椭圆锉、圆锉等。异形锉主要用于锉削工件上的特殊表面。

整形锉有刀形锉、三角形锉、单面三角形锉、椭圆锉和菱形锉等，主要用于修整工件细小部分的表面。

（4）锉刀的规格及选用

锉刀的规格分尺寸规格和齿纹粗细规格两种。方锉的尺寸规格以方形尺寸表示；圆锉的规格用直径表示；其他锉刀则以锉身的长度表示。钳工常用锉刀的规格有：100 mm、125 mm、150 mm、200 mm、250 mm、300 mm、350 mm 和 400 mm 等。

齿纹粗细规格，以锉刀在轴向每 10 mm 长度范围内主锉纹的条数表示。主锉纹指在锉刀上起主要切削作用的齿纹；而在另一个方向上起分屑断屑作用的齿纹，称为辅齿纹。

锉刀粗细规格的选用见表 2 - 1。

表 2 - 1　锉刀粗细规格的选用

锉刀粗细	适用场合		
	锉削余量/mm	尺寸精度/mm	表面粗糙度/μm
1 号（粗齿锉刀）	0.5 ~ 1	0.2 ~ 0.5	$Ra100 ~ 25$
2 号（中齿锉刀）	0.2 ~ 0.5	0.05 ~ 0.2	$Ra25 ~ 6.3$
3 号（细齿锉刀）	0.1 ~ 0.3	0.02 ~ 0.05	$Ra12.5 ~ 3.2$
4 号（双细齿锉刀）	0.1 ~ 0.2	0.01 ~ 0.02	$Ra6.3 ~ 1.6$
5 号（油光锉）	0.1 以下	0.01	$Ra1.6 ~ 0.8$

每种锉刀都有其各自的用途，应根据工件的表面形状和尺寸大小合理选用，其具体选用方法见图 2 - 23。

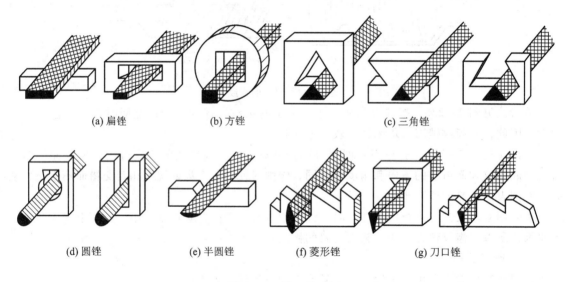

(a) 扁锉　　　　(b) 方锉　　　　(c) 三角锉

(d) 圆锉　　　(e) 半圆锉　　　(f) 菱形锉　　　(g) 刀口锉

图 2 - 23　锉刀的选用

2. 锉削方法

（1）锉削平面

1）顺向锉

如图 2 - 24 所示，顺向锉是最普通的锉削方法。锉刀运动的方向与工件夹持方向始终一致，面积不大的平面和最后锉光都采用这种方法。因为顺向锉可得到正直的锉痕，而且比较美观，所以精锉时通常都采用这种方法。

2）交叉锉

如图 2 - 25 所示，锉刀运动的方向与工件夹持的方向约成 35°，且锉痕交叉。因为交叉锉时锉刀与工件之间的接触面积较大，锉刀容易掌握平稳，所以交叉锉一般适用于对工件进行粗锉。

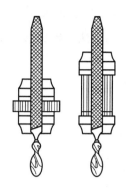

图 2 - 24　顺向锉法

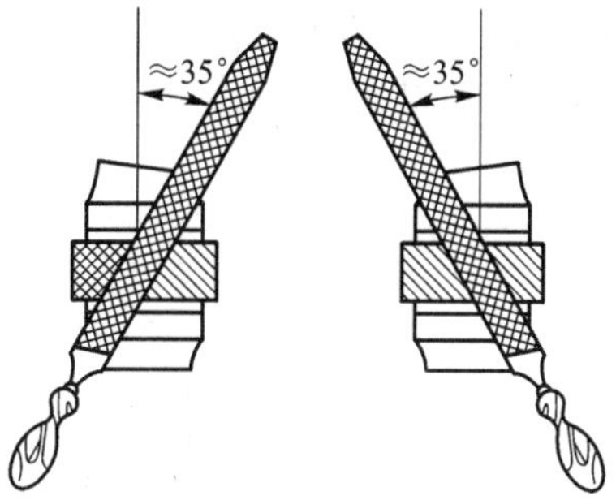

图 2 - 25　交叉锉法

3）推锉

如图 2 - 26 所示，推锉法一般用来锉削狭长平面，在顺向锉时锉刀运动受到阻碍的情况下也可采用。因为推锉法不能充分发挥手臂的力量，锉削效率低，所以只在加工余量较小和修整尺寸的场合采用这种方法。

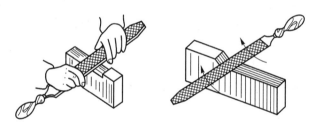

图 2 - 26　推锉法

锉削平面的平面度误差，一般用钢直尺或刀口形直尺以透光法检查，见图 2 - 27。将刀口形直尺沿加工面的纵向、横向和对角线方向逐一进行检验，以透过光线的均匀程度和强弱来判断加工表面是否平直。

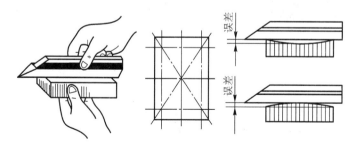

图 2 - 27　平面度检查方法

（2）锉削其他表面

1）锉削凸圆弧面

锉削凸圆弧面的方法有两种，一种是用扁锉沿着圆弧进行锉削，见图 2 - 28a。锉刀向前运动的同时绕工件的圆弧中心线作上下摆动，其动作要领是在右手下压的同时左手上提。因为

51

这种锉削方法的工作效率较低，所以只适用于精锉外圆弧面。

另一种是用扁锉横着圆弧面进行锉削的方法，见图2－28b。锉刀作直线推进的同时绕圆弧面中心线作圆弧摆动，待圆弧面接近尺寸时再用沿着圆弧面的方法精锉成形。这种方法只适用于凸圆弧面的粗加工。

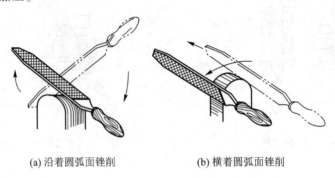

(a) 沿着圆弧面锉削　　　　　　　(b) 横着圆弧面锉削

图2－28　锉削凸圆弧面的方法

2）锉削凹圆弧面

锉削凹圆弧面时，锉刀要同时完成三个运动：前进运动、沿着圆弧面向左或向右移动、绕锉刀中心线转动。只有在三个运动协调完成的前提下，才能锉好凹圆弧面，见图2－29。锉削凹圆弧面需要使用圆锉或半圆锉。

3）锉削球面

锉削球面时，锉刀在作凸圆弧面顺向滚锉动作的同时，还要绕球面的中心和周向作摆动，见图2－30。

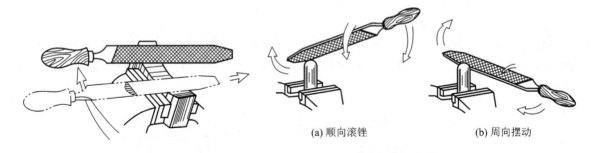

(a) 顺向滚锉　　　　　　　(b) 周向摆动

图2－29　锉削凹圆弧面的方法　　　　　图2－30　锉削球面的方法

3. 锉削技能训练

锉削所用的坯料是图2－21所示经錾削后的V形架坯料。

首先，选择錾削质量好的大平面作为第一个锉削面，应达到平面度要求。

然后，按照图样要求和各待加工表面的顺序进行编号，并依次对各待加工表面进行划线、粗锉、精锉（为提高自己的锉削技能，建议只允许使用规格为300 mm的扁锉），锉削至达到技术要求为止。

锉削时，应注意以下事项：

1）锉刀柄要装夹牢固，不要使用锉柄有裂纹的锉刀。

2）不准用嘴吹铁屑，也不准用手直接去清理铁屑。

3）要先使用锉刀的一个面进行锉削，只有在该面磨钝后，再使用另一面进行锉削。

4）锉刀使用完毕后，不要与其他工具重叠或堆放在一起。

5）当需要夹持已加工表面时，应使用保护片；夹持较大工件时，要用木垫进行支承。

4. 锉削配套练习

（1）锉削短六角体（图2-31）

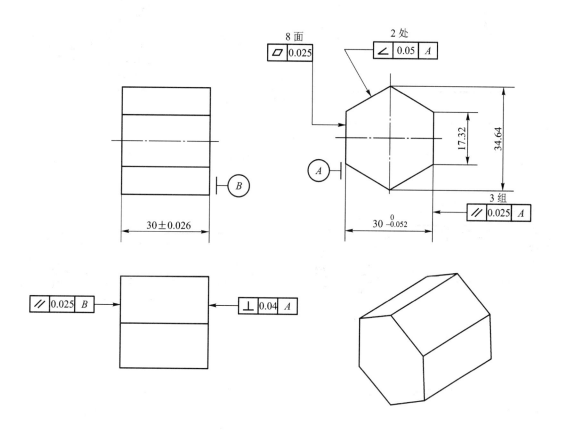

图2-31　锉削短六角体

（2）锉削短曲面体（图2-32）

三、锯削

用锯对材料或工件进行切断或切槽等加工的方法，称为锯削。

1. 手锯

手锯由锯弓和锯条两部分组成，见图2-33。

（1）锯弓

锯弓的作用是装夹并张紧锯条，且便于进行双手手工操作。锯弓有固定式和可调节式两种。

（2）锯条

锯条直接用来锯削材料或工件。锯条一般由渗碳钢冷轧制成，需要经热处理淬硬后才能使

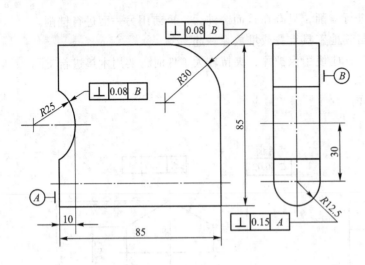

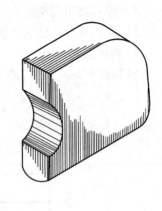

图 2-32 锉削短曲面体

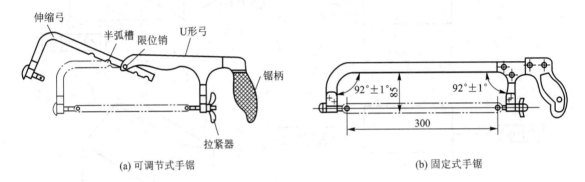

(a) 可调节式手锯　　　　　　　　　　　　　(b) 固定式手锯

图 2-33 手锯

用。锯条的长度以两端安装孔的中心距来表示,常用手锯的锯条
长度为 300 mm。

1)锯齿的角度

锯齿的角度见图 2-34,其中前角 $\gamma_o = 0°$,后角 $\alpha_o = 40°$,
楔角 $\beta_o = 50°$。

2)锯齿的粗细

锯齿的粗细是以锯条每 25 mm 长度内的锯齿数来表示的。
锯齿粗细的分类及其应用见表 2-2。

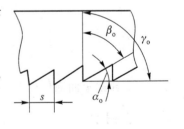

图 2-34 锯齿的角度

表 2-2　锯齿粗细规格及应用

	每 25 mm 长度内的齿数	应　　用
粗	14 ~ 18	锯削软钢、黄铜、铝、铸铁、阴极铜、人造胶质材料
中	22 ~ 24	锯削中等硬度钢、厚壁的钢管、铜管
细	32	锯削薄片金属、薄壁管子
细变中	32 ~ 20	一般工厂中用,易于起锯

3）锯路

在制造锯条时，将全部锯齿按一定的规律左右错开，并排列成一定的形状，称为锯路。锯条有了锯路以后，能使锯削时的锯缝宽度大于锯条背的厚度，可以减小锯条与锯缝之间的摩擦阻力和防止发生夹锯现象。

2. 锯削技能训练

（1）锯条的安装

利用锯条两端的安装孔，将锯条装夹在锯弓两端支柱上，并使锯齿的齿尖朝向前方，见图2-35。锯条的松紧靠翼形螺母调节，应松紧适当。太紧时，锯条受力过大，易发生折断现象；太松时，不仅锯削时锯条容易扭曲，造成锯缝歪斜，还可能折断锯条。

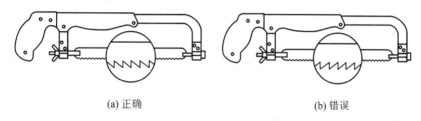

(a) 正确　　　　　　　　　　　　(b) 错误

图2-35　锯条的安装

（2）手锯的握法

右手紧握手锯手柄，大拇指压在食指上面，用左手控制手锯的运动方向，见图2-36。

（3）锯削方法

锯削时，手锯前进的运动方式有两种：一种是直线运动，它与锉削平面时锉刀的运动方式相同。另一种是小幅度的上下摆动式运动，即在前进时左手上提，右手下压；在回程时，右手上提，左手自然跟回。

锯削速度一般应控制在30次/min以内。推进时速度稍慢，压力大小应适当且保持匀速；回程时不施加压力，速度可稍快。

起锯是锯削工作的开始，起锯可分为近起锯和远起锯两种，见图2-37。一般情况下常采用远起

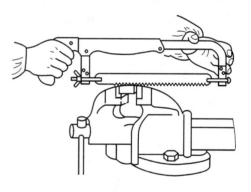

图2-36　手锯的握法

锯，因为这种方法锯齿不易被卡住。无论用远起锯还是近起锯，起锯角 θ 要小（θ 小于15°比较适宜）。若起锯角太大，则切削阻力大，锯齿易被卡住造成崩齿；若起锯角太小，则锯齿不易切入材料，容易跑锯而划伤工件表面。为了使起锯顺利，可用左手拇指对锯条进行导靠，见图2-37d。

1）棒料的锯削

如果要求棒料的锯削断面比较平整，则应该从起锯开始一直连续地锯削至结束。若对锯出的断面要求不高，则锯削时可把棒料转过一个角度，选择锯削阻力小的位置继续锯削，可以提高工作效率。

2）管子的锯削

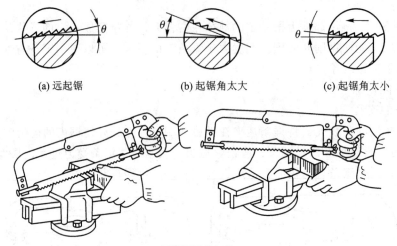

(a) 远起锯　　　　(b) 起锯角太大　　　　(c) 起锯角太小

(d) 用拇指导靠起锯

图 2 - 37　起锯的方法

锯削薄壁管子时，要用 V 形木块夹持，以防夹扁或夹坏管子表面。在管子将要锯透时，把管子向前转过一个角度后再进行锯削；否则，锯齿易被管壁钩住而造成崩齿，这种锯削方法又称转位锯削，见图 2 - 38。

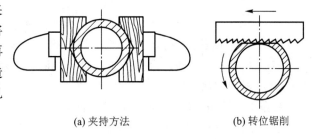

(a) 夹持方法　　　　(b) 转位锯削

图 2 - 38　管子的锯削方法

3）板料的锯削

因为板料的锯缝一般都较长，所以，在工件装夹时，要充分考虑到如何有利于锯削，见图 2 - 39。

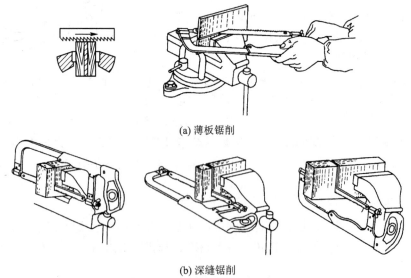

(a) 薄板锯削

(b) 深缝锯削

图 2 - 39　板料的锯削方法

56

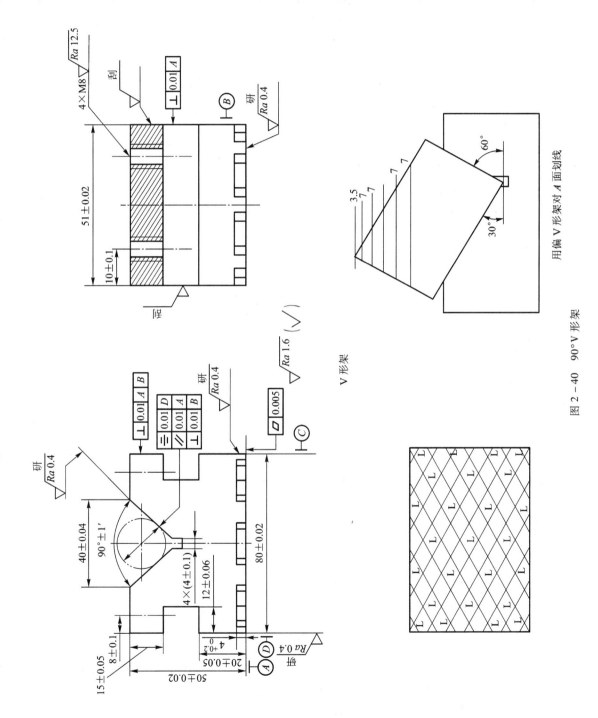

图 2-40 90°V 形架

（4）锯削练习

1）用不同形状的废料进行锯削基本功的练习

2）制作 V 形架

使用的坯料为图 2-21 所示经錾削及锉削后的正六面体制件（即 V 形架坯料）。将此坯料制成如图 2-40 所示的 V 形架（留出一定的研磨、刮削余量）。其制作过程可参考如下步骤：

① 按图样要求划出 90°V 形、直方槽 15 mm×12 mm 及 4 mm×4 mm 的加工线，并使用偏 V 形架在 A 面上划出菱形块加工线。

② 锯削 90°V 形及直方槽，用尖錾加工 4 mm×4 mm 的直方槽，并留出一定锉削余量。

③ 锉削 90°V 形及 4 mm×4 mm 的直方槽，直至达到图样要求。

④ 锯削 15 mm×12 mm 的直方槽，用狭錾錾去余料，直至达到图样要求。

⑤ 锯削 A 面，注意带有 L 标记的菱形块不允许锯掉和误伤，只允许采用直线运动的锯削方法，保证深度 4 mm，且留出一定锉削余量。

⑥ 用狭錾去除不需保留的菱形块余料。

⑦ 锉削菱形块，保证菱形块对边距 7 mm 及深度 4 mm。要求所保留的菱形块尺寸一致，外观整齐。

⑧ 锉削各表面，留出刮削与研磨余量。

⑨ 研磨及刮削 V 形架（待学过 2.3 节刮削与研磨后再进行）。

2.3　刮削与研磨

用刮刀刮除工件表面薄层金属的加工方法称为刮削。刮削可分为平面刮削和曲面刮削两种。

一、刮削

1. 概述

（1）刮削原理

刮削是在工件或校准工具（或与其相配合的工件）上涂一层显示剂，经过对研，使工件表面较高的部位显示出来，然后用刮刀刮去较高部分的金属层；经过反复推研、刮削，使刮削后的工件表面达到很高的尺寸精度、形状精度、接触精度和表面粗糙度等精度要求，所以刮削又称刮研。

（2）刮削工作的特点及作用

因为刮削工作具有切削量小、切削力小、产生的热量少和装夹变形小等特点，所以通过这种加工方法能获得很高的尺寸精度、形状精度、接触精度和较小的表面粗糙度值。

刮削时，工件表面多次反复地受到刮刀的推挤和压光作用，因此工件表面组织变得比原来更紧密。

刮削工作一般要经过粗刮、细刮、精刮和刮花等过程。由于刮削过的工件表面，形成比较均匀的微浅凹坑，创造了良好的存油条件，有利于工件的润滑，因此，机床导轨、滑板、滑座、滑动轴承、工具和量具的接触表面，常用刮削的方法进行最后的精加工。

虽然刮削工作有很多优点，但是工人的劳动强度也很大，生产效率比较低。由于导轨磨床的诞生，较大型的企业在制造、修理过程中，对机床导轨、滑板、滑座等配合表面，大都采用了以磨代刮的新工艺。这项新工艺不仅能够保证产品的质量、减轻工人的劳动强度，而且还大大提高了劳动生产率。

2. 刮削工具及显示剂

刮削工具有刮刀(包括平面刮刀和曲面刮刀)、校准工具(平板、直尺、角度尺等)；刮削时常用的显示剂有红丹粉和蓝油两种。

(1) 平面刮刀

平面刮刀主要用于刮削平面和在平面上刮花。刮刀一般采用碳素工具钢 T12A 或弹性较好的滚动轴承钢 GCr15 锻制而成，并经热处理进行淬硬。当刮削硬度较高的工件表面时，刀头上可以焊接高速钢或硬质合金材料。常用的平面刮刀有直头和弯头两种，见图 2-41。

(a) 直头手刮刮刀   (b) 直头挺刮刮刀   (c) 弯头刮刀

图 2-41 平面刮刀

(2) 曲面刮刀

曲面刮刀主要用于刮削各种内曲面，如滑动轴承的内孔等。常用的曲面刮刀有三角刮刀、柳叶刮刀和蛇头刮刀等，见图 2-42。

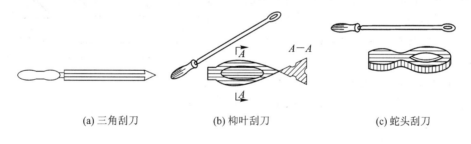

(a) 三角刮刀   (b) 柳叶刮刀   (c) 蛇头刮刀

图 2-42 曲面刮刀

(3) 校准工具

校准工具是用来研磨接触点和检验刮削面准确性的工具。常用的校准工具有标准平板、检验平尺和角度平尺，见图 2-43。还有用来研磨滑动轴承内孔的校准心棒等。

(4) 显示剂

工件和校准工具对研时，在工件或校准工具上涂加的有颜色的涂料叫显示剂。

1) 显示剂的种类

① 红丹粉 红丹粉的成分有铅丹和铁丹两种，它们分别是由氧化铅和氧化铁加机油调和而成的。前者呈橘黄色，后者呈褐红色。它们主要用于对铸铁或钢质工件刮削面的涂色。

② 蓝油 蓝油是用普鲁士蓝粉和蓖麻油及适量全损耗系统用油调和而成的。它们主要用于精密工件、有色金属及合金在刮削时的涂色。

2) 显点方法

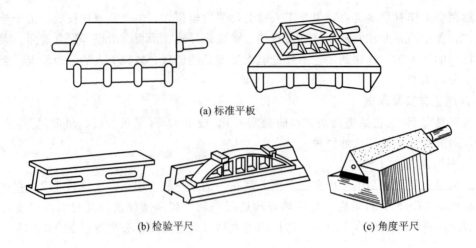

(a) 标准平板

(b) 检验平尺   (c) 角度平尺

图 2-43　校准工具

将显示剂涂在工件(也可涂在校准工具)上，经反复对研即可显示出需要刮去的高点部分。

① 中小型工件的显点　对中小型工件刮削对研时，一般是标准平板固定不动，将被刮削的平面均匀涂上显示剂后，在标准平板上进行反复对研。若工件的被刮削面较长，则对研时工件超出标准平板部分的长度不得大于工件长度的 1/3。

② 大型工件的显点　对于大型工件的显点，一般都是工件固定不动，将显示剂涂在被刮削的平面上，使校准工具在被刮削的平面上进行反复对研。如机床导轨用检验平尺对研时，检验平尺在导轨上移动的距离不能过大，超出导轨部分的长度不得大于检验平尺长度的 1/3。

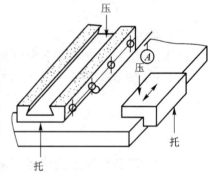

图 2-44　重量不对称工件的显点

③ 重量不对称工件的显点　该种工件在对研时，一定要根据工件的形状，在不同位置施以不同大小及方向的作用力，见图 2-44。

3. 刮削精度的检验

刮削精度包括尺寸精度、形状和位置精度、接触精度、贴合程度及表面粗糙度等。

接触精度常用边长 25 mm × 25 mm 的正方形方框内的研点数检验，其具体要求见表 2-3 和表 2-4。形状和位置精度用方框水平仪检验；贴合程度用塞尺检验。

表 2-3　各种平面接触精度研点数

平 面 种 类	每 25 mm × 25 mm 内的研点数	应　　用
一般平面	2 ~ 5	较粗糙机件的固定接合面
	大于 5 ~ 8	一般接合面
	大于 8 ~ 12	机器台面、一般基准面、机床导向面、密封接合面
	大于 12 ~ 16	机床导轨及导向面、工具基准面、量具接触面
	大于 16 ~ 20	精密机床导轨、直尺

平 面 种 类	每 25 mm × 25 mm 内的研点数	应 用
精密平面	大于 20 ~ 25	1 级平板①、精密量具
超精密平面	大于 25	0 级平板①、高精度机床导轨、精密量具

① 表中 1 级平板、0 级平板系指通用平板的精度等级。

表 2 − 4　滑动轴承的研点数

轴承直径 /mm	机床或精密机械主轴轴承			锻压设备和通用机械的轴承		动力机械和冶金设备的轴承	
	高精度	精密	普通	重要	普通	重要	普通
	每 25 mm × 25 mm 内的研点数						
≤120	25	20	16	12	8	8	5
>120		16	10	8	6	6	2

4. 平面刮削技能训练

（1）平面刮削的步骤

1）粗刮

用粗刮刀在刮削面上均匀地铲去一层较厚的金属，使其很快去除刀痕、锈斑或较多的余量，称为粗刮。粗刮时，采用长刮法，刮削的刀迹连成长片。在整个刮削面上要均匀地刮削，并根据前道加工所遗留的凹凸误差情况，进行不同程度的刮削。当刮至每边长为 25 mm 的正方形方框内有 3 ~ 4 个研点时，粗刮即告结束。

2）细刮

用细刮刀在刮削面上刮去稀疏的大块研点，使刮削面的质量得到进一步改善，称为细刮。细刮时，采用短刮法，刀痕宽而短，刀痕的长度约等于刀头的宽度；随着研点的逐渐增多，刀迹会逐渐变短。待从一个方向上刮削一遍后，再从与上一遍交叉的方向刮削第二遍，以消除原方向上的刀痕。在刮削过程中，要控制好刀头与工件表面的角度，避免在刮削面上划出深痕。显示剂要涂得薄而均匀。对研后的硬点应刮得重一些，软点应刮得轻一些，直至显示出的研点软硬均匀。在整个刮削面上，每边长为 25 mm 的正方形方框内有 12 ~ 15 个研点时，细刮即告结束。

3）精刮

在细刮的基础上，用精刮刀更仔细地刮削研点，使工件符合精度要求，称为精刮。精刮时，采用点刮法，其动作要领是找点要准，落刀要轻，起刀要快。在每个研点上只刮一刀，不能重复。刮削要按交叉方向进行。当研点逐渐增加到每边长为 25 mm 的正方形方框内有 20 个研点以上时，精刮即告结束。

4）刮花

在精刮后的刮削面上（或机器外观表面上），用刮刀刮出装饰性花纹的过程叫刮花。刮花的目的是使刮削面既美观又有良好的储油润滑条件。常见的刮花花纹有斜纹花、鱼鳞花和半月花等形状，见图2-45。

(a) 斜纹花　　　　　　　(b) 鱼鳞花　　　　　　　(c) 半月花

图2-45　刮花的花纹

（2）原始平板刮削练习

对原始平板的刮削一般采用渐近法，即不用标准平板，而用三块（或三块以上）平板依次循环互研互刮，直至达到要求。这种方法又称为原始平板循环刮削法。一般先将三块平板单独进行粗刮，去除机械加工（刨削）的刀痕和锈斑；然后将三块平板分别编号为1、2、3，按编号次序进行刮削，其刮削循环步骤见图2-46。

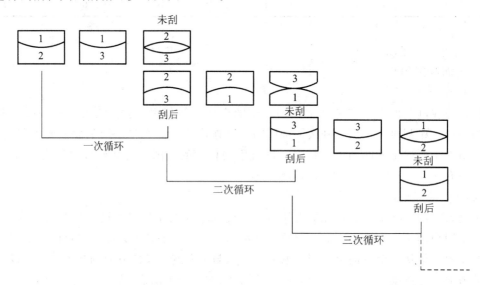

图2-46　原始平板循环刮削法

1）一次循环

先设1号平板为基准，与2号平板互研互刮，使1、2号平板贴合。再将3号平板与1号平板互研，单刮3号平板，使1号、3号平板贴合。然后，用2号、3号平板互研互刮。这时，2号和3号平板的平面度略有改善。这种按顺序有规则地互研互刮或单刮，称为一次循环。

2）二次循环

在上一次2号与3号平板互研互刮的基础上，按顺序以2号平板为基准，1号与2号平板互研，单刮1号平板。然后，3号与1号平板互研互刮。这时，3号和1号平板的平面度进一步得到改善。

3）三次循环

在上一次3号与1号平板互研互刮的基础上，按顺序以3号平板为基准，2号与3号平互研，单刮 2 号平板。然后，1 号与 2 号平板互研互刮。这时，1 号与 2 号平板的平面度又进一步得到改善。

刮研时，应先直研(也称正研，即沿纵向或横向推研)以消除纵向起伏产生的平面度误差；几次循环后，必须采用对角推研法，见图 2－47，以消除两对角高而另两对角低的平面扭曲所产生的平面度误差。如此循环次数越多，则平板越精密。直到三块平板中任取两块推研，不论是直研还是对角研都能得到相近的清晰研点，且每块平板上在任意边长为 25 mm 的正方形方框内均达到 20 个研点以上，表面粗糙度 $Ra \leqslant 0.8$ μm，刀痕排列整齐美观，刮削即告完成。

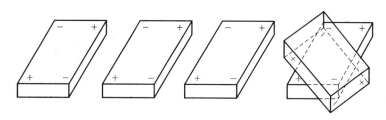

图 2－47　对角推研法

（3）刮削面质量缺陷的分析(表 2－5)

表 2－5　刮削面质量缺陷的分析

缺 陷 形 式	特 征	产 生 原 因
深凹痕	刮削面研点局部稀少或刀迹与显示研点高低相差太多	（1）粗刮时用力不均、局部落刀太重或多次刀迹重叠 （2）切削刃刃磨得弧形过大
撕痕	刮削面上有粗糙的条状刮痕，较正常刀迹深	（1）切削刃不光洁、不锋利 （2）切削刃有缺口或裂纹
振痕	刮削面上出现有规则的波纹	多次同向刮削，刀迹没有交叉
划道	刮削面上划出深浅不一的直线	研点时夹有砂粒、铁屑等杂质，或显示剂不清洁
刮削面精密度不准确	显点情况无规律地改变且捉摸不定	（1）推研研点时压力不均，研具伸出工件太多，按出现的假点刮削造成 （2）研具本身不准确

（4）平面刮削时应注意的事项

1）刮削前，工件的锐边应倒角，防止伤人。

2）刮削时，若需垫踏板，踏板应安放平稳，以防跌倒受伤。

3）挺刮时，刮刀柄部应安装牢靠，并加毡垫，以减小对腹部的压力。

4）当刮削至工件的边缘时，不可用力过猛，以免失控(连刀带人冲出)发生事故。

5）刮刀使用完毕后，刀头要用纱布包裹好，妥善放置。

（5）平面刮削练习

刮削图 2－40 所示 V 形架两大端面，每 25 mm × 25 mm 的正方形方框内均达到 20 个研点以上，尺寸与垂直度达要求。

（6）配套练习

刮削小平板，工件图样见图2-48。

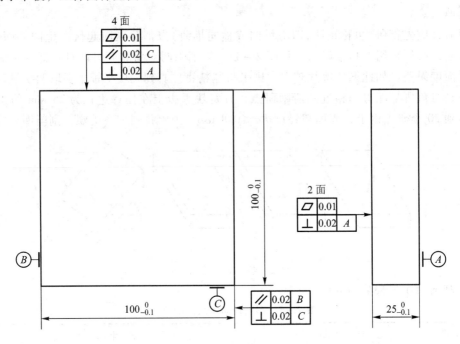

图 2-48　刮削小平板

5. 曲面刮削

曲面刮削的原理和平面刮削一样，但刮削方法不同。

曲面刮削时，应根据其不同形状和不同的刮削要求，选择合适的刮刀和显点方法。

（1）三块拼圆轴瓦的刮削

三块拼圆轴瓦（简称三片瓦）主要用于磨床主轴轴承，虽然承受的负荷不大，但却直接关系到加工工件的圆度和表面粗糙度。

刮削时，为了防止轴瓦被夹坏或变形，可在台虎钳钳口部分垫上胶皮，也可制造刮削这类轴瓦的专用夹具（图2-49）。装夹时将轴瓦放在夹具体的圆弧内，用压板、垫圈、螺钉将轴瓦固定到刮削时不产生移动即可。用半圆头刮刀，可向前推刮，也可沿着左右或成45°方向刮削。用标准棒进行显点，在标准棒上涂蓝油，不宜涂红丹（因红丹与铜合金显点不明显），显点时，以双手拇指按平轴瓦左右移动（图2-50）。刮削后的显点要求在每25 mm×25 mm方框内显点数18~20点为宜，若超过25点则容易磨损，且油膜难以形成。刮削点要求小而深、无棱角、分布均匀。若轴瓦内无加工油槽，应在进油端刮出深0.5~1 mm、宽3~4 mm、距两端面5~6 mm的封闭进油槽（图2-51），以便工作中形成油楔。

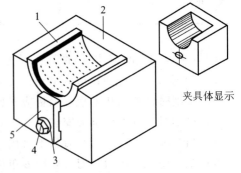

图 2-49　刮削三块拼圆轴瓦的专用夹具
1—工件；2—夹具体；3—垫圈；
4—螺钉；5—压板

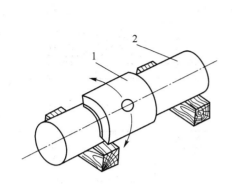

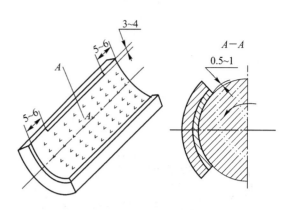

图 2-50　三块拼圆轴瓦刮削时的显点图

1—工件；2—标准棒

图 2-51　轴瓦油槽图

（2）对合轴瓦的刮削

对合轴瓦见图 2-52。它由上轴瓦、下轴瓦、轴承盖、轴承座和垫片等零件组成。

刮削前，先将下轴瓦装于轴承座的圆弧内，下轴瓦的台肩紧靠座的两端面，外圆与座的圆弧紧密配合，然后开始刮削。对合轴瓦一般都采用配刮，即用与轴瓦配合的轴来研点。在上下轴瓦上涂显示剂，装好配刮轴及上轴瓦、双头螺柱、轴承盖，然后用螺母轻轻紧固，在紧固的同时转动配刮轴，松紧程度要适中，配刮轴的松紧可以随着刮削的次数调整垫片 H 的尺寸来调节。刮削时由粗刮到精刮，点子从大到小，从深到浅，直至当螺母紧固后，配刮轴能够轻松地转动，且显点达到规定要求，即为合格。

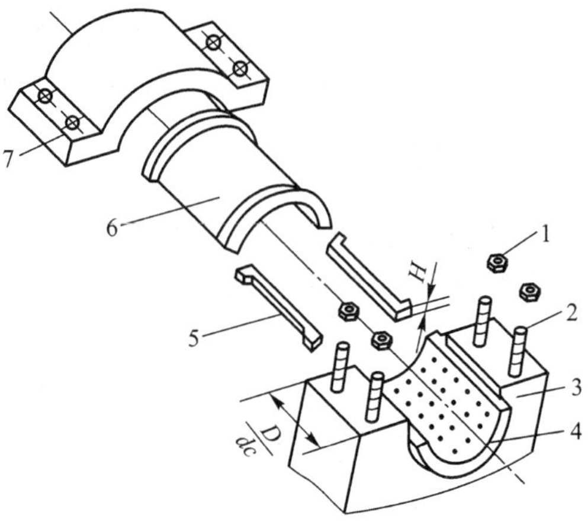

（3）外锥内圆柱轴承的刮削

外锥内圆柱轴承多作为普通车床的主轴轴承，见图 2-53。

刮削时，一般都以主轴箱锥孔为基准，在轴

图 2-52　对合轴瓦零件展开图

1—螺母；2—双头螺柱；3—轴承座；4—下轴瓦；

5—垫片；6—上轴瓦；7—轴承盖；

承放松的情况下，先将轴承外圆锥与主轴箱锥孔配刮好，再将主轴装入轴承配研显点，随后收紧轴承刮削内圆达到配刮精度。然后，再按如下步骤刮削：

1）在主轴箱孔涂显示剂，将配刮好的主轴和轴承装入主轴箱孔内，轴承小端安装推力球轴承，并用螺母锁紧轴承与主轴至原来的配刮精度，见图 2-54。

2）轴承大端装配衬套，旋上扳手螺母，然后扳动扳手螺母上的两个手柄，使轴承随着扳手螺母按顺时针方向旋转，使轴承外圆锥与主轴箱锥孔配研显点。

3）根据显点刮削轴承外圆锥，达到每 25 mm×25 mm 方框内显示 4~6 点即可。

4）刮完后拆下扳手螺母及衬套，将轴承锁紧在主轴箱孔中，再与主轴配研稍许修刮一下轴承内孔。

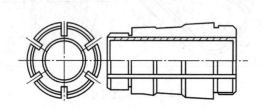

图 2-53 外锥内圆柱轴承

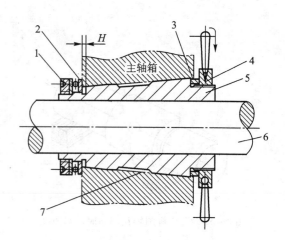

图 2-54 用螺母锁紧轴承与主轴图

1—螺母；2—推力球轴承；3—衬套；4—扳手螺母；

5—轴承；6—主轴；7—配研显点

采用上述方法刮削，能使外锥内圆都保持良好的接触精度，有利于提高轴承的支承刚性。但轴承的收紧量 H 有所增大，因此在车削外圆锥时，应该适当多留一些余量。

二、研磨

用研磨工具和研磨剂，从工件上研去一层极薄表面层的精加工方法称为研磨。研磨的目的是使工件获得很高的尺寸精度、形状精度和极小的表面粗糙度值。

1. 研磨工具

研磨工具(研具)是研磨加工中保证被研磨工件几何精度的重要因素。因此，对研具材料、精度和表面粗糙度都有较高的要求。

（1）研具材料

对研具材料的要求是：其表面硬度应比被研磨工件略低；组织结构均匀且有针孔；具有较高的耐磨性和较好的稳定性等。常用的研具材料有以下几种：

1）灰铸铁 灰铸铁具有硬度适中、嵌入性好、价格低和研磨效果好等优点，因此，它是一种应用广泛的研具材料。

2）球墨铸铁 球墨铸铁比灰铸铁的嵌入性更好，组织更加均匀、牢固，故常用于精密工件的研磨。

3）软钢 因软钢韧性较好，不易折断，故常用作小型工件的研具材料，如研磨公称尺寸在 M8 以下的内螺纹和工件上的小孔等。

4）铜 铜的质地较软，嵌入性好，常用作研磨软钢的研具材料。

5）铸造铝合金 铸造铝合金一般用作研磨铜工件的研具材料。

6）硬木材 硬木材可用作研磨铜和软金属的研具材料。

（2）研具种类

在研磨不同形状的工件时，需要使用不同形状的研具。装配钳工常用的研具有研磨平板、研磨棒和研磨套(环)等。

1）研磨平板　研磨平板主要用来研磨平面，如研磨量块、精密量具和圆环的平面等。研磨平板分开槽平板和不开槽平板两种（图 2 - 55）。开槽平板用于粗研，不开槽平板用于精研。

2）研磨棒　研磨棒简称研棒，主要用来研磨套类工件的内孔。研磨棒分整体和圆柱可调两种（图 2 - 56）。整体研磨棒制造简单，成本较低，但磨损后无法补偿，多用于单件工件的研磨。因为圆柱可调研磨棒的尺寸可以在一定范围内进行调节，所以其寿命较长，应用也比较广泛。

(a) 开槽平板

(b) 不开槽平板

图 2 - 55　研磨平板

3）研磨套　研磨套简称研套，用来研磨轴类工件的外圆表面。研磨套的组成见图 2 - 57。

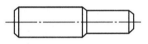
(a) 整体研磨棒(不带螺旋沟槽)

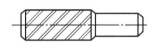
(b) 整体研磨棒(带螺旋沟槽)

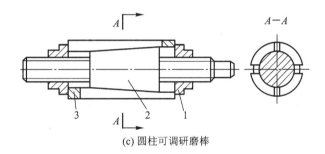
(c) 圆柱可调研磨棒

图 2 - 56　研磨棒
1—调整螺母；2—锥度心轴；3—开槽研磨套

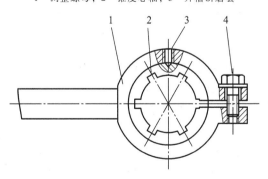

图 2 - 57　研磨套
1—夹箍；2—研套；3—紧固螺钉；4—调整螺钉

2. 研磨剂

研磨剂是由磨料、研磨液和辅助材料调合而成的混合剂。

（1）磨料

磨料在研磨中起切削作用。研磨效率、研磨精度都和磨料有密切的关系。磨料的系列与用途见表2-6。

表2-6　磨料的系列与用途

系　列	磨料名称	代号	特　　性	适　用　范　围
氧化铝系	棕刚玉	A	棕褐色，硬度高，韧性好，价格便宜	粗、精研磨钢、铸铁和黄铜
	白刚玉	WA	白色，硬度比棕刚玉高，韧性比棕刚玉差	精研磨淬火钢、高速钢、高碳钢及薄壁零件
	铬刚玉	PA	玫瑰红或紫红色，韧性比白刚玉高，磨削粗糙度值小	研磨量具、仪表零件等
	单晶刚玉	SA	淡黄色或白色，硬度和韧性比白刚玉高	研磨不锈钢、高钒高速钢等强度高、韧性好的材料
碳化物系	黑碳化硅	C	黑色有光泽，硬度比白刚玉高，脆而锋利，导热性和导电性良好	研磨铸铁、黄铜、铝、耐火材料及非金属材料
	绿碳化硅	GG	绿色，硬度和脆性比黑碳化硅高，具有良好的导热性和导电性	研磨硬质合金、宝石、陶瓷、玻璃等材料
	碳化硼	BC	灰黑色，硬度仅次于金刚石，耐磨性好	精研磨和抛光硬质合金、人造宝石等硬质材料
金刚石系	人造金刚石		无色透明或淡黄色、黄绿色、黑色，硬度高，比天然金刚石略脆，表面粗糙	粗、精研磨硬质合金、人造宝石、半导体等高硬度脆性材料
	天然金刚石		硬度最高，价格昂贵	
其他	氧化铁		红色至暗红色，比氧化铬软	精研磨或抛光钢、玻璃等材料
	氧化铬		深绿色	

（2）研磨液

磨料不能直接用于研磨，必须加注研磨液和辅助材料调和后才能使用。研磨液除了使磨料均匀地分布在研具的表面外，还具有冷却和润滑的作用。常用的研磨液有 L-AN15 和 L-AN32 全损耗系统用油、煤油、汽油和淀子油等。

（3）辅助材料

辅助材料是一种粘性较大和氧化作用较强的混合脂。它的作用是使工件表面形成一层氧化膜，加速研磨进程。常用的辅助材料有油酸、脂肪酸和硬脂酸等。

为便于研磨，工厂中一般都是使用成品研磨膏。成品研磨膏是向微粉中加入油酸、混合脂（或润滑脂）和少许煤油配制而成的。使用时，加适量机油稀释即可。

3. 平面研磨技能训练

（1）手工研磨运动轨迹的形式

手工研磨运动的轨迹采用直线、直线加摆动、螺旋线、8字形等几种，见图2-58。不论采用哪种运动轨迹，其共同特点是工件的被加工面与研具的工作面作密合的平行运动。采用的运动形式均应以能获得较理想的研磨效果、保持研具均匀磨损和提高研具使用寿命为根本目的。

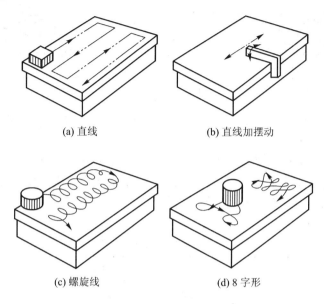

(a) 直线　　　　　　　　　　(b) 直线加摆动

(c) 螺旋线　　　　　　　　　　(d) 8字形

图2-58　研磨运动轨迹

1）直线研磨运动轨迹　直线研磨运动的轨迹由于不能互相交叉，容易使研磨纹路重叠，使工件难以获得较小的表面粗糙度值，但可获得较高的几何精度，所以它常用于带有台阶的狭长平面的研磨，见图2-58a。

2）直线加摆动研磨运动轨迹　这种运动轨迹是指工件在作直线研磨运动的同时，还作前后摆动。采用这种运动形式的研磨可获得比较高的直线度，如研磨刀口形直尺时常采用这种方法，见图2-58b。

3）螺旋线形研磨运动轨迹　工件以螺旋形式运动进行研磨，适用于圆片或圆柱形工件的端面研磨。采用这种研磨运动，能获得较高的平面度和较小的表面粗糙度值，见图2-58c。

4）8字形研磨运动轨迹　工件的研磨运动轨迹呈8字形或仿8字形。这种运动轨迹能使相互研磨的表面保持均匀接触，既有利于提高工件的研磨质量，又可使研具保持均匀的磨损，见图2-58d。

以上几种研磨运动的轨迹，应根据工件被研磨面的形状特点和研磨要求合理选用。

（2）平面研磨

平面研磨应在非常平整的研磨平板上进行。粗研时，应在开槽平板上研磨；精研时，应在不开槽平板上研磨。

在研磨狭窄平面时，可用金属块作导靠与工件一起研磨，避免工件表面产生倾斜或圆角。导靠块的工作面与侧面应具有良好的垂直度，研磨时工件的侧面要与导靠块紧紧地靠在一起同时研磨，以保证工件的垂直度（图2-59）。

研磨狭窄形工件的数量较多时，可采用C形夹头，把几个工件夹在一起进行研磨。对一些易变形的工件，可用两块导靠块将其夹在中间，再用 C 形夹固定在一起进行研磨（图 2 - 60）。

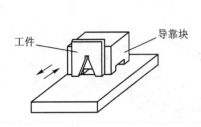
图 2 - 59　导靠块的应用

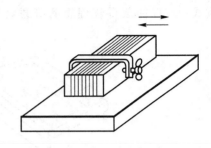
图 2 - 60　C 形夹的应用

（3）研磨质量的分析

研磨后工件表面质量的好坏，除与能否合理选用研磨剂、运动轨迹和研磨工艺方法有关外，还与研磨时的清洁工作有直接的关系。若研磨时忽视了清洁工作，轻则使工件表面被拉毛，重则使工件表面被拉出深痕而造成废品。

研磨时常见缺陷的形式、原因见表 2 - 7。

表 2 - 7　研磨面常见缺陷的形式、原因

缺　陷　形　式	缺陷产生原因
表面粗糙度不合格	（1）磨料太粗 （2）研磨液不当 （3）研磨剂涂得薄而不匀
表面拉毛	忽视研磨时的清洁工作，研磨剂中混入杂质
平面成凸形或孔口扩大	（1）研磨剂涂得太厚 （2）孔口或工件边缘被挤出的研磨剂未及时擦去仍继续研磨 （3）研磨棒伸出孔口太长
孔的圆度和圆柱度不合格	（1）研磨时没有更换方向 （2）研磨时没有调头
薄形工件拱曲变形	（1）工件发热温度超过 50 ℃仍继续研磨 （2）夹持过紧引起变形

（4）研磨练习

研磨图 2 - 40 所示的 90°V 形架。

1）研磨 A 面　选用粒度号为 F100 ~ F280 的磨料进行粗研，消除锉削痕迹，再选用 F320 ~ F400 研磨粉进行研磨，达到平面度小于 0.005 mm、表面粗糙度 $Ra \leqslant 0.4$ μm。

2）研磨 C 面和 D 面，其研磨方法与研磨 A 面相同，而且应达到图样的技术要求。

3）研磨 90°V 形面可采用直线研磨运动的方法，并达到图样的技术要求。

4）用煤油清洗 V 形架，并作最后的全面检查，至此，V 形架的制作全部结束。

2.4 钻孔、攻螺纹与套螺纹

用钻头在实体材料上加工孔的方法，称为钻孔。

在钻床上钻孔时，钻头的旋转运动是主运动，钻头沿轴向的直线移动是进给运动。

一、麻花钻

1. 麻花钻的组成

麻花钻由柄部、颈部和工作部分组成，见图 2-61。

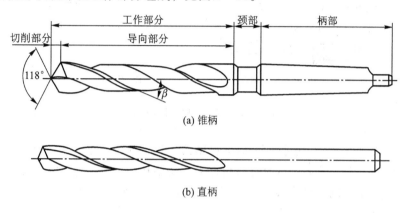

图 2-61　麻花钻

（1）柄部

麻花钻的柄部有锥柄和直柄两种。一般钻头直径小于 13 mm 的制成直柄，大于 13 mm 的制成锥柄。柄部是钻头被夹持的部位，它的作用是用来传递钻孔时所需的扭矩和轴向力。

（2）颈部

颈部在磨制钻头外圆时作退刀槽使用；钻头的规格、材料及商标等一般也刻印在颈部。

（3）工作部分

工作部分由切削部分和导向部分组成。切削部分主要起切削工件的作用；导向部分的作用不仅是保持钻头钻孔时的正确钻削方向和修光孔壁，同时还是切削部分的后备部分。

2. 麻花钻工作部分的几何形状

如图 2-62 所示，麻花钻切削部分可以看作是正反两把车刀，所以它的几何角度的定义及辅助平面的概念都和车刀基本相同，但又有其自身的特殊性。

（1）螺旋槽

麻花钻有两条螺旋槽，它的作用是构成切削刃、排出钻屑和输送切削液。螺旋槽面又叫前面。螺旋角（β）是钻头的主切削刃上最外缘处螺旋线的切线与钻头轴心线之间的夹角。标准麻花钻的螺旋角在 18°~30° 之间。

（2）后面

后面指钻头顶部的螺旋圆锥面。

（3）顶角（2ϕ）

71

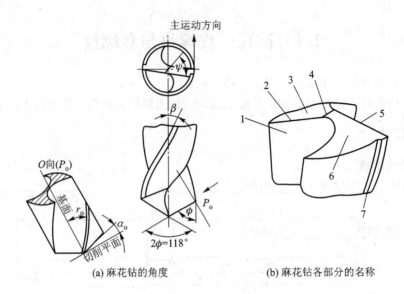

(a) 麻花钻的角度   (b) 麻花钻各部分的名称

图 2 - 62　麻花钻的几何形状

1—前面；2、5—主切削刃；3、6—后面；4—横刃；7—棱边

钻头上两主切削刃在与其平行的平面上投影的夹角为顶角。顶角大，则主切削刃短，定心差，钻出的孔径易扩大；但是顶角大时前角也大，切削比较轻快。标准麻花钻的顶角为118°。顶角为118°时，两主切削刃呈直线形；大于118°时，两主切削刃呈内凹形；小于118°时，两主切削刃呈外凸形，见图2-63。

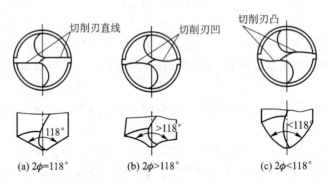

(a) $2\phi=118°$ (b) $2\phi>118°$ (c) $2\phi<118°$

图 2 - 63　麻花钻顶角大小对切削的影响

（4）前角（γ_o）

前角是前面与基面间的夹角。前角的大小与螺旋角、顶角和钻心直径有关，而影响最大的是螺旋角。螺旋角越大，前角也就越大。前角的大小是变化的，其外缘处最大，自外缘向中心渐小，在中心钻头直径的三分之一范围内开始为负值。前角的变化范围约在 + 30°～ - 30°之间。

（5）后角（α_o）

后角是后面与切削平面间的夹角。后角是在圆柱截面内测量的角度，见图2-64。后角也是变化的，其外缘处最小，越接近中心后角越大。

（6）横刃

钻头两主切削刃之间的连线（就是两后面的交线）称为横刃。横刃太长，轴向力增大；横刃太短，将影响钻尖的强度。

（7）横刃斜角（ψ）

在垂直于钻头轴线的平面上，横刃与主切削刃的投影所夹的锐角，称为横刃斜角。它的大小主要由后角决定，后角大，横刃斜角小，横刃变长。标准麻花钻的横刃斜角约为 $50° \sim 55°$。

（8）棱边

棱边有修光孔壁和作切削部分后备的作用。为减小棱边与孔壁之间的摩擦，在麻花钻上制作了两条略带倒锥的棱边（又称韧带）。

3. 麻花钻的刃磨

在砂轮机上磨削麻花钻的切削部分，以获得所需要的几何形状和

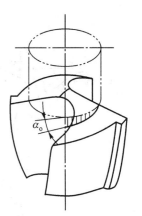

图 2 - 64　麻花钻后角的测量

角度的过程，称钻头的刃磨。刃磨麻花钻时，主要是刃磨钻头的两个后面，同时要保证后角、顶角和横刃斜角的正确性。所以，麻花钻的刃磨是装配钳工较难掌握的一项基本操作技能。

麻花钻刃磨后，应达到以下两点要求：

1）麻花钻两主切削刃对称，也就是两主切削刃和轴线之间的夹角相等，两主切削刃的长度相等。

2）横刃斜角在 $50° \sim 55°$ 之间。

二、群钻

群钻是在麻花钻的基础上，将其修磨改进而磨削出的一种钻头。在钻削过程中，它具有效率高、寿命长和钻孔质量好等优点。

1. 标准群钻

标准群钻的结构特点是：磨有月牙槽，磨短横刃和磨出单边分屑槽。

（1）磨月牙槽

磨月牙槽即在麻花钻后面上对称地磨出两个月牙槽，形成凹圆弧刃，并把主切削刃分成三段：外刃（图 2 - 65a 中 AB 段）、圆弧刃（图 2 - 65a 中 BC 段）和内刃（图 2 - 65a 中 CD 段）。因为圆弧刃增大了靠近钻头中心处的前角，所以能使切削力减小，提高切削速度。又由于主切削刃被分成了三段，所以有利于分屑、排屑和断屑。钻削时，圆弧刃在孔的底部切削出一道圆环肋，能起到稳定钻头方向、限制钻头摆动、加强定心的作用。磨出月牙槽还能降低钻尖高度，不仅能使横刃锋利，也不影响钻尖的强度。

（2）磨短横刃

磨短横刃后，使横刃长度缩短为原来的 1/7 ~ 1/5；同时使新形成的内刃前角增大。这样不仅减小了轴向力，有利于定心，还提高了钻头的切削性能。

（3）磨出单边分屑槽

磨出单边分屑槽即在一条外刃上磨出凹形分屑槽，有利于排屑和减小切削阻力。

总之，标准群钻的结构特点就是三尖七刃两种槽。三尖是由于磨出了月牙槽，主切削刃上

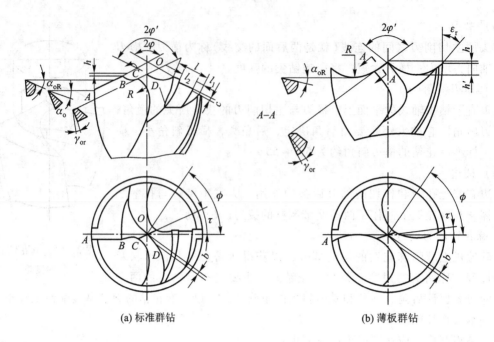

(a) 标准群钻   (b) 薄板群钻

图 2 - 65 群钻

形成了三个尖；七刃是指两条外刃、两条内刃、两条圆弧刃和一条横刃；两种槽是指一个月牙槽和一个单边分屑槽。

2. 薄板群钻

将标准麻花钻的两条主切削刃磨成圆弧形切削刃，见图 2 - 65b。这样两条圆弧刃外缘与钻头中心处共形成三个钻尖，且外缘处的两钻尖与钻心尖在高度上仅相差 0.5 ~ 1.5 mm。因此，当钻心尚未钻穿时，两圆弧刃的外刀尖已在工件上划出了圆环槽，起到良好的定心作用，轴向力也不会突然减小。在锋利的外尖和圆弧刃的切削下，薄板孔中间的圆片被切除掉，而且保证了钻孔的质量。

三、钻削用量

钻削用量包括背吃刀量、进给量和切削速度。

1. 背吃刀量（a_p）

在通过切削刃基点并垂直于工作平面的方向上测量的钻削深度称为背吃刀量。钻削时的背吃刀量等于钻头直径的一半。

2. 进给量（f）

刀具在进给运动方向上相对工件的位移量称为进给量，其单位是 mm/r。

3. 切削速度（v_c）

切削刃选定点相对于工件的主运动的瞬时速度称为切削速度，其计算式为

$$v_c = \frac{n\pi D}{1\,000} \tag{2-1}$$

式中：n——钻床主轴转速，r/min；

D——钻头直径，mm。

四、钻孔技能训练

1. 麻花钻的刃磨

刃磨时，右手握住钻头的头部作为定位支点；左手握住钻头的柄部作上下摆动；钻头轴线与砂轮轴线之间的夹角等于顶角的一半（58°～59°），见图 2－66a。使主切削刃在略高于砂轮水平中心线处先接触砂轮；右手缓慢地使钻头绕自身的轴线自下而上转动；刃磨压力逐渐增大，以刃磨出合理的后角，下压的速度和幅度应根据后角的大小进行调整。刃磨时，两手的动作要协调，两后面要轮换刃磨，直至符合要求为止，见图 2－66b。

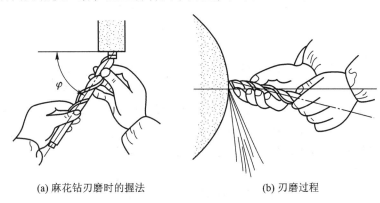

(a) 麻花钻刃磨时的握法　　　　　　　(b) 刃磨过程

图 2－66　麻花钻的刃磨

2. 麻花钻的修磨

麻花钻的横刃较长，且在横刃处的前角为负值，这样不仅使钻削时的轴向阻力增大，而且定心效果较差，并易造成钻头抖动。所以，直径在 6 mm 以上的钻头一般都要对钻头的横刃进行修磨，以修短横刃，增大横刃处前角。

修磨横刃时，钻头与砂轮的相对位置见图 2－67。要先使刃背接触砂轮；然后转动钻头磨至切削刃的前面而把横刃磨短；最后，将钻头绕其轴线旋转 180°，修磨另一边，必保证两边修磨对称。

3. 钻孔方法

（1）工件的划线

按钻孔的位置及尺寸要求，划出孔的十字中心线，并在孔的中心打上样冲眼。样冲眼要小，样冲眼的中心要与十字中心线的交叉点重合。按孔径的大小划出孔的圆周线。对较大尺寸的孔径，还要划出几个大小不等的检查圆，见图 2－68a，以便钻孔时可及时检查与借正孔的位置。当对孔的位置精度要求较高时，为了

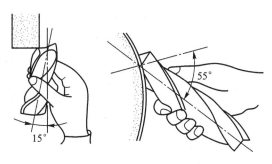

图 2－67　麻花钻横刃的修磨

避免在打中心样冲眼时所产生的偏差，也可以直接划出以孔中心十字线为对称轴线的几个大小不等的方框，见图 2－68b，作为钻孔时的检查线，然后打上中心样冲眼。

（2）起钻

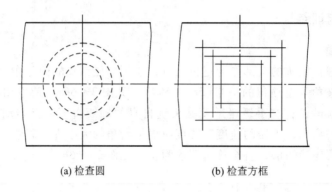

(a) 检查圆　　　　　　　　　(b) 检查方框

图 2-68　孔位检查线的形状

　　起钻时，先使钻头对准钻孔中心的样冲眼钻出一个浅坑，检查钻孔位置是否正确，并要不断借正，使浅坑与划线圆（或找正圆）同轴。借正的方法：若偏位较少，可在起钻的同时，用力将工件向偏位的反方向推移，达到逐步校正；若偏位较多，可在借正方向上打几个样冲眼，或用油槽錾錾几条浅槽，见图 2-69，以减小此处钻削阻力，达到借正的目的。但无论用哪种方法，都必须在锥坑外圆直径小于钻头直径之前完成借正过程。

　　（3）手动进给操作

　　当起钻达到钻孔的位置要求时，即可压紧工件完成钻孔工作。手动进给时，用力不能过大，否则易使钻头弯曲（用直径较小钻头钻孔时），造成钻孔轴线歪斜，见图 2-70。钻小孔或深孔时，进给量要小，并要经常退钻排屑，以免切屑阻塞而使钻头折断。特别需要注意的是，在钻削深孔的过程中，当钻孔深度达到钻头直径的 3 倍时，一定要退钻排屑。当孔将要钻穿时，进给压力必须减小，以防造成人身事故。

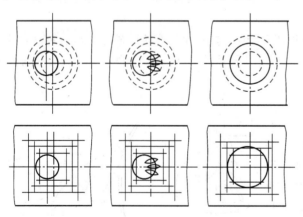

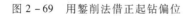

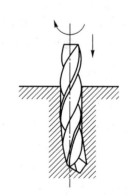

图 2-69　用錾削法借正起钻偏位　　　　　图 2-70　钻头弯曲使钻孔轴线歪斜

　　（4）钻孔时的冷却

　　为了使钻头在钻削过程中的温度不致过高，应减小钻头与工件、切屑之间的摩擦阻力，以及清除粘附在钻头和工件表面上的积屑瘤和切屑，进而达到减小切削阻力、延长钻头使用寿命和改善钻孔表面质量的目的。钻孔时，要加注充足的切削液。钻削不同材料所选用的切削液见表 2-8。

76

表 2 -8　钻削各种材料用的切削液

工 件 材 料	切　　削　　液
各类结构钢	3% ~5% 乳化液；7% 硫化乳化液
不锈钢、耐热钢	3% 肥皂加 2% 亚麻油水溶液；硫化切削油
阴极铜、黄铜、青铜	不用；5% ~8% 乳化液
铸铁	不用；5% ~8% 乳化液；煤油
铝合金	不用；5% ~8% 乳化液；煤油；煤油与菜油的混合油
有机玻璃	5% ~8% 乳化液；煤油

4. 特殊孔的钻削

（1）小孔钻削

在钻削加工中，一般把钻削直径在 3 mm 以下的孔称为小孔。钻削小孔的特点是：钻头直径小，强度较差，定心能力差，易滑偏；钻头的螺旋槽狭窄，排屑不易；钻孔时选用的转速高，产生的切削热较多，不易散发，因而加剧了钻头的磨损。针对以上情况，钻小孔时必须注意以下几点：

1）可采取直径相同或略小的中心钻定位和导向，保证钻孔的始切位置和钻削方向，开始钻削时，进给力要小，防止钻头弯曲和滑移。

2）用手动进给，不使用机动进给，防止钻头折断。

3）切削速度选择要适当，不宜过大。一般在钻头直径为 2 ~3 mm 时，切削速度可为 14 ~ 19 m/min；钻头直径在 1 mm 以下时，切削速度可为 6 ~9 m/min。

4）在钻削过程中，排屑要及时，并且要加注切削液。

5）钻头装夹不紧时，应换相应的小型钻夹头进行装夹。

6）钻较深的小孔时，可采用两面同时钻孔的方法，见图 2 -71。先在工件上的一面钻孔，深度约为 1/2 左右。再将一块平行垫板压在钻床工作台上，在上面精钻一个与导向销大端为过盈配合的孔，把导向销大端压入垫板孔内，然后将工件上已加工过的小孔插入导向销小端，将工件固定在垫板上，从另一面将孔钻透，基本上可保证工件从两面钻孔的同轴度要求。

（2）在斜面上钻孔

用麻花钻在斜面上钻孔，在单面径向力的作用下，钻头易产生歪斜，因而影响钻孔质量，甚至折断钻头。一般情况下先用立铣刀在斜面上铣出一个平面，然后钻孔（图 2 -72）。如果没

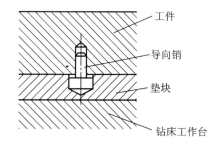

图 2 -71　从工件两面钻削较深的小孔

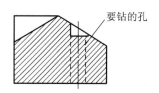

图 2 -72　先用立铣刀铣出一个平面

有条件也可以先用錾子在斜面上錾出一个小平面，然后用中心钻钻出锥坑，最后用所需直径的钻头钻孔。

（3）钻削深孔

深孔一般指长径比 L/d 大于 5 的孔。加工这类孔，一般用接长钻头来加工。

接长钻头较细长，因而强度和刚度均较差，加工时容易产生振动和孔的歪斜，钻头螺旋槽全部进入工件后，排屑更为不易，发热严重，会造成钻头加速磨损。针对以上情况，钻深孔时应注意以下几点：

1）要保证钻头本体和接长部分的同轴度要求。

2）钻头每钻削一段不长的距离，应从内孔退出，进行排屑和加注切削液。

（4）钻削精孔

这是一种孔的精加工方法。孔的加工尺寸公差可达 0.02 ~ 0.04 mm，表面粗糙度值可达 $Ra6.3 ~ 1.6~\mu m$。在单件生产中常用此法加工精孔。

1）首先钻出底孔，留有 0.5 ~ 1 mm 左右的加工余量，然后进行精扩。由于切削量小，发热量小，工件不易变形，所产生的振动也小，可大大提高加工精度。

2）改进钻头的几何角度，改进后的钻头几何角度见图 2 - 73。

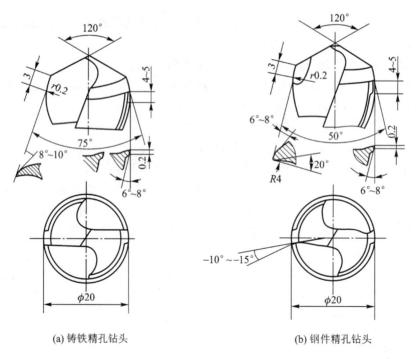

(a) 铸铁精孔钻头　　　　　　　(b) 钢件精孔钻头

图 2 - 73　精孔钻头

① 磨出第二锋角 $2\phi_1$，使 $2\phi_1 \leqslant 75°$，新磨出的切削刃长度 $f = 3 ~ 4$ mm，外缘处夹角全部磨成 $r \approx 0.2$ mm 的过渡圆弧。

② 后角一般磨成 $a_o = 6° ~ 10°$，以免产生振动。

③ 将棱边磨窄，保留 0.1 ~ 0.2 mm 的宽度。或者磨出副后角 $a_f = 6° ~ 8°$，以减少摩擦。

④ 切削刃处的前后面，用油石研磨，表面粗糙度达 $Ra0.2~\mu m$。

⑤ 正确选择切削用量。切削速度：钻削铸铁时，$v = 20 \text{ m/min}$；钻削钢材时，$v = 10 \text{ m/min}$。进给量：采用机动进给为好，$f = 0.1 \text{ mm/r}$ 左右。

（5）钻削相交孔

有些工件，在互成角度的面上有相交孔。相交的孔有正交、斜交、偏交等多种。钻相交孔的方法如下：

1）按图样要求准确划线。

2）先钻直径较大的孔，再钻直径较小的孔。

3）对于精度要求不高的孔，一般分 2~3 次进行钻、扩孔加工；对于精度要求较高的应留有铰削或研磨的余量。

4）两孔即将钻穿时，应采用手动和小进给量。

5）斜交孔的加工，可采用在斜面上钻孔的方法加工。

五、钻孔时应注意的事项

1）用钻夹头装夹钻头时，松开或夹紧钻头只能用钻夹头钥匙，不得用其他工具代替。

2）严格遵守钻床操作规程，严禁戴手套操作。

3）若需检查被钻削工件时，应先停车，再检查。

4）用平口虎钳夹持工件进行钻孔时，平口虎钳的手柄端(活动钳身部分)应放置在钻床工作台的左侧，以防因转矩过大造成平口虎钳落地伤人。

六、攻螺纹

1. 螺纹的种类和用途(表 2-9)

表 2-9　螺纹的种类和用途

序号	螺纹种类与名称		螺纹的用途
1	三角螺纹	普通三角螺纹	应用最广，用于各种紧固件、连接件
			用于薄壁件连接或受冲击、振动及微调机构
		英制三角螺纹	牙型有 55°、60° 两种，用于进口设备维修和备件
2	管螺纹	非螺纹密封的管螺纹(圆柱管螺纹)	用于水、油、气和电线管路系统
		用螺纹密封的管螺纹(55°圆锥管螺纹)	用于管子、管接头、旋塞的螺旋密封。适用于高温、高压结构
		用螺纹密封的管螺纹(60°圆锥管螺纹)	用于气体或液压管路的螺纹连接与螺纹密封
3		梯形螺纹	广泛用于传力或螺旋传动中
4		锯齿形螺纹	用于单向受力的连接
5		圆形螺纹	电气产品指示灯的灯头、灯座螺纹
6		矩形螺纹	用于传递运动
7		平面螺纹	用于平面传动

2. 攻螺纹用的工具

（1）丝锥

丝锥分机用丝锥和手用丝锥，见图 2 – 74。丝锥由柄部和工作部分组成。柄部是攻螺纹时用于夹持的部分，起传递扭矩的作用。工作部分由切削部分（L_1）和校准部分（L_2）组成，见图 2 – 74b、c。切削部分的前角一般为 8° ~ 10°，后角一般为 6° ~ 8°；校准部分具有完整的牙型，用来修光和校准已切削出的螺纹，并引导丝锥沿轴向运动，校准部分的后角为 0°。

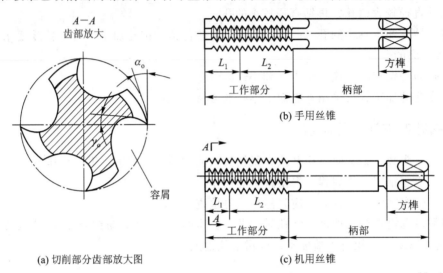

图 2 – 74　丝锥

攻螺纹时，为减小切削力和延长丝锥使用寿命，将整个切削工作量分配给几支丝锥来共同承担。通常 M6 ~ M24 的丝锥每一套有两支；M6 以下及 M24 以上的丝锥每一套有三支；细牙螺纹丝锥不论大小均为两支一套。

（2）铰杠

铰杠是手工攻螺纹时用来夹持丝锥的工具。铰杠分普通铰杠（图 2 – 75）和丁字形铰杠（图 2 – 76）。它们又各有两种形式。

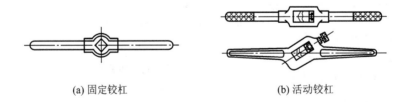

(a) 固定铰杠　　　　　　　(b) 活动铰杠

图 2 – 75　普通铰杠

3. 攻螺纹前，底孔直径与孔深的确定

（1）攻螺纹前，底孔直径的确定

攻螺纹时，丝锥对金属层有较强的挤压作用，使攻出的螺纹的小径小于底孔直径。因此，攻螺纹前的底孔直径应稍大于螺纹小径。

1）攻制钢件或塑性较好的材料时，底孔直径的计算公式为

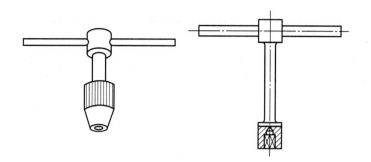

(a) 可调节丁字形铰杠　　　　　　　　(b) 固定丁字形铰杠

图 2-76　丁字形铰杠

$$D_{孔} = D - P \tag{2-2}$$

式中：$D_{孔}$——螺纹底孔直径，mm；

　　　　D——螺纹大径，mm；

　　　　P——螺距，mm。

2）攻制铸铁件或塑性较差材料时，底孔直径的计算公式

$$D_{孔} = D - (1.05 \sim 1.1)P \tag{2-3}$$

式中：D——螺纹大径，mm；

　　　　P——螺距，mm。

攻制普通螺纹、英制螺纹、圆柱管螺纹及圆锥管螺纹时，钻底孔用的钻头直径可分别从表 2-10、表 2-11 和表 2-12 中查出。

表 2-10　普通螺纹攻螺纹前钻底孔的钻头直径　　　　　　　　　　mm

螺纹直径 D	螺距 P	钻头直径 d_0		螺纹直径 D	螺距 P	钻头直径 d_0	
		铸铁、青铜、黄铜	钢、可锻铸铁、阴极铜、层压板			铸铁、青铜、黄铜	钢、可锻铸铁、阴极铜、层压板
2	0.4	1.6	1.6	8	1.25	6.6	6.7
	0.25	1.75	1.75		1	6.9	7
2.5	0.45	2.05	2.05		0.75	7.1	7.2
	0.35	2.15	2.15	10	1.5	8.4	8.5
3	0.5	2.5	2.5		1.25	8.6	8.7
	0.35	2.65	2.65		1	8.9	9
4	0.7	3.3	3.3		0.75	9.1	9.2
	0.5	3.5	3.5	12	1.75	10.1	10.2
5	0.8	4.1	4.2		1.5	10.4	10.5
	0.5	4.5	4.5		1.25	10.6	10.7
6	1	4.9	5		1	10.9	11
	0.75	5.2	5.2				

螺纹直径 D	螺距 P	钻头直径 d_0		螺纹直径 D	螺距 P	钻头直径 d_0	
		铸铁、青铜、黄铜	钢、可锻铸铁、阴极铜、层压板			铸铁、青铜、黄铜	钢、可锻铸铁、阴极铜、层压板
14	2	11.8	12	20	2.5	17.3	17.5
	1.5	12.4	12.5		2	17.8	18
	1	12.9	13		1.5	18.4	18.5
					1	18.9	19
16	2	13.8	14	22	2.5	19.3	19.5
	1.5	14.4	14.5		2	19.8	20
	1	14.9	15		1.5	20.4	20.5
					1	20.9	21
18	2.5	15.3	15.5	24	3	20.7	21
	2	15.8	16		2	21.8	22
	1.5	16.4	16.5		1.5	22.4	22.5
	1	16.9	17		1	22.9	23

表 2－11　英制螺纹、55°非螺纹密封管螺纹攻螺纹前钻底孔的钻头直径

英制螺纹				55°非螺纹密封管螺纹		
螺纹直径/in	每英寸牙数	钻头直径/mm		螺纹直径/in	每英寸牙数	钻头直径/mm
		铸铁、青铜、黄铜	钢、可锻铸铁			
3/16	24	3.8	3.9	1/8	28	8.8
1/4	20	5.1	5.2	1/4	19	11.7
5/16	18	6.6	6.7	3/8	19	15.2
3/8	16	8	8.1	1/2	14	18.9
1/2	12	10.6	10.7	3/4	14	24.4
5/8	11	13.6	13.8	1	11	30.6
3/4	10	16.6	16.8	$1\frac{1}{4}$	11	39.2
7/8	9	19.5	19.7	$1\frac{3}{8}$	11	41.6
1	8	22.3	22.5	$1\frac{1}{2}$	11	45.1
$1\frac{1}{8}$	7	25	25.2			
$1\frac{1}{4}$	7	28.2	28.4			

英制螺纹				55°非螺纹密封管螺纹		
螺纹直径/in	每英寸牙数	钻头直径/mm		螺纹直径/in	每英寸牙数	钻头直径/mm
		铸铁、青铜、黄铜	钢、可锻铸铁			
$1\frac{1}{2}$	6	34	34.2			
$1\frac{3}{4}$	5	39.5	39.7			
2	$4\frac{1}{2}$	45.3	45.6			

表 2-12　圆锥管螺纹攻螺纹前钻底孔的钻头直径

55°密封管螺纹			60°圆锥管螺纹		
公称直径/in	每英寸牙数	钻头直径/mm	公称直径/in	每英寸牙数	钻头直径/mm
1/8	28	8.4	1/8	27	8.6
1/4	19	11.2	1/4	18	11.1
3/8	19	14.7	3/8	18	14.5
1/2	14	18.3	1/2	14	17.9
3/4	14	23.6	3/4	14	23.2
1	11	29.7	1	$11\frac{1}{2}$	29.2
$1\frac{1}{4}$	11	38.3	$1\frac{1}{4}$	$11\frac{1}{2}$	37.9
$1\frac{1}{2}$	11	44.1	$1\frac{1}{2}$	$11\frac{1}{2}$	43.9
2	11	55.8	2	$11\frac{1}{2}$	56

（2）攻螺纹前，底孔深度的确定

攻不通孔螺纹时，由于丝锥切削部分有锥角，底端不能攻出完整的螺纹牙形，所以钻孔深度要大于螺纹的有效长度。底孔深度的计算式为

$$H = h + 0.7D \qquad (2-4)$$

式中：H——底孔深度，mm；

　　　h——螺纹有效长度，mm；

　　　D——螺纹大径，mm。

七、套螺纹

用板牙加工工件外螺纹的加工方法，称为套螺纹。

套螺纹用的工具有板牙（图 2-77）和板牙架（图 2-78）。板牙有封闭式和开槽式两种

结构。

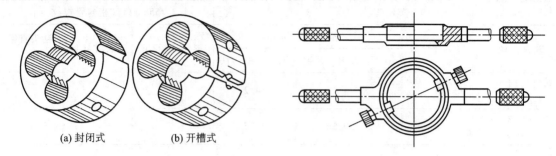

(a) 封闭式	(b) 开槽式

图 2 - 77　板牙　　　　　　　　　　图 2 - 78　板牙架

套螺纹时，金属材料因受板牙的挤压而产生变形，螺纹牙尖将被挤高一些。所以，套螺纹前，圆杆的直径应稍小于螺纹的大径。圆杆直径的计算公式为

$$d_g = d - 0.13P \tag{2-5}$$

式中　d_g——套螺纹前圆杆直径，mm；

　　　d——螺纹大径，mm；

　　　P——螺距，mm。

套螺纹前，圆杆直径可从表 2 - 13 中查出。

表 2 - 13　板牙套螺纹时圆杆直径

粗牙普通螺纹			英制螺纹			55°非螺纹密封管螺纹		
螺纹直径/mm	螺距/mm	螺杆直径/mm		螺纹直径/in	螺杆直径/mm		螺纹直径/in	管子外径/mm	
		最小直径	最大直径		最小直径	最大直径		最小直径	最大直径
M6	1	5.8	5.9	1/4	5.9	6	1/8	9.4	9.5
M8	1.25	7.8	7.9	5/16	7.4	7.6	1/4	12.7	13
M10	1.5	9.75	9.85	3/8	9	9.2	3/8	16.2	16.5
M12	1.75	11.75	11.9	1/2	12	12.2	1/2	20.5	20.8
M14	2	13.7	13.85	—	—	—	5/8	22.5	22.8
M16	2	15.7	15.85	5/8	15.2	15.4	3/4	26	26.3
M18	2.5	17.7	17.85	—	—	—	7/8	29.8	30.1
M20	2.5	19.7	19.85	3/4	18.3	18.5	1	32.8	33.1
M22	2.5	21.7	21.85	7/8	21.4	21.6	$1\frac{1}{8}$	37.4	37.7
M24	3	23.65	23.8	1	24.5	24.8	$1\frac{1}{4}$	41.4	41.7
M27	3	26.65	26.8	$1\frac{1}{4}$	30.7	31	$1\frac{3}{8}$	43.8	44.1
M30	3.5	29.6	29.8	—	—	—	$1\frac{1}{2}$	47.3	47.6
M36	4	35.6	35.8	$1\frac{1}{2}$	37	37.3	—	—	—
M42	4.5	41.55	41.75	—	—	—	—	—	—

粗牙普通螺纹				英制螺纹			55°非螺纹密封管螺纹		
螺纹直径/mm	螺距/mm	螺杆直径/mm		螺纹直径/in	螺杆直径/mm		螺纹直径/in	管子外径/mm	
		最小直径	最大直径		最小直径	最大直径		最小直径	最大直径
M48	5	47.5	47.7	—	—	—	—	—	—
M52	5	51.5	51.7	—	—	—	—	—	—
M60	5.5	59.45	59.7	—	—	—	—	—	—
M64	6	63.4	63.7	—	—	—	—	—	—
M68	6	67.4	67.7	—	—	—	—	—	—

八、攻螺纹、套螺纹的质量检查

利用丝锥和板牙等成形刀具进行螺纹加工时，一般只进行螺纹外观的检查和螺孔轴线相对孔口端面垂直度的检查。

螺纹外观的检查，主要是观察攻出或套出的螺纹是否有烂牙、滑牙；螺孔是否攻正；牙深是否足够以及螺纹表面质量是否满足要求等。

检查螺孔轴线相对孔口端面垂直度时，将一个标准的检验工具(一端带螺纹，另一端为圆柱面)旋入已攻好的螺纹孔内，然后用90°角尺靠在螺孔端面上，检查在规定长度内的垂直度误差。对于垂直度要求不高的螺孔，也可在螺孔内拧入双头螺纹(或长螺纹)作粗略检查。

九、攻螺纹、套螺纹技能训练

1. 攻螺纹的方法

攻螺纹时，需要注意的要点如下：

1) 攻螺纹前，要对底孔孔口进行倒角，且倒角处的直径应略大于螺纹的大径，而且通孔螺纹的两端都要倒角。这样能使丝锥起攻时容易切入材料内，并能防止孔口处被挤压出凸边。

2) 装夹工件时，应尽量使螺孔的中心线处于竖直或水平位置。这样能使攻螺纹时容易观察到丝锥轴线是否垂直于工件平面。

3) 起攻时，尽量把丝锥放正，然后再对丝锥加压并转动铰杠，见图2-79a。当丝锥切入1~2圈后，应及时检验并校正丝锥的位置和方向，见图2-79b。检查时，应对丝锥的正面和侧面都进行检查，以确保丝锥位置和方向的正确性。一般在切入3~4圈后，丝锥的位置和方向就可以基本确定，不允许再有明显的偏斜和进行强制纠正。

4) 当丝锥的切削部分全部切入工件后，只需转动铰杠即可，不能再对丝锥施加压力，否则，螺纹牙形可能被破坏。在攻螺纹的过程中，两手用力要均匀，并要经常倒转1/4~1/2圈，使切屑碎断，易于排出，避免因切屑堵塞而使丝锥被卡住或折断。

5) 攻不通孔螺纹时，要经常退出丝锥，及时排除孔内切屑；否则，会因切屑过多造成阻塞使丝锥折断或螺纹深度达不到要求。当工件不便倒出切屑时，可用磁棒将切屑吸出，或用弯曲的小管将切屑吹出。

6) 攻塑性材料的螺纹孔时，要加注切削液，以减小切削阻力，减小螺纹牙型的表面粗糙

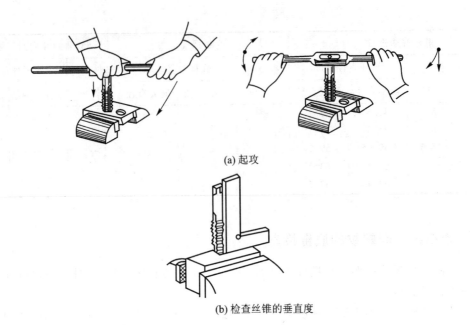

(a) 起攻

(b) 检查丝锥的垂直度

图 2 - 79　攻螺纹的方法

度值，并起到延长丝锥使用寿命的作用。

　　7）使用成套丝锥攻螺纹时，必须按头锥、二锥、三锥的顺序进行攻削，直至达到标准尺寸。

　　2. 套螺纹的方法

　　套螺纹时，需要注意的要点如下：

　　1）为了使板牙容易切入工件，圆杆端部要倒成锥角，见图 2 - 80。锥体的最小直径应比螺纹小径略小，避免螺纹端部出现锋口或卷边。

　　2）套螺纹时，切削力较大，圆杆类工件应用 V 形钳口或厚铜板作衬垫，才能夹持牢固。

　　3）起套时，要使板牙的端面与圆杆的轴线垂直。此时，应一手按住铰杠中部，沿圆杆施以轴向压力；另一只手配合作顺时针切进，压力要大，但转动速度要慢。当板牙切入材料 2～3 圈后，要及时检查并校正板牙的位置；否则，切出螺纹牙型可能一面深一面浅，甚至造成烂牙。

　　4）起套完成后，在套削过程中，不再施加轴向压力，而是让板牙在旋转过程中自然引进，并要经常进行倒转断屑。

　　5）在钢件上套螺纹时，必须加注切削液，以减小切削阻力和螺纹表面粗糙度值，并起到延长板牙使用寿命的作用。

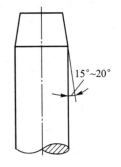

15°~20°

图 2 - 80　套螺纹的
端部倒角

十、孔加工综合练习

　　1. 工件图样（图 2 - 81）

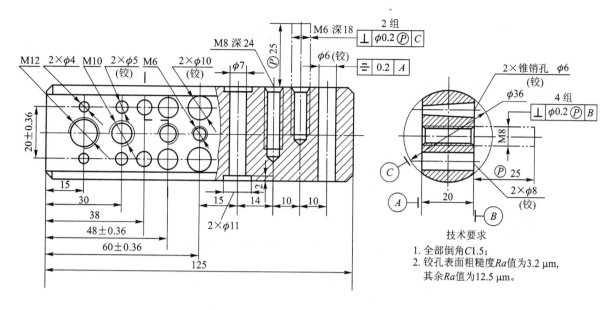

图 2-81 孔加工综合练习

2. 加工参考步骤

1）按图样要求进行划线。

2）根据图样要求选择合适的钻头，并进行刃磨。

3）用平口虎钳装夹工件，按划线钻削平面上各孔。除两个 φ6 mm 的圆锥销孔外，其他各孔均应进行孔口倒角。

4）钻削圆弧面上各孔，并在 φ7 mm 的孔口端面上锪出 φ11 mm 深（2±0.5）mm 的孔，其他孔作孔口倒角。

5）用手铰刀铰削有关各孔。对两个 φ6 mm 的圆锥销孔使用锥销，进行试配铰削，最终保证圆锥销装配后，大端倒角可露出孔外。

6）攻出各螺纹，并达到相关技术要求。

7）修整毛刺，做好复查。

3. 练习注意事项

1）钻削不同孔径时，钻头旋转速度要选择适当。

2）起钻定中心时，台虎钳可不固定，待起钻浅坑的位置确定后，再压紧，并保证落钻时钻头没有弯曲现象。

3）在使用小钻头钻孔时，施加的压力不能太大，以免钻头弯曲或折断。

4）用于孔口倒角的钻头要正确刃磨。可先在废弃的工件上进行试钻，以防孔口出现较大振痕，或由于钻头过于锋利而产生扎刀等不良现象。

5）铰刀要锋利，铰削时压力要小；否则，在铰削锥度较小的锥孔时，铰刀易被锁住。

6）要做到操作安全、文明。

7）在攻削尺寸较小的螺纹时，注意力要集中，严格按正确方法进行操作；否则，极易使丝锥在孔中折断，以致无法顺利取出。

2.5 综合技能训练(一)

一、制作90°刀口角尺

1. 工件图样(图2－82)

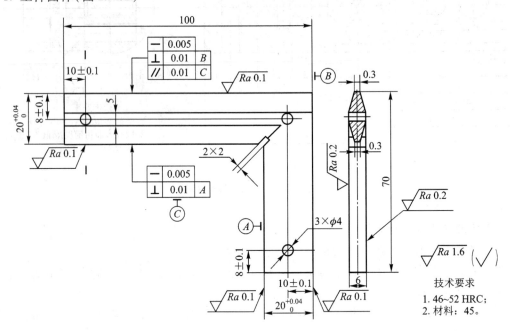

图2－82 90°刀口角尺

2. 加工参考步骤

1）将90°角尺坯料用圆钉固定在木板上，锉削两平面，达到$6^{+0.1}_{+0.05}$ mm。

2）锉削外直角两面，达到直线度小于0.03 mm、垂直度小于0.03 mm、表面粗糙度$Ra \leqslant$1.6 μm。

3）分别以外直角两面为基准，划内直角线。为保证尺座和尺苗的宽度尺寸，锯削尺寸应达到$20^{+0.1}_{+0.2}$ mm，垂直度达到0.5 mm以下。

4）锯削尺寸$100^{+1}_{+0.2}$ mm、$70^{+1}_{+0.2}$ mm，锯削出工艺槽2 mm×2 mm。

5）锉削内直角面，达到图样尺寸要求。

6）锉削100 mm、70 mm角尺的端面，达到平直要求。

7）按图样要求划刀口斜面加工线，并对其锉削，达到刀口两侧斜面对称、平整，交线清晰、平直。

8）划线、钻3×φ4孔。

9）热处理，将角尺分成五把一组并列排齐，用螺钉穿入φ4孔使之捆绑在一起，以减少热处理时的变形。

10）选用粒度号为100~280的磨料对角尺的两平面进行粗研磨，达到表面粗糙度$Ra \leqslant 0.4$ μm。

11）选用粒度号为 100～280 的磨料，用方铁导靠块作导靠，粗研磨尺座和尺苗的内、外侧测量面，初步达到图样要求。

12）选用 W14～W7 研磨粉，仍用方铁作导靠，精研磨尺座和尺苗的内外侧测量面，达到图样技术要求。

13）用煤油对角尺清洗，作全面的精度检查。

二、制作平行夹板

1. 工件图样

钳工在较小工件上钻削较小孔时，利用平行夹板夹持工件非常方便，见图 2-83。

2. 加工参考步骤

1）检查坯料情况，清除表层氧化皮。

2）按图样要求锉削件 1、件 2 外轮廓，使两件尺寸都达到 140 mm×22 mm×20 mm，且尺寸精度和形位精度均达到图样要求。

3）划线并加工 30°角度，达到图样要求。

4）划件 1、件 2 的钻孔线，分别钻削件 1、件 2 上的各孔，并对各孔口倒角，钻孔位置精度均要达到图样要求。

5）对件 2 的两螺纹孔进行攻螺纹，达到图样要求。

6）用 M10 螺钉连接两夹板，要求两夹板的夹持面贴合良好，两夹板的侧平面平整对齐。

7）拆下螺钉，对工件各棱边去毛刺，清洁各加工面，最后用螺钉重新组装好。

三、制作锤子

1. 工件图样（图 2-84）

2. 加工参考步骤

为巩固锉削、锯削及测量的操作技能，并给制作锤子做好准备，建议学生可先把坯料（圆棒料）制成正四方、正六角和正八角体（图 2-85）后再制作锤子。

制作前可先在硬纸板或易拉罐金属皮上照图 2-84 划出锤子图样，然后将图样剪下，内样留作看图样，外样留作加工各曲面时的检验模板。

（1）划线

1）划锤柄孔口中心线和侧面 φ36 mm 中心线。

2）划出锤子大、小头端部的几何中心线，及 30 mm、16 mm 高度线。

3）用划规分别划出孔口线，及大头端的 φ36 mm、φ32 mm，小头端的 φ28 mm 以及两侧面的 φ36 mm 线。

（2）钻孔

先用小钻头钻通锤柄孔，再将孔扩至 φ18 mm，要求孔位不能偏斜。

（3）按 18 mm、21 mm 尺寸要求加工椭圆孔

（4）加工左视图上的大颈和小颈

1）划 26 mm、20 mm 颈线。

2）以一侧为基准，先加工另一侧大、小颈，锉削 R18 mm、R11.5 mm 圆弧，弧底至基准

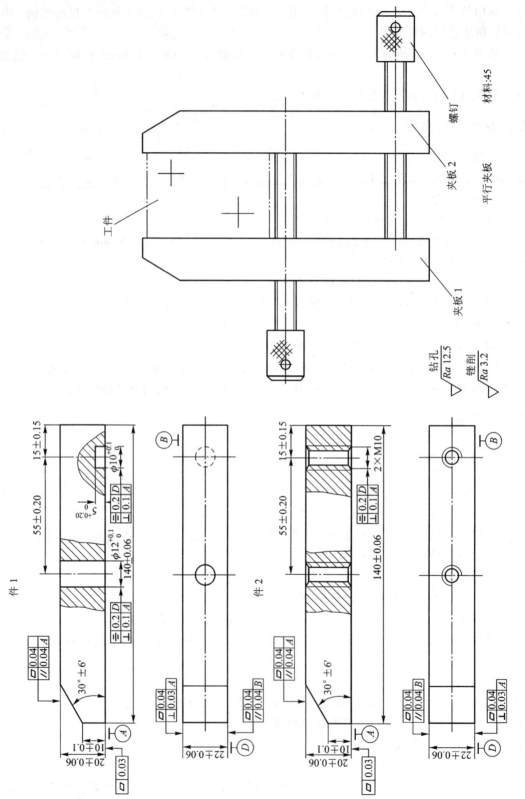

图 2 – 83　平行夹板

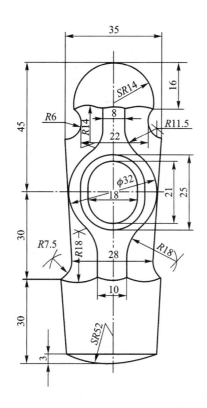
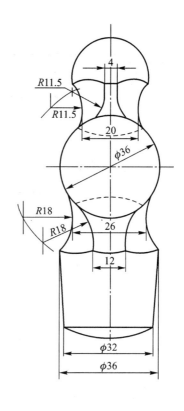

图 2 - 84　锤子

间尺寸分别控制在 31 mm 和 28 mm，并分别使所加工圆弧与 ϕ36 mm 圆相切、圆滑过渡，以及与大、小头高度线相切。

3）加工另一侧 R18 mm、R11.5 mm 的圆弧，达到尺寸 26 mm、20 mm，圆弧相切要求同前。

（5）加工主视图上的大颈和小颈

划线及加工方法同（4）。待两侧的 R7.5 mm、R6 mm 圆弧加工合格后，加工两侧斜面（上尺寸 35 mm、下尺寸 28 mm），要求大面平整。

（6）加工大颈、小颈处的 45°膀颈

1）分别划出 8 mm、10 mm 及 4 mm、12 mm 加工位置线。

2）用圆弧锉刀加工 45°膀颈，使各圆弧逐步过渡到图样要求。加工过程中要按对称要求交替进行，不可只在一处加工完毕后再加工另一处，防止严重的不对称现象发生。

（7）加工大、小锤头

1）先将大锤头部的八棱柱加工成八棱锥形，再逐渐加工成圆锥形（大端 ϕ36 mm、小端 ϕ32 mm）。

2）将小锤头部的六棱柱加工成 ϕ28 mm 圆柱。

3）划大锤头处 3 mm 线，锉 SR52 mm 球面。

4）加工小锤头处 SR14 mm 的球头。

（8）加工锤柄孔口

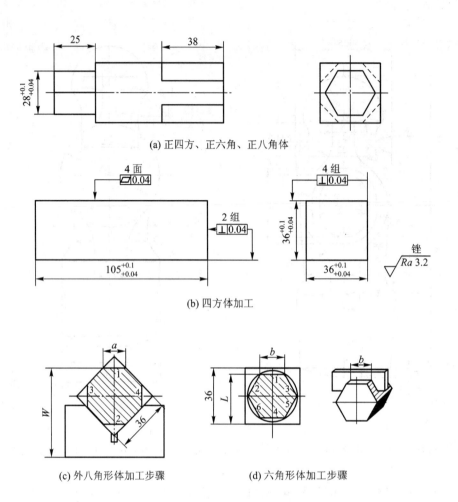

(a) 正四方、正六角、正八角体

(b) 四方体加工

(c) 外八角形体加工步骤　　　　(d) 六角形体加工步骤

图 2-85　正四方、正六角、正八角体

以 18 mm 椭圆孔为基础，用划线工具适当划出腰形椭圆孔 25 mm 的加工线，用圆锉刀加工。

（9）抛光

要求锤子各曲面、圆弧连接过渡圆滑，面、弧交线处棱线清晰，各加工部位对称良好，光洁美观。

2.6　弯形与矫正

将坯料弯成所需要形状的加工方法，称为弯形。

一、弯形

1. 弯形概述

弯形是使材料产生塑性变形，因此只有塑性好的材料才能进行弯形。图 2-86a 为弯形前的钢板，图 2-86b 为弯形后的情况。钢板弯形后它的外层材料伸长（图中 $e-e$ 和 $d-d$），内层材料缩短(图中 $a-a$ 和 $b-b$),而中间有一层材料(图中 $c-c$)变形后长度不变,则称为中性层。

弯形虽然是塑性变形,但也有弹性变形,为抵消材料的弹性变形,变形过程中应多弯一些。

2. 弯形坯料长度的计算

坯料经弯形后,只有中性层的长度不变,因此计算弯形工件坯料长度时,可按中性层的长度进行计算。但当材料弯形后,中性层并不在材料的正中,而是偏向内层材料一边。实验证明,中性层的实际位置与材料的弯曲半径 r 和材料的厚度 t 有关。

当材料厚度不变时,弯形半径越大,变形越小,中性层的位置就越接近材料厚度的几何中心。弯形的情况不同时,中性层的位置也不同,见图 2-87。

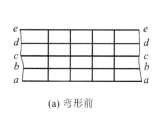

(a) 弯形前

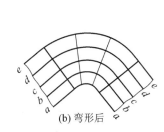

(b) 弯形后

图 2-86 钢板弯形前后

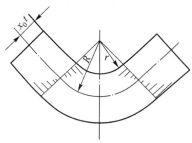

图 2-87 弯形时中性层的位置

表 2-14 为中性层系数 x_0 的值。从表中 r/t 的比值中可以看出,当弯形半径 $r \geq 16t$ 时,中性层在材料的中间(即中性层与几何中心重合)。在一般情况下,为简化计算,当 $r/t \geq 8$ 时,可取 $x_0 = 0.5$ 进行计算。

表 2-14 弯形中性层位置系数 x_0

$\dfrac{r}{t}$	0.25	0.5	0.8	1	2	3	4	5	6	7	8	10	12	14	≥ 16
x_0	0.2	0.25	0.3	0.35	0.37	0.4	0.41	0.43	0.44	0.45	0.46	0.47	0.48	0.49	0.5

弯形的形式有多种,图 2-88 为常见的几种。图 2-88a、b、c 为内面带圆弧的制件,图 2-88d 是内面为直角的制件。

内面带圆弧制件的坯料长度等于直线部分(不变形部分)与圆弧中性层长度(弯形部分)之

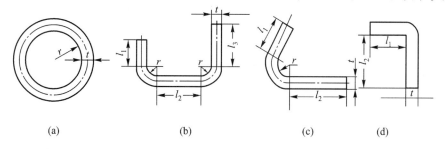

(a)　　　　　(b)　　　　　(c)　　　　　(d)

图 2-88 常见的弯形形式

93

和。圆弧部分中性层长度的计算式为

$$A = \pi(r + x_0 t)\frac{\alpha}{180°}$$ (2-6)

式中：A——圆弧部分中性层长度，mm；

r——弯形半径，mm；

x_0——中性层位置系数，见表2-14；

t——材料厚度(或坯料直径)，mm；

α——弯形角(即弯形中心角)，见图2-89，(°)。

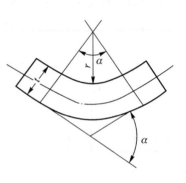

内面弯形成不带圆弧的直角制件时，其坯料长度的计算可按弯形前后坯料的体积不变，采用 $A = 0.5t$ 的经验公式求出。

由于材料本身性质的差异和弯形工艺及操作方法不同，理论上计算的坯料长度和实际需要的坯料长度之间会有误差。因此成批生产弯形制件时，一定要采用试弯形的方法，确定坯料长度，以免造成成批废品。

3. 弯形方法

弯形方法有冷弯和热弯两种。在常温下进行的弯形叫冷弯；当弯形厚度大于 5 mm 及弯形直径较大的棒料和管料工件时，常需要将工件加热后再进行弯形，这种弯形方法称为热弯。弯形可在台虎钳、V 形架、弯模或弯形工具上进行。

图 2-89　弯形时弯形角
与弯形中心角

二、矫正

消除材料或工件弯曲、翘曲、凸凹不平等缺陷的加工方法，称为矫正。

1. 矫正概述

矫正可在机床上进行，也可用手工进行。这里主要介绍钳工常用的手工矫正方法。手工矫正是将材料(或工件)放在平板、铁砧或台虎钳上，采用锤击、弯形、延展或伸长等进行的矫正方法。

金属材料的变形有两种：一种是弹性变形，另一种是塑性变形。矫正的实质就是让金属材料产生一种新的塑性变形，来消除原来不应存在的塑性变形。矫正过程中，材料要受到锤击、弯形等外力作用，使矫正后的材料内部组织发生变化，造成硬度提高、性能变脆，这种现象称为冷作硬化。冷作硬化给继续矫正或下道工序加工带来困难，必要时应进行退火处理，恢复材料原来的力学性能。

2. 手工矫正常用的工具

手工矫正常用工具有：平板、铁砧、软手锤、硬手锤、抽条和拍板(图2-90)、螺旋压力机(图2-91a)等。

3. 矫正方法

（1）扭转法

扭转法用来矫正条料的扭曲变形。一般是将条料夹持在台虎钳上，用扳手把条料向变形的相反方向扭转到原来的形状，见图2-92。

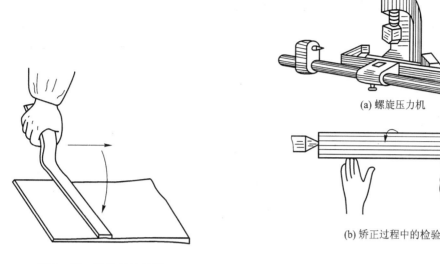

图 2 - 90　用抽条抽板料

(a) 螺旋压力机

(b) 矫正过程中的检验

图 2 - 91　轴的矫直方法

（2）伸张法

伸张法是用来矫正各种细长线材的。其方法是将线材一头固定，然后在固定端让线材绕圆木一周，紧握圆木向后拉，使线材在拉力作用下绕过圆木得到伸张矫直，见图 2 - 93。

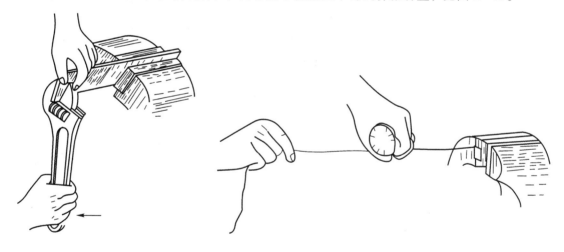

图 2 - 92　扭转法

图 2 - 93　伸张法

（3）弯形法

弯形法用来矫正各种弯曲的棒料和在宽度方向上变形的条料。直径较小的棒料和薄料，可用台虎钳在靠近弯曲处夹持，用扳手矫正。直径大的棒料和较厚的条料，则要用压力机械矫正。矫正前，先把轴架在两块 V 形架上，V 形架的支点和间距按需要放置。转动螺旋压力机的螺杆，使螺杆的端部准确压在工件（或棒料）变形的高点部位。为了消除弹性变形所产生的回翘，可适当压过一些，然后解除压力，用百分表检查矫正情况，边矫正、边检查，直至符合要求。轴的矫正方法见图2-91。

（4）延展法

延展法是用手锤敲击材料，使其延展伸长来达到矫正的目的，见图2-94。薄板中间凸起，是由于材料变形后局部变薄引起的。矫正时可锤击板料的边缘，使边缘处延展变薄，厚度与凸起部位的厚度越接近则越平整，图2-94a中箭头所示方向即锤击位置。锤击时，由里向外逐渐由轻到重，由稀到密。如果薄板上有相邻几处凸起变形，应先锤击凸起部位之间的地方，使几处凸起合并成一处，然后再用延展法锤击四周达到矫平。

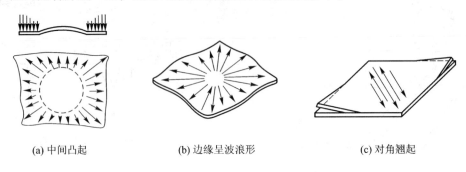

(a) 中间凸起　　　　　　　(b) 边缘呈波浪形　　　　　　　(c) 对角翘起

图2-94　延展法

如果薄板四周呈波纹状，说明板料四周变薄伸长了。锤击时，应从中心向四周逐渐由重到轻，由密到稀，见图2-94b，多次反复锤击，使板料达到平整。

如果薄板发生对角翘曲时，应沿没有翘曲的另一对角线锤击，使其延展而矫平，见图2-94c。

2.7　锡焊、粘接与铆接

一、锡焊

锡焊是一种常用的连接方法。锡焊时，工件材料并不熔化，只是将焊锡熔化而把工件连接起来。锡焊的优点是热量少，被焊工件不产生热变形，焊接设备简单，操作方便。锡焊常用于强度要求不高或密封性要求较高的连接。

1. 锡焊工具

锡焊常用的工具有烙铁、烘炉和喷灯等。

烙铁有电烙铁和非电加热烙铁（简称烙铁）两种。烙铁的焊头是用紫铜制成，端部呈楔形，可用火炉或喷灯加热。电烙铁是利用电阻丝通电将焊头加热的。它的焊头也是由紫铜制成，呈楔形。电烙铁的主要优点是加热迅速、使用方便，因此是一种最常用的焊接工具。

2. 焊料与焊剂

（1）焊料

锡焊用的焊料叫焊锡，焊锡是一种锡铅合金，熔点一般在180~300℃之间。焊锡的熔点由锡、铅含量之比决定。锡的比例越大，熔点越低，焊接时的流动性就越好。

（2）焊剂

焊剂又称焊药。焊剂的作用是消除焊缝处的金属氧化膜，提高焊锡的流动性，增加焊接强度。

锡焊时常用的焊剂有稀盐酸、氯化锌溶液和焊膏三种。稀盐酸适用于锌皮或镀锌铁皮的焊接；氯化锌溶液在一般锡焊中均可使用；焊膏适用于小工件焊接或电工线头焊接。

3. 焊接方法

（1）焊接的工艺步骤

1）认真清除焊接处的油污和锈蚀。

2）待烙铁加热到 250～550 ℃(烙铁尖部呈暗黄色)时，先在氯化锌溶液中浸一下，再蘸上一层焊锡。

3）用木片或毛刷在工件焊接处涂上焊剂。

4）将烙铁放在焊缝处，稍停片刻，待工件表面加热后再缓慢移动，使焊锡填满焊缝。

5）用锉刀(或刮刀)清除焊接后的残余焊锡，并用热水清洗焊剂，最后擦静烘干。

（2）焊接时的注意事项

1）严格控制烙铁温度。温度过低，焊锡不能熔化；温度过高，烙铁表面会生成氧化铜，粘不上焊锡。此时应刮掉氧化铜后才能使用。

2）应根据被焊工件的大小合理选择电烙铁。接通电源后电烙铁应放在烙铁架上，以防烫坏电线，酿成事故。

3）配制稀盐酸时，只能将盐酸缓慢倒入水中，不得将水倒入盐酸中稀释。否则会溅出伤人。

二、粘接

利用粘合剂把不同或相同的材料牢固地连接成一体的操作方法，称为粘接。粘接工艺操作方便，连接可靠，适应性广，其应用不受材料种类的限制。粘接部分应力分布均匀，耐疲劳性好，有机粘接还有耐腐蚀和绝缘性能好等优点。

粘接的最大缺点是强度较低和耐热性较差。如果粘接剂在耐热性和强度上有新的突破，将给机器制造和设备修理带来革命性的变化。

粘接按使用粘合剂的材料来分，有无机粘接和有机粘接两大类。

1. 无机粘合剂及其应用

无机粘接使用的粘合剂为无机粘合剂。它由磷酸溶液和氧化物组成，工业上大都采用磷酸和氧化铜。在粘合剂中加入某些辅助填料，还可以得到一些新的性能。

加入还原铁粉，可以改善粘合剂的导电性。

加入硬性合金粉，可适当增加粘接强度。

加入碳化硼，可增加粘合剂的硬度。

为改善粘合剂的性能，还可以加入石棉粉、硼砂粉、玻璃粉及氧化铝粉等。

无机粘合剂有强度较低、脆性大、适应范围小的缺点。适应于套接，不适于平面对接和搭接。粘接面要尽量粗糙。粘接前，还应对粘合面进行除锈、脱脂和清洗。粘接后，需经过干燥、硬化才能使用。

2. 有机粘合剂及其配方

有机粘接使用的粘合剂为有机粘合剂。它是以合成树脂为基体，再添加增塑剂、固化剂、稀释剂、填料、促进剂等配制而成。一般有机粘合剂由使用者根据实际需要配制，但有些品种，已有专门生产厂家供应。

有机粘合剂的品种很多，下面只介绍两种最常用的粘合剂。

（1）环氧粘合剂

凡含有环氧基因高分子聚合物的粘合剂，统称为环氧粘合剂或环氧树脂。由于它具有粘合力强、硬化收缩小、耐腐蚀、绝缘性好及使用方便等优点，因而得到广泛应用。主要缺点是耐热性差、脆性大。

常用环氧树脂粘合剂的配方：

配方一	6101 环氧树脂	100 份
	磷苯二甲酸二丁酯	17 份
	650 聚酰胺	60～100 份
	乙二胺	4 份
配方二	6101 环氧树脂	100 份
	磷苯二甲酸酐	20 份
	乙二胺	7～5 份

（2）聚丙烯酸酯粘合剂

该粘合剂常用的牌号有 501、502。这类粘合剂的特点是没有溶剂，可以在室温下固化，并呈一定的透明状，但因固化速度较快，所以不适于大面积粘接。

三、铆接

利用铆钉把两个或两个以上的零件或构件连接为一个整体，这种连接方法称为铆接。铆接时，用工具连续锤击或用压力机压缩铆钉杆端，使铆钉杆充满钉孔并形成铆钉头。铆接具有工艺简单、连接可靠、抗振和耐冲击等优点。

1. 铆接的种类

根据构件的工作要求和应用范围的不同，铆接可分为以下 3 种。

（1）强固铆接

要求铆钉能承受强大的作用力，保证构件有足够的可靠强度。适用于屋架、桥梁、车辆、立柱和横梁等。

（2）紧密铆接

铆钉不需要承受大的作用力，只承受小的均匀压力。对构件的接合缝要求非常紧密，铆缝中常夹有橡胶或其他填料，以防漏水和漏气。常用于储存液体或气体的薄壁结构的铆接，如水箱、气箱和油罐等。

（3）强密铆接

这类铆接既要求铆钉能承受大的作用力，又要求构件上的结合缝绝对紧密，即使在一定的压力下也能防止液体和气体的渗漏。这类构件如压缩空气罐、高压容器和蒸气锅炉等。

2. 铆接的形式

由于铆接时的构件要求不一样，所以铆接时的形式也可分为以下几种：

（1）搭接

搭接是把一块钢板搭在另一块钢板上进行铆接，见图 2 - 95a。

（2）对接

对接是将两块钢板置于同一平面，利用盖板铆接。盖板有单盖板和双盖板两种形式，见图 2 - 95b。

（3）角接

角接是将两块钢板互相垂直或组成一定的角度的连接。可采用角钢作盖板，以保证连接具有足够的强度，见图 2 - 95c。

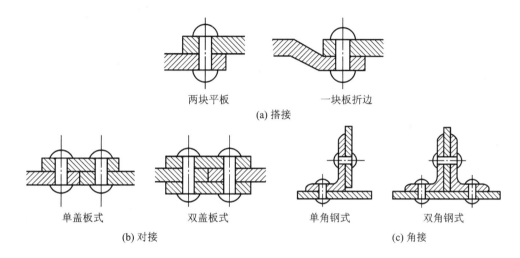

两块平板　　一块板折边

(a) 搭接

单盖板式　　双盖板式　　单角钢式　　双角钢式

(b) 对接　　　　　　　　　　(c) 角接

图 2 - 95　铆接形式

3. 铆钉及铆接工具

（1）铆钉

铆钉按其制造材料不同可分为：钢质、铜质、铝质铆钉等。铆钉按其形状分为：平头、半圆头、沉头、半圆沉头、管状空心和皮带铆钉等。

铆钉的标记，一般要标出直径、长度和国家标准序号。如铆钉 5 × 20 GB/T 867—1986，表示铆钉直径为 $\phi 5$ mm，长度为 20 mm，国家标准序号为 GB/T 867—1986。

（2）铆接工具

手工铆接工具有锤子、压紧冲头（图 2 - 96a）、罩模（图 2 - 96b）、顶模（图 2 - 96c）。罩模用于铆接时镦出完整的铆合头；顶模用于铆接时顶住铆钉圆头，这样既有利铆接，又不损伤铆

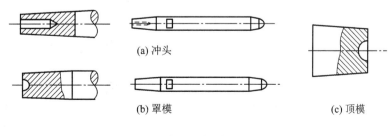

(a) 冲头

(b) 罩模　　　　　　　　　(c) 顶模

图 2 - 96　铆接工具

钉圆头。

4. 铆接方法

（1）冷铆、热铆和混合铆

冷铆　铆钉不需要加热，直接镦出铆合头的铆接方法，称为冷铆。冷铆要求铆钉材料有较好的塑性，一般直径小于 8 mm 的钢制铆钉均可采用冷铆的方法。

热铆　把整个铆钉加热到一定温度后，再进行铆接的方法，称为热铆。铆钉加热后塑性提高，容易成形，冷却后铆钉收缩，可增加接合强度。热铆应把孔径扩大 0.5~1 mm，使铆钉加热后容易插入。一般直径大于 8 mm 的钢制铆钉，常采用热铆的方法。

混合铆　只把铆钉的铆合头端部加热的铆接方法，称为混合铆。混合铆适用于细长的铆钉，其目的是避免铆接时铆钉杆的弯曲变形。

（2）铆钉尺寸的确定

为了保证铆接的质量，必须对铆钉尺寸进行计算，见图 2-97。

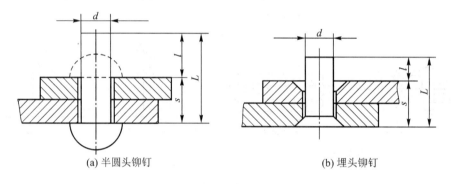

(a) 半圆头铆钉　　　　　　　　(b) 埋头铆钉

图 2-97　铆钉尺寸的计算

铆钉在工作中受剪切力，它的直径由铆接时需要的强度决定，一般常采用直径为铆接板厚的 1.8 倍。标准铆钉的直径可参阅有关手册。

铆接时，铆钉所需的长度 L 等于铆接板料总厚度 s 与铆钉伸出长度 l 的和，即 $L = s + l$。铆钉杆伸出的长度过长或过短都会造成铆接废品，通常半圆头铆钉杆的伸出长度等于铆钉直径的 $1.25~1.5$ 倍，即 $l = (1.25~1.5)d$；埋头铆钉杆的伸出长度等于铆钉直径的 $0.8~1.2$ 倍，即 $l = (0.8~1.2)d$。

（3）半圆头铆钉的铆接方法

把铆接件彼此贴合，按划线钻孔、倒角、去毛刺等，然后插入铆钉，把铆钉圆头放在顶模上，用压紧冲头压紧板料，见图 2-98a；再用锤子镦粗铆钉伸出部分，见图 2-98b；并对四周锤打成形，见图 2-98c；最后用罩模修整，见图 2-98d。

在活动铆接时，要经常检查活动情况，如果发现太紧，可把铆钉圆头垫在有孔的垫铁上，锤击铆合头，使铆接件达到活动要求。

（4）埋头铆钉的铆接方法

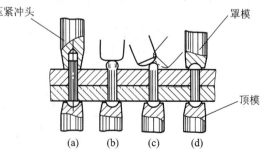

图 2-98　半圆头铆钉的铆接过程

如图 2-99 所示，前几个步骤与半圆头铆钉的铆接相同，然后在正中镦粗面 1 和 2，先铆面 2，再铆面 1，最后修平高出的部分。如果用标准的埋头铆钉铆接，只需将伸长的铆合头经铆打填满埋头孔以后锉平即可。

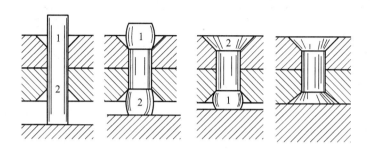

图 2-99　埋头铆钉的铆接过程

四、矫正、弯形和铆接技能训练

1. 制作内卡钳

1）检查图 2-100 所示卡钳坯料的下料情况。

2）采用扭转法与弯形法矫平坯料，使其放在平板上能够贴平。

3）将坯料用小圆钉装夹在木板上，见图 2-101，然后将木块夹在台虎钳上，粗锉两平面至尺寸 2.1 mm 左右。

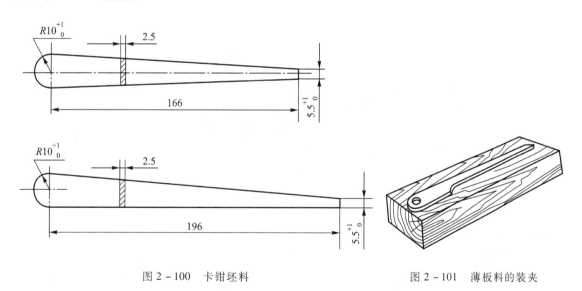

图 2-100　卡钳坯料　　　　　　　　　图 2-101　薄板料的装夹

4）按图样（或制成展开样板）对坯料划线，见图 2-102。

5）两卡脚彼此贴合，钻、铰 $\phi 5$ mm 孔，保证与铆钉紧配，孔口倒角 C0.5。

6）将两卡脚同向合并，用 M5 螺钉及螺母拧紧，按划线粗锉外形。

7）两卡脚按图 2-103 弯形，达到图样要求。

8）两卡脚同时夹在木板上，精锉两平面，达到尺寸（2±0.03）mm、平行度 0.03 mm、表

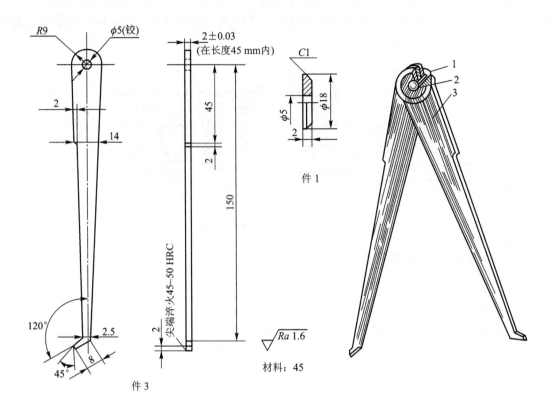

图 2 - 102　内卡钳

图 2 - 103　在铁砧上锤击弯形

面粗糙度 $Ra \leqslant 1.6$ μm 的要求。

9）用铆钉通过 φ5 mm 孔将两卡脚按装配方向串叠在一起，在两侧套上 φ18 mm 垫片，用半圆头铆钉铆接的方法完成铆接。要求半圆头光滑且平贴在垫片上，两卡脚活动松紧均匀。

10）按图样尺寸修整外形，锉好两脚处斜面，要求两脚等高、尺寸形状相同。淬火硬度 45～50 HRC，最后用砂纸打光。

2. 制作外卡钳

外卡钳见图 2 - 104，其制作步骤类似内卡钳。

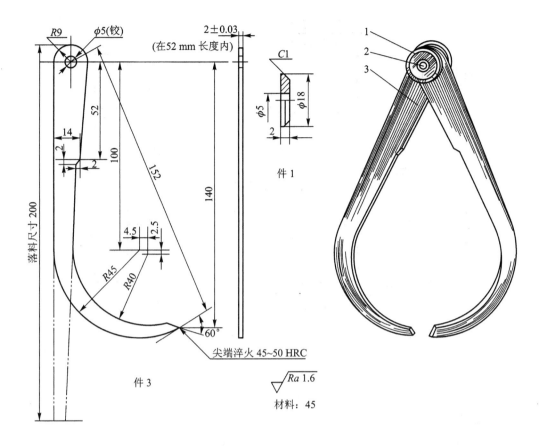

件1

件3

图 2-104 外卡钳

2.8 综合技能训练(二)

一、锉配凸凹体

1. 工件图样(图 2-105)

2. 加工参考步骤

1) 按图样要求加工外廓基准面,达到尺寸 (60 ± 0.03) mm、(80 ± 0.03) mm 及垂直度和平行度要求。

2) 按图样要求划出凸凹体加工线,钻 $4\times\phi3$ mm 工艺孔。

3) 加工凸件

① 先选择一肩按划线锯去一角,粗、细锉削两垂直面。根据 80 mm 的实际尺寸,通过控制 60 mm 的尺寸误差值(本处应控制在 80 mm 实际尺寸减去 $20_{-0.05}^{\ 0}$ mm 的范围内),从而保证达到 $20_{-0.05}^{\ 0}$ mm 的尺寸要求;同样根据 60 mm 处的实际尺寸,通过控制 40 mm 的尺寸误差值(本处应控制在 $\frac{1}{2}\times60$ mm 的实际尺寸加 $10_{-0.05}^{+0.025}$ mm 的范围内),从而保证在取得尺寸 $20_{-0.05}^{\ 0}$ mm 的

103

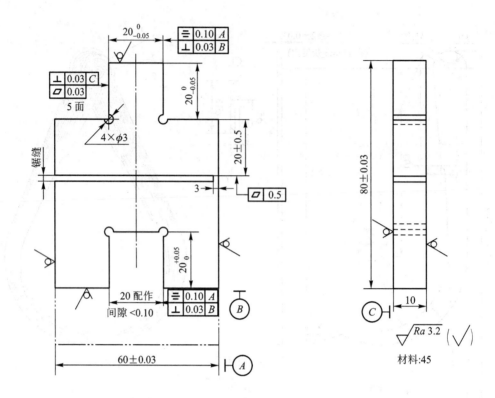

图 2 - 105 锉配凸凹体

同时，又能保证其对称度在 0.1 mm 内。

② 按划线锯去另一肩角，用上述方法控制加工尺寸 $20_{-0.05}^{0}$ mm，对于凸形面的 $20_{-0.05}^{0}$ mm 的尺寸要求，可通过直接测量控制加工。

4）加工凹件

① 用钻头钻出排孔，并锯去凹部多余料，然后粗锉至接近尺寸。

② 细锉凹部顶端面，根据 80 mm 的实际尺寸，通过控制 60 mm 的尺寸误差值（本处与凸部的两垂直面一样控制尺寸），从而保证达到与凸件端面的配合精度要求。

③ 细锉两侧垂直面，两面同样根据外形 60 mm 和凸件 20 mm 的实际尺寸，通过控制 20 mm 尺寸误差（如凸件的尺寸为 19.95 mm，一侧面可用 $\frac{1}{2} \times 60$ mm 尺寸减去 $10_{-0.01}^{+0.05}$ mm，而另一侧面必须控制在 $\frac{1}{2} \times 60$ mm 尺寸减去 $10_{-0.01}^{+0.05}$ mm），从而保证达到与凸件 20 mm 的配合精度要求，同时也能保证其对称度在 0.1 mm 内。

5）全部锐边倒钝，并检查尺寸精度。

6）锯削，要求达到尺寸（20 ± 0.5）mm，锯面平面度 0.5 mm，留有 3 mm 不锯，修去锯口毛刺。

凸凹体锉配主要应控制好对称度，而采用间接测量方法来控制工件的尺寸精度，就必须控制好有关的工艺尺寸。如上述为保证凸件的对称度要求，加工时用间接测量控制有关工艺尺寸，见图 2 - 106。图 2 - 106a 为最大与最小工艺控制尺寸；图 2 - 106b 为在最大工艺控制尺寸

104

下，取得对称度误差最大左偏值为 0.05 mm；图 2 - 106c 为在最小工艺控制尺寸下，取得对称度误差最大右偏值为 0.05 mm。

对称度间接工艺控制尺寸计算公式为

$$M_{min}^{max} = \frac{L + T_{max}^{min}}{2} \pm \Delta \tag{2-7}$$

式中：M——对称度间接工艺控制尺寸，mm；

L——工件两基准间尺寸，mm；

T——凸台尺寸，mm；

Δ——对称度误差最大允许值，mm。

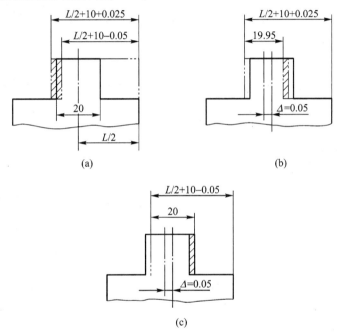

图 2 - 106　间接控制的工艺尺寸

二、锉配角度样板

1. 工件图样（图 2 - 107）

2. 加工参考步骤

1）按图样划件 1 和件 2 的外形加工线，锉削达到尺寸（40 ± 0.05）mm、（60 ± 0.05）mm 和垂直度要求。

2）划件 1 和件 2 的加工线，并钻 3 × ϕ3 mm 工艺孔。

3）加工件 1 凸部，其加工方法同凸凹体锉配一样。

4）加工件 2 凹部，其加工方法同凸凹体锉配一样。然后加工 60°角，锯除余料，锉削 $15_{-0.05}^{0}$ mm 尺寸，通过间接控制 25 mm 的工艺尺寸来达到要求。最后加工斜边，用 60°角度样板或游标万能角度尺检验 60°角度，并用圆柱测量棒间接测量以达到（30 ± 0.10）mm 的尺寸要求，见图 2 - 108。

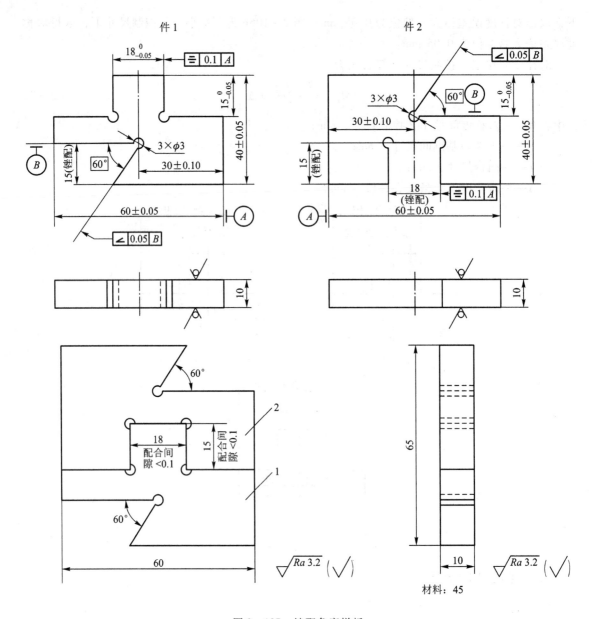

图 2 - 107 锉配角度样板

材料：45

测量尺寸 M 与样板尺寸 B 及圆柱测量棒直径 d 之间的关系如下：

$$M = B + \frac{d}{2}\cot\frac{\alpha}{2} + \frac{d}{2} \qquad (2-8)$$

式中：M——间接工艺控制尺寸，mm；

B——图样技术要求尺寸，mm；

d——圆柱测量棒直径，mm；

α——斜面的角度值。

5）加工件 1 的 60°角，方法同件 2，并比照件 2 锉配，达到角度配合间隙不大于 0.1 mm，同时用圆柱测量棒间接测量，达到(30 ± 0.10) mm 的尺寸要求。

6）全部锐边倒角，检查精度。

三、锉配宝蝶体

1. 工件图样（图 2 - 109）

2. 加工参考步骤

1）将坯料加工成(60 ± 0.02) mm × (60 ± 0.02) mm，平行度和垂直度均达到图样要求。

2）划线、将件 1 料从坯料上锯下，按件 1 技术要求加工，完成 $15_{-0.02}^{0}$ mm 和 90° ± 2′，并保证对称度要求。

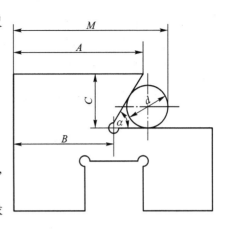

图 2 - 108

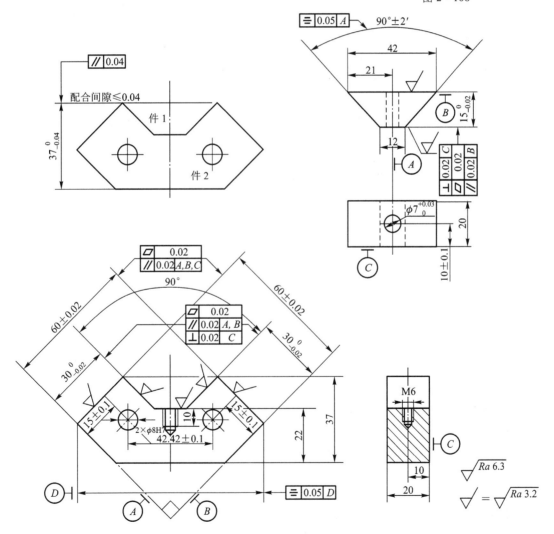

图 2 - 109　宝蝶体锉配

3）加工件2，完成30 $_{-0.02}^{0}$ mm 及其他配合尺寸，用件1对件2修配，达到配合尺寸要求。

4）划钻孔线，完成钻孔、铰孔和攻螺纹等。

5）去毛刺，清理铁屑，用 M6 螺钉装配好工件，装配后的大平面平面度不超过 0.04 mm。

四、锉削四方换位镶配体

1. 工件图样（图 2 – 110）

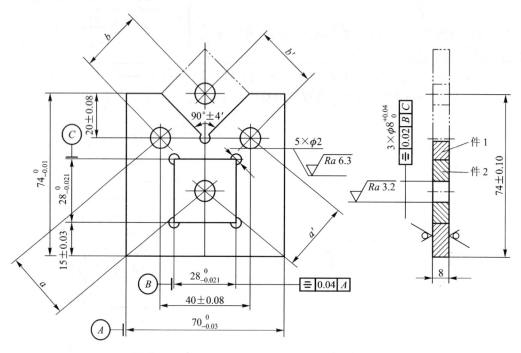

图 2 – 110　四方换位镶配体

2. 加工参考步骤

应先加工件2，工件2的加工方法与参考步骤如下：

1）检查毛坯（$\phi42 \pm 0.1$）mm、（8 ± 0.1）mm。

2）按件2图划出外形线及孔中心线，并在孔中心线处打样冲孔。

3）以件2大平面为基准，按线钻、铰孔 $\phi8_{0}^{+0.04}$ mm，表面粗糙度 $Ra1.6$ μm。去孔口毛刺。

4）按线粗锉四方体，留余量 0.2 mm。

5）依次精锉四方体各面。控制其垂直度（与端面），平面度≤0.01 mm；各面相互垂直≤0.01 mm（用刀口形直尺检查）及尺寸 28 $_{-0.021}^{0}$ mm；各面与孔中心的对称度≤0.01 mm，用量块、百分表在平板上测量（图 2 – 111）。

工件1的加工方法与参考步骤：

1）检查毛坯。尺寸（75 ± 0.2）mm 和（71 ± 0.2）mm，两侧面的垂直度 0.02 mm，表面粗糙度 $Ra1.6$ μm。

2）以基准面精锉其余两面，控制尺寸，且留精锉余量 0.2 mm，保证平行度、平面度≤0.02 mm。

3) 按图样划出全部外形线及孔的中心线(注意留有余量)。

4) 用坐标位移法,先钻、铰 2 × $\phi 8 {}_{0}^{+0.04}$ mm,控制孔距(40 ± 0.08) mm(图 2 - 112)。用平口钳夹零件两端(找平上端面),用中心钻对准第一个孔的中心后,将平口钳压紧在钻床工作台面上,钻、扩、铰孔 $\phi 8 {}_{0}^{+0.04}$ mm(孔 I)。测量钳口侧面与基准面 C 的尺寸 A。然后松开平口钳,位移零件至第二夹紧位置。$X = A - 40$(用深度尺测量 X)。然后用同样的方法钻、扩、铰孔 $\phi 8 {}_{0}^{+0.04}$ mm(孔 II)。

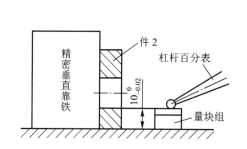

图 2 - 111　孔中心测量方法

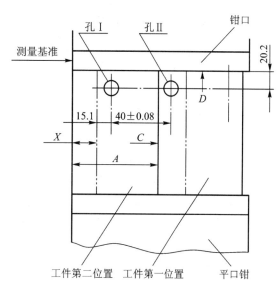

图 2 - 112　坐标位移钻孔法

5) 以孔中心为基准,先精修锉两基准面,控制尺寸(20 ± 0.08) mm,孔 1 与基准面距离为(15 ± 0.02) mm。

6) 精锉对称面,控制尺寸 $74 {}_{-0.01}^{0}$ mm、$70 {}_{-0.03}^{0}$ mm。

7) 钻排孔,去除四方孔余料,留 0.5 mm 余量。

8) 用锯削法去除 V 形槽余料,留 0.5 mm 余量。

9) 粗、精锉四方孔,先锉削底面,控制尺寸(15 ± 0.03) mm。用百分表及量块测量,方法同上。

10) 粗、精锉四方上端面,控制尺寸(28 ± 0.01) mm。用内测千分尺或内径表测量。

11) 四方两侧面锉削方法同上,其对称度应控制 0.01 mm 以内。方法是:分别以件 1 两侧面为基准,打表测量内四方两面,两次的差值即为对称度差。尺寸控制为(28 ± 0.01) mm。

12) 粗、精锉 V 形槽,对称度 ≤ 0.02 mm,其测量方法如图 2 - 113 所示。90° ± 4′用游标万能角度尺测量,其深度用千分尺和检量棒控制(图 2 - 114),用下列公式计算:

$$M = H - L + R + \frac{R}{\sin \frac{\alpha}{2}} \qquad (2 - 9)$$

式中:M——实测值,mm;

　　　H——零件高度,mm;

109

L——V形槽深度，mm；

α——V形槽角度，(°)；

R——测量棒半径，mm。

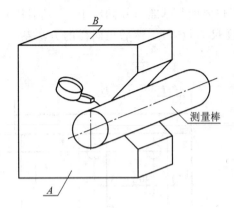

图 2-113　V形槽对称测量　　　　　　　　图 2-114　V形槽测量

13）将件 2 装入件 1，观察间隙，然后转 180° 再观察，确定修锉位置，直至件 2 既能推入，又保证间隙 ≤0.02 mm。用卡尺对角测量两孔距，保证 a、a' 误差 ≤0.10 mm。

14）将件 2 放在件 1 的 V 形槽上，测量 b、b'，如有差值，只能修锉件 1 V 形槽，至符合要求。

15）锐边倒圆 $R0.3$ mm。

复习思考题

1. 什么是划线？划线分哪两种？其定义是什么？

2. 什么叫设计基准？什么叫划线基准？

3. 选择划线基准的基本原则是什么？它有哪些好处？

4. 划线基准的选择有哪三种基本类型？

5. 什么叫借料？在什么情况下需要进行借料划线？

6. 什么叫找正？找正的注意事项有哪些？

7. 将半径为 50 mm 的圆周等分成 16 份，试述划线的方法步骤。

8. 什么叫錾削？錾削常用的工具有哪些？

9. 试述錾子前角、后角、楔角的定义及其大小对錾削的影响。

10. 什么是锉削？锉刀一般是由什么材料制成的？锉刀的齿纹有哪两种形式？

11. 按锉刀用途的不同，锉刀的种类可分为哪几种？每种锉刀的功用是什么？

12. 锉刀的尺寸规格和齿纹粗细规格是如何表示的？

13. 锉削平面的方法有哪几种？各有哪些优点？

14. 什么叫锯削？什么叫锯路？锯路的作用是什么？

15. 锯条锯齿的粗细如何表示？锯齿的前角、后角和楔角一般为多少度？

16. 简述锯削管子的方法。

17. 什么叫刮削？刮削的特点有哪些？

18. 什么叫显示剂？试述显示剂的种类和使用范围。

110

19. 刮削时应注意的安全事项有哪些？

20. 中、小型工件和大型工件显点的方法有哪些不同？

21. 刮削的接触精度用什么方法进行检验？

22. 什么叫研磨？研磨的主要作用是什么？

23. 对研具材料有哪些要求？常用的研具材料有哪几种？

24. 研磨剂由哪些成分组成？各种成分的作用是什么？

25. 麻花钻由哪几部分组成？各部分的作用是什么？

26. 试述麻花钻的顶角、前角、后角和横刃斜角的定义。

27. 对麻花钻刃磨的要求是什么？

28. 试述麻花钻顶角大小及横刃长度对钻削的影响。

29. 试述标准群钻的结构特点及其对钻削的影响。

30. 薄板群钻的结构特点是什么？对钻削薄板有哪些好处？

31. 当选用 $\phi26$ mm 的钻头在钢件上进行钻孔时，若选择主轴的转速为 30 r/min，试求钻削时的背吃刀量和切削速度。

32. 为什么要对麻花钻进行修磨？如何修磨横刃？

33. 试述丝锥的组成及各部分的作用。

34. 同一型号的手用丝锥，为什么要制成两支或三支一套的成套丝锥？

35. 分别在钢件和铸铁件上攻制 M20 的内螺纹，若螺纹的长度为 35 mm，试求攻螺纹前钻底孔时钻头的直径及钻孔深度。

36. 攻螺纹时，螺纹的底孔直径为什么要略大于螺纹小径？

37. 套螺纹时，圆杆直径为什么要略小于螺纹大径？

38. 手攻螺纹时，如何才能保证螺纹不歪斜？

39. 攻螺纹或套螺纹发生乱牙的主要原因是什么？

40. 什么叫弯形？什么样的材料才能进行弯形？弯形后钢板内、外层材料如何变化？

41. 什么叫中性层？弯形时中性层的位置与哪些因素有关？

42. 用 $\phi6$ mm 圆钢弯形成外径 48 mm 的圆环，求圆钢的下料长度。

43. 什么叫矫正？矫正的实质是什么？

44. 锡焊有哪些优点？常用于什么场合？

45. 锡焊时应注意的事项主要有哪些？

46. 什么是粘接？粘接有哪些特点？

47. 无机粘接的缺点有哪些？适用于什么样的场合？粘接时注意的事项有哪些？

48. 什么叫铆接？铆接分为哪几类？各适用于什么场合？

项目 3

装配工艺与主要机构的装配

3.1 装配工艺的基本知识

按照一定的精度标准和技术要求，将若干个零件组合成部件或将若干个零件、部件组合成机构或机器的工艺过程，称为装配。

一、装配工艺规程的基本知识

装配工艺规程是指规定装配全部部件和整个产品的工艺过程，以及该过程中所使用的设备和工、夹具等的技术文件。

1. 装配工艺规程的作用

装配工艺规程是生产实践和科学实验的总结，是提高劳动生产率和产品质量的必要措施，也是组织生产的重要依据。只有严格按工艺规程组织各项生产活动才能保证装配工作的顺利进行，降低生产成本，增加经济效益。但装配工艺规程所规定的内容也应随生产力的发展而不断地改进。

2. 装配工艺过程

装配工艺过程一般由以下四个部分组成：

（1）装配前的准备工作

1）研究产品装配图、工艺文件及技术资料；了解产品的结构；熟悉各零件、部件的作用、相互关系及连接方法。

2）确定装配方法；准备所需要的工具。

3）对装配的零件进行清洗，检查零件的加工质量，对有特殊要求的零件要进行平衡或压力试验。

（2）装配工作

比较复杂的产品的装配分为部件装配和总装配。

部件装配　凡是将两个以上的零件组合在一起，或将零件与几个组件结合在一起，成为一个装配单元的装配工作，都可以称为部件装配。

总装配　将零件、部件及各装配单元组合成一台完整产品的装配工作，称为总装配。

（3）调整、检验和试车

1）调整

调节零件或机构的相互位置、配合间隙、接合面的松紧等，使机器或机构工作协调。

2）检验

检验机构或机器的几何精度和工作精度等。

3）试车

试验机构或机器运转的灵活性、振动情况、工作温度、噪声、转速、功率等性能参数是否达到相关技术要求。

（4）喷漆、涂油和装箱

机器装配完毕后，为了使其外表美观、不生锈和便于运输，还要进行喷漆、涂油和装箱等工作。

3. 装配工作的要点

要保证装配产品的质量，必须按照规定的装配技术要求去操作。不同产品的装配技术要求虽不尽相同，但在装配过程中有许多工作要点是必须共同遵守的。

1）做好零件的清理和清洗工作。清理工作包括去除残留的型砂、铁锈、切屑等。零件上的油污、铁锈或附着的切屑，可以用柴油、煤油或汽油作为洗涤液进行清洗，然后用压缩空气吹干。

2）相配表面在配合或连接前，一般都需加润滑剂。

3）相配零件的配合尺寸要准确，装配时对于某些较重要的配合尺寸应进行复验或抽验。

4）做到边装配边检查。当所装配的产品较复杂时，每装完一部分就应检查是否符合要求。在对螺纹连接件进行紧固的过程中，还应注意对其他有关零部件的影响。

5）试车时的事前检查和起动过程的监视是很必要的，例如检查装配工作的完整性、各连接部分的准确性和可靠性、活动件运动的灵活性、润滑系统的正常性等。机器起动后，应立即观察主要工作参数和运动件是否正常运动。主要工作参数包括润滑油压力、温度、振动和噪声等。只有起动阶段各运动指标正常、稳定，才能进行试运转。

4. 装配的方法

为了保证装配的精度要求，机械制造中常采用以下 4 种装配方法之一来完成装配工作。

（1）互换装配法

在装配时，各配合零件不经修配、选择或调整即可达到装配精度的方法，称为互换装配法。互换装配法的特点是装配简单，生产率高，便于组织流水作业，维修时更换零件方便。但这种方法对零件的加工精度要求较高，制造费用将随之增大。因此仅在配合精度要求不太高或产品批量较大时采用。

（2）分组装配法

在成批或大量生产中，将产品各配合副的零件按实测尺寸分组，然后按相应的组分别进行装配，在相应组进行装配时，无需再选择的装配方法，称为分组装配法。分组装配法的特点是：经分组后再装配，提高了装配精度；零件的制造公差可适当放大，降低了成本；要增加零件的测量分组工作，并需加强管理。

（3）调整装配法

在装配时，根据装配实际的需要，改变产品中可调整零件的相对位置，或选用合适的调整件以达到装配精度的方法，称为调整装配法。如图 3 - 1a 所示，1 为可动补偿件，轴向调整这一补偿件的位置，即可得到规定的间隙；图 3 - 1b 中的 2 为固定补偿件，事先做好几个尺寸大小不同的件 2，根据实际的装配间隙大小，从中选择尺寸合适的装入，即可获得规定的间隙。调整装配法的特点是：零件不需任何修配即能达到很高的装配精度；

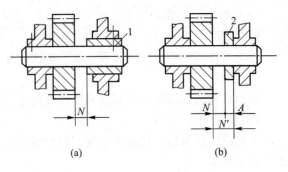

图 3 - 1　调整装配法

可进行定期调整，故容易恢复精度，这对容易磨损或因温度变化而需改变尺寸位置的结构是很有利的；调整件容易降低配合副的连接刚度和位置精度，在装配时必须注意。

（4）修配装配法

在装配时，根据装配的实际需要，在某一零件上去除少量预留修配量，以达到装配精度的方法，称为修配装配法。例如：为了车床两顶尖中心线达到规定的等高度的要求（图 3 - 2），而修刮尾座底板尺寸 A_2 的预留量来达到装配精度的方法。修配装配法的特点是：零件的加工精度可大大降低；无需采用高精度的加工设备，而又能得到很高的装配精度；但这种方法使装配工作复杂化，仅适于在单件生产或小批生产中采用。

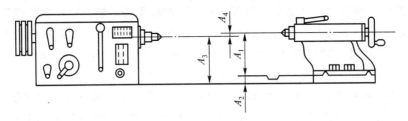

图 3 - 2　修配装配法

二、装配前的准备工作

1. 零件的清洗与清理

在装配过程中，零件的清洗与清理工作对保证装配质量、延长产品使用寿命具有十分重要的意义。特别是对轴承、液压元件、精密配合件、密封件和有特殊要求的零件更为重要。如果清洗和清理做得不好，会使轴承工作时发热，产生噪声，并加快磨损，很快失去原有精度；对于滑动表面，可能造成拉伤，甚至咬死；对于油路，可能造成油路堵塞，使转动配合件得不到良好的润滑，使磨损加剧，甚至损坏咬死。

2. 零件的密封性试验

对于设备中的一些精密零件，如液压元件、油缸、阀体、泵体等，在一定的工作压力下不仅要求不发生泄漏现象，还要求具有可靠的密封性。但是，由于零件毛坯在铸造过程中容易产生砂眼、气孔及疏松等缺陷，易造成在一定压力下的渗漏现象。因此，在装配前必须对这类零件进行密封性试验，否则，将对设备的质量、功能产生很大的影响。

密封性试验有气压法和液压法两种，其中以液压法压缩空气密封性试验比较安全。试验时，应按照技术要求对施加的压力进行相应的调整。

（1）气压法

试验前，先将零件各孔用压盖或螺塞进行密封；然后，将密封零件浸入水中；最后，向零件内充入压缩空气（图3-3）。此时，密封的零件在水中应无气泡逸出。若有气泡逸出时，可根据气泡的密度来判定零件是否符合技术要求。

（2）液压法

容积较小的零件进行密封性试验时，可用手动液压泵进行液压试验。图3-4为五通滑阀阀体的密封性试验示意图。试验前，两端装好密封圈和端盖，并用螺钉紧固，各螺孔用锥形螺塞拧紧，装上管接头并与手动液压泵接通。然后，用手动液压泵将油液注入阀体空腔内，并使油液达到技术要求所规定的试验压力。同时，应注意观察阀体有无渗透和泄漏现象。

容积较大的零件进行密封性试验时，可选用机动液压泵进行注油，但也要控制好压力的大小。

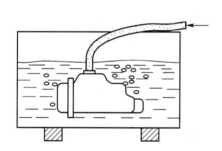

图3-3　气压法密封性实验

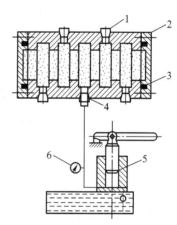

图3-4　液压法密封性试验

1—锥形螺塞；2—端盖；3—密封圈；

4—管接头；5—手动液压泵；6—压力表

3. 旋转体的平衡

机器中的转动轴、带轮、叶轮与电动机转子等旋转的零件或部件，往往由于材料密度不均匀、本身形状不对称、加工或装配产生误差等各种原因，在其径向各截面上或多或少地存在一些不平衡量。此不平衡量由于与旋转中心之间有一定距离（称为质量偏心距），因此当旋转件转动时，不平衡量便要产生离心力。

（1）离心力

离心力的大小与转动零件的质量、质量偏心距以及转速的平方成正比，用公式表示为

$$F_c = \frac{W}{g}e\left(\frac{\pi n}{30}\right)^2 \tag{3-1}$$

式中：F_c——离心力，N；

　　　　W——转动零件所受的重力，N；

g——重力加速度，$g = 9.81$ m/s^2；

e——质量偏心距，m；

n——旋转零件的转速，r/min。

由上式可知，重型或高转速的旋转体，即使具有不大的偏心距也会引起很大的离心力。由于离心力的大小随转速的平方而变化，当转速增加时离心力将迅速增加。这样，会加速轴承的磨损，使机器在工作中发生摆动和振动，甚至造成零件疲劳损坏和断裂。因此，为了保证机器的运转质量，要对旋转体(尤其是在转速较高的情况下)在装配前进行平衡，来消除不平衡离心力，从而达到所要求的平衡精度。

（2）旋转件不平衡的种类

1）静不平衡

有些旋转件在径向各截面上存在不平衡量，但由此产生的离心力的合力仍通过旋转件的重心，这种情况不会产生使旋转轴线倾斜的力矩，这种不平衡称为静不平衡，见图 3−5。静不平衡的特点是：当零件静止时，不平衡量始终处于过重心的铅垂线的下方。旋转时，不平衡离心力只在垂直轴线方向产生振动。

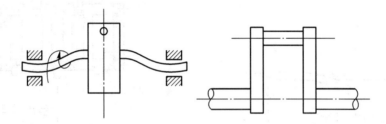

图 3−5 零件静不平衡示意图

2）动不平衡

有些旋转件在径向各截面上存在不平衡量，且由此产生的离心力不能形成平衡力矩，所以旋转件不仅会产生垂直于旋转轴线方向的振动，还会产生使旋转轴线倾斜的振动，这种不平衡称为动不平衡，见图 3−6。

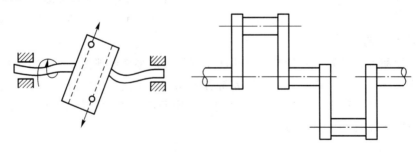

图 3−6 零件动不平衡示意图

（3）旋转件的平衡方法

消除旋转件不平衡的工作，称为平衡。其中，消除静不平衡的工作称为静平衡；消除动不平衡的工作称为动平衡。

1）静平衡

116

静平衡的特点是：平衡重物的大小和位置是在零件（或部件）处于静止状态时确定的；静平衡的工作过程是在静平衡架上进行的；静平衡主要适用于长径比小于 0.2 的盘类零件。

静平衡的装置主要有圆柱式平衡架和菱形平衡架两种，见图 3 - 7。还有一种平衡架，可通过调整一端的升降位置来平衡两端轴径不等的旋转件。

(a) 圆柱式平衡架　　　　　　　　　　(b) 菱形平衡架

图 3 - 7　零件静平衡装置

静平衡的步骤如下：

① 用水平仪将平衡架调整到水平位置，误差应在 0.02 mm/100 mm 以内，见图 3 - 8。

② 将旋转件安装到心轴上后，摆放到平衡架上。

③ 用手轻推旋转件，使其在平衡架上缓慢滚动；待自动停止后，在旋转体的正下方作一记号，重复转动几次，若所作记号位置始终不变，则为不平衡量 G 的方向。

④ 在与记号相对的部位粘一重量为 G' 的橡皮泥，使 G' 对旋转轴线产生的力矩，恰好等于不平衡量 G 对旋转轴线所产生的力矩，见图 3 - 9。此时旋转件即已达到静平衡。

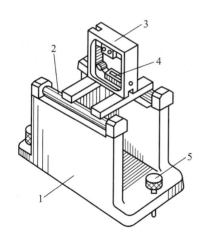

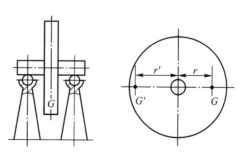

图 3 - 8　调整平衡架　　　　　　　图 3 - 9　静平衡法

1—支架；2—圆柱形导轨；3—水平仪；

4—水准器；5—调整螺钉

117

⑤ 去掉橡皮泥，在其所在位置加上相当于 G' 的重块，或在不平衡量处（与 G' 相对的直径上 r 处）去除一定的重量 G。待旋转件在任何角度均能在平衡架上静止时，静平衡即告结束。

砂轮静平衡可参考下列步骤：

① 平衡前，先用水平仪将平衡架调至水平位置。

② 拆下连接盘（法兰盘）上平衡块。平衡块的形状见图 3−10a。清除连接盘上的污垢，然后将砂轮和连接盘装到平衡心轴（图 3−10b）上。

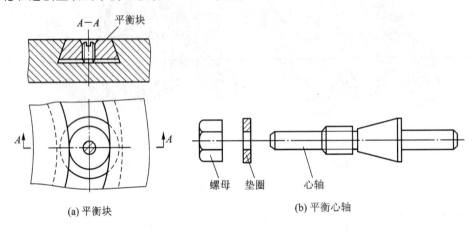

(a) 平衡块　　　　　　　　　　(b) 平衡心轴

图 3−10　平衡块与平衡心轴

③ 轻推砂轮，使其在导轨上作缓慢滚动。当砂轮停止时，在砂轮上方作一记号 A，见图 3−11a。

④ 在砂轮下部（与记号 A 相对）较重一侧装上第一块平衡块 1，见图 3−11a。装上平衡块后 A 的位置应不变，然后在记号 A 的两侧各装一平衡块 2、3。调整 2、3 使 A 保持原来的位置，见图 3−11b。

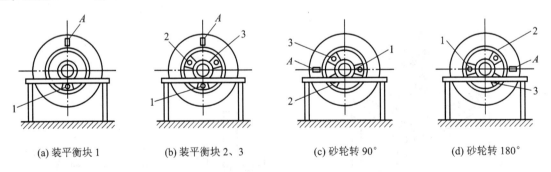

(a) 装平衡块 1　　(b) 装平衡块 2、3　　(c) 砂轮转 90°　　(d) 砂轮转 180°

图 3−11　砂轮静平衡方法

⑤ 将砂轮转 90°，使记号 A 处于水平位置，见图 3−11c。检查砂轮是否平衡，若不平衡，调整平衡块 2、3 同时向记号 A 靠拢或分开，直至保持平衡。

⑥ 把砂轮转 180°，见图 3−11d。如不平衡则继续调整平衡块 2、3。当砂轮在任何角度都能静止时，则砂轮平衡即告结束。

对于新安装的砂轮要进行两次平衡。即第一次平衡后把砂轮装配到机床上进行修整。然后取下砂轮，按照上述步骤进行第二次平衡。

118

2）动平衡

对于长径比较大或转速较高的旋转件，需要进行动平衡。

动平衡不仅要平衡离心力，而且还要平衡离心力所形成的力矩。动平衡需要在动平衡机上进行，常用的动平衡机有弹性支梁式动平衡机、框架式动平衡机和电子动平衡机等。磨床主轴在动平衡机上的装夹，见图3-12。

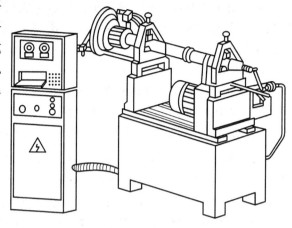

图 3-12　磨床主轴在动平衡机上的装夹

三、尺寸链

1. 尺寸链的基本知识

（1）尺寸链与尺寸链简图

在零件加工或机器装配中，由相互关联的尺寸构成的封闭尺寸组，称为尺寸链。

将尺寸链中各尺寸按顺序连接所构成的封闭图形，称为尺寸链简图。图3-13a 中轴与孔的配合间隙 A_0 与孔径 A_1 及轴颈 A_2 有关，从而画出图3-14a 所示的配合尺寸链简图。图3-13b 中齿轮端面和箱体内壁凸台端面的配合间隙 B_0 与箱体两内壁之间的距离 B_1、齿轮厚度 B_2 及垫圈厚度 B_3 有关，进而画出图3-14b 所示的尺寸链简图。

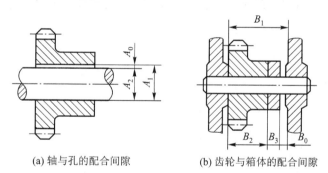

(a) 轴与孔的配合间隙　　　　(b) 齿轮与箱体的配合间隙

图 3-13　装配尺寸链的形成

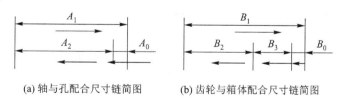

(a) 轴与孔配合尺寸链简图　　　　(b) 齿轮与箱体配合尺寸链简图

图 3-14　尺寸链简图

绘制尺寸链简图时，不必绘出装配部分的具体结构，也无需按照严格的尺寸比例，而是首先从有技术要求的尺寸画起，然后依次绘出与该项要求有关的尺寸，排列成封闭的外形即可。

（2）尺寸链的组成

构成尺寸链的每一个尺寸，都称为尺寸链的环。在每个尺寸链中最少有三个环。

1）封闭环

在零件加工和机器装配过程中，最后形成（间接获得）的尺寸，称为封闭环。一个尺寸链中只有一个封闭环，如图 3-14 中 A_0、B_0 都是封闭环。在装配尺寸链中，封闭环也就是装配的技术要求。

2）组成环

尺寸链中除封闭环外的其余尺寸，称为组成环。图 3-14 中 A_1、A_2、B_1、B_2、B_3 等都是组成环。组成环可分为增环和减环两种。

① 增环　在其他组成环不变的条件下，当某一组成环的尺寸增大时，封闭环也随之增大，该组成环称为增环。图 3-14 中 A_1、B_1 都是增环。增环用 $\vec{A}_1$、$\vec{B}_1$ 表示。

② 减环　在其他组成环不变的条件下，当某一组成环增大时，封闭环随之减小，则该组成环称为减环。图 3-14 中的 A_2、B_2、B_3 均为减环。减环用 $\overleftarrow{A}_2$、$\overleftarrow{B}_2$、$\overleftarrow{B}_3$ 表示。

增环和减环也可以用简单方法来判断。在尺寸链简图中，由尺寸链任一环的基面开始，绕其轮廓线顺时针（或逆时针）方向旋转一周，再回到这个基面。按旋转方向给每一个环标出箭头，凡箭头方向与封闭环箭头方向相反的为增环；与封闭环箭头方向相同的为减环（图 3-14）。

（3）封闭环的尺寸及公差

1）封闭环的基本尺寸

由尺寸链简图可以看出，封闭环的基本尺寸等于所有增环基本尺寸之和减去所有减环基本尺寸之和，即

$$A_0 = \sum_{i=1}^{m} \vec{A}_i - \sum_{j=1}^{n} \overleftarrow{A}_j \tag{3-2}$$

式中：A_0——封闭环基本尺寸，mm；

　　　$\vec{A}_i$——第 i 个增环的基本尺寸，mm；

　　　$\overleftarrow{A}_j$——第 j 个减环的基本尺寸，mm；

　　　m——增环的数目；

　　　n——减环的数目。

在解尺寸链方程时，还可以把增环作为正值，而把减环作为负值，由此可以得出封闭环的基本尺寸，实际上就是各组成环基本尺寸的代数和。

2）封闭环的最大极限尺寸

当所有增环都为最大极限尺寸，而所有减环都为最小极限尺寸时，封闭环为最大极限尺寸，可用下式表示：

$$A_{0\max} = \sum_{i=1}^{m} \vec{A}_{i\max} - \sum_{j=1}^{n} \overleftarrow{A}_{j\min} \tag{3-3}$$

式中：$A_{0\max}$——封闭环最大极限尺寸，mm；

　　　$\vec{A}_{i\max}$——各增环最大极限尺寸，mm；

　　　$\overleftarrow{A}_{j\min}$——各减环最小极限尺寸，mm。

3）封闭环最小极限尺寸

当所有增环都为最小极限尺寸，而所有减环都为最大极限尺寸时，则封闭环为最小极限尺寸，可用下式表示：

$$A_{0min} = \sum_{i=1}^{m} \vec{A}_{imin} - \sum_{j=1}^{n} \overleftarrow{A}_{jmax} \tag{3-4}$$

式中：A_{0min}——封闭环最小极限尺寸，mm；

$\vec{A}_{imin}$——各增环最小极限尺寸，mm；

$\overleftarrow{A}_{jmax}$——各减环最大极限尺寸，mm。

4）封闭环公差

封闭环公差等于封闭环最大极限尺寸与封闭环最小极限尺寸之差，将式（3-3）与式（3-4）相减即可得到封闭环公差，可用下式表示：

$$T_0 = \sum_{i=1}^{m+n} T_i \tag{3-5}$$

式中：T_0——封闭环公差，mm；

T_i——各组成环公差，mm。

由此可知，封闭环公差等于各组成环公差之和。

确定好各组成环公差之后，应按"入体原则"确定基本偏差。入体原则是：当组成环为包容面时，基本偏差是下偏差，其数值为零；当组成环为被包容面时，基本偏差是上偏差，其数值为零；若组成环为中心距，则偏差应对称分布。

例3-1 如图3-13b所示，齿轮轴在装配过程中，要求配合后齿轮端面和箱体凸台端面之间具有 0.2~0.5 mm 的轴向间隙。已知 $B_1 = 80^{+0.1}_{0}$ mm，$B_2 = 60^{0}_{-0.06}$ mm，试问 B_3 尺寸控制在什么范围内才能满足装配要求。

解 ① 根据题意画出装配尺寸链简图（图3-14b）。

② 确定封闭环、增环和减环分别为 B_0、$\vec{B}_1$ 和 $\overleftarrow{B}_2$、$\overleftarrow{B}_3$。

③ 列出尺寸链方程式并计算 B_3 的基本尺寸。

$$B_0 = B_1 - (B_2 + B_3)$$
$$B_3 = B_1 - B_2 - B_0 = (80 - 60 - 0)\,\text{mm} = 20\,\text{mm}$$

④ 确定 B_3 的极限尺寸。

$$B_{0max} = B_{1max} - (B_{2min} + B_{3min})$$
$$B_{3min} = B_{1max} - B_{2min} - B_{0max}$$
$$= (80.1 - 59.94 - 0.5)\,\text{mm}$$
$$= 19.66\,\text{mm}$$
$$B_{0min} = B_{1min} - (B_{2max} + B_{3max})$$
$$B_{3max} = B_{1min} - B_{2max} - B_{0min}$$
$$= (80 - 60 - 0.2)\,\text{mm}$$
$$= 19.8\,\text{mm}$$

所以
$$B_3 = 20^{-0.20}_{-0.34}\,\text{mm}。$$

2. 装配尺寸链及其解法

尺寸链按其功能可分为设计尺寸链和工艺尺寸链，而设计尺寸链又分为零件尺寸链和装配尺寸链。全部组成尺寸为各零件设计尺寸所形成的尺寸链，称为装配尺寸链。

根据装配精度(即封闭环公差)对装配尺寸链进行分析，并合理分配各组成环公差的过程，称为解尺寸链。

解装配尺寸链的方法和采用的装配方法有关，不同的装配方法有不同的解法。机器制造中，常用的装配方法有完全互换装配法、选择装配法、修配装配法和调整装配法等。

解尺寸链的关键是建立尺寸链。建立尺寸链一般分三步，第一步先确定封闭环(即装配精度要求)；第二步是查找各组成环(即相关零件的设计尺寸)；第三步是画出尺寸链简图，判断各组成环的性质(即增环或是减环)；最后列出尺寸链方程求出相应的尺寸。

(1) 完全互换装配法解尺寸链

1) 完全互换装配法

在同一种零件中任取一个，无需修配即可装入部件中，并能达到一定的装配技术要求，这种装配方法称为完全互换装配法。完全互换装配法的特点及适应范围是：

① 装配操作简单，对工人的技术要求不高。

② 装配质量好，装配效率高。

③ 装配时间容易确定，便于组织流水线装配。

④ 零件磨损后，更换方便。

⑤ 对零件精度要求较高。

因此，完全互换装配法适用于组成环数量少、精度要求不高的场合或大批生产。

2) 完全互换装配法解尺寸链

按完全互换装配法的要求解尺寸链，称为完全互换装配法解尺寸链。完全互换装配法的装配精度主要由零件的精度来保证。

例 3 - 2 图 3 - 15a 所示齿轮箱部件中，装配要求是轴向窜动量 $A_0 = 0.2 \sim 0.7$ mm。已知 $A_1 = 122$ mm，$A_2 = 28$ mm，$A_3 = A_5 = 5$ mm，$A_4 = 140$ mm，试用完全互换装配法解尺寸链。

解 ① 根据装配图 3 - 15a 绘出尺寸链简图，见图 3 - 15b。其中 A_1、A_2 为增环，A_3、A_4、A_5 为减环，A_0 为封闭环。

② 列出尺寸链方程，并求解封闭环 A_0 的基本尺寸

$$A_0 = (A_1 + A_2) - (A_3 + A_4 + A_5)$$
$$= (122 + 28) \text{ mm} - (5 + 140 + 5) \text{ mm} = 0 \text{ mm}$$

说明各组成环基本尺寸正确。

③ 计算封闭环公差

$$T_0 = (0.7 - 0.2) \text{ mm} = 0.5 \text{ mm}$$

④ 确定各组成环公差及极限尺寸

根据 $T_0 = \sum_{i=1}^{m=n} T_i = T_1 + T_2 + T_3 + T_4 + T_5 = 0.5$ mm，在等公差原则下，考虑各组成环尺寸加工难易程度，比较合理地分配各组成环公差

$$T_1 = 0.2 \text{ mm}, \quad T_2 = 0.1 \text{ mm}, \quad T_3 = T_5 = 0.05 \text{ mm}, \quad T_4 = 0.1 \text{ mm}$$

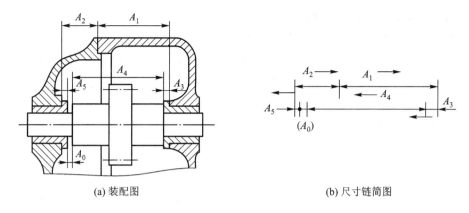

(a) 装配图	(b) 尺寸链简图

图 3-15 齿轮轴装配示意图

再按入体原则分配公差

$$A_1 = 122 \, ^{+0.20}_{\ 0} \text{ mm}, \quad A_2 = 28 \, ^{+0.10}_{\ 0} \text{ mm}, \quad A_3 = A_5 = 5 \, ^{\ 0}_{-0.05} \text{ mm}$$

⑤ 确定协调环。为满足装配精度要求，应在各组成环中选择一个环，其极限尺寸由尺寸链方程来确定，这个环称为协调环。一般选便于制造及可用通用量具进行测量的尺寸为协调环。

本题 A_4 为协调环。

由

$$A_{0\max} = A_{1\max} + A_{2\max} - A_{3\min} - A_{4\min} - A_{5\min}$$

知

$$\begin{aligned} A_{4\min} &= A_{1\max} + A_{2\max} - A_{3\min} - A_{5\min} - A_{0\max} \\ &= (122.20 + 28.10 - 4.95 - 4.95 - 0.7) \text{ mm} \\ &= 139.70 \text{ mm} \end{aligned}$$

由

$$A_{0\min} = A_{1\min} + A_{2\min} - A_{3\max} - A_{4\max} - A_{5\max}$$

知

$$\begin{aligned} A_{4\max} &= A_{1\min} + A_{2\min} - A_{3\max} - A_{5\max} - A_{0\min} \\ &= (122 + 28 - 5 - 5 - 0.2) \text{ mm} \\ &= 139.80 \text{ mm} \end{aligned}$$

故 $A_4 = 140 \, ^{-0.20}_{-0.30} \text{ mm}$。

（2）分组选择装配法解尺寸链

1）分组选择装配法

选择装配法常分为直接选择装配法和分组选择装配法两种。

直接选择装配法是由工人直接从一批零件中选择"合适"的零件进行装配的方法。这种方法比较简单，其装配质量是靠工人感觉或经验确定，装配效率低。

分组选择装配法是先将一批零件逐一测量后，按实际尺寸大小分成若干组，然后将尺寸大的包容件与尺寸大的被包容件配合；将尺寸小的包容件与尺寸小的被包容件相配合。分组选择装配法的特点及适应范围如下：

① 经分组选配后的零件，其配合精度高。

② 因增大了零件的制造公差，所以使零件成本降低。

③ 增加了测量分组的工作量，当组成环数量较多时，这项工作将相当麻烦。

因此，分组选择装配法适用于大批生产及装配精度要求高、组成环数量又较少的场合。

2) 分组选择装配法解尺寸链

分组选择装配法是将尺寸链中组成环的制造公差放大到经济精度的程度，然后再进行分组装配，以保证装配精度。

例 3-3 如图 3-16 所示，发动机活塞销直径基本尺寸为 $\phi 28$ mm，与活塞销孔配合，要求销和孔的配合有 0.01~0.02 mm 的过盈量。试用分组选择装配法解尺寸链，并确定各组成环的公差和极限偏差，设孔、轴的经济公差均为 0.02 mm。

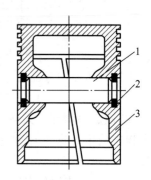

图 3-16 活塞销装配示意图
1—活塞销；2—卡簧；3—活塞

解 ① 先按完全互换装配法求出各组成环的公差和极限偏差。

$$T_0 = (-0.01) \text{ mm} - (-0.02) \text{ mm} = 0.01 \text{ mm}$$

根据等公差原则取

$$T_1 = T_2 = \frac{0.01}{2} \text{mm} = 0.005 \text{ mm}$$

按基轴制原则，销子的尺寸为

$$A_1 = 28 _{-0.005}^{0} \text{ mm}$$

根据配合要求可知孔尺寸为

$$A_2 = 28 _{-0.020}^{-0.015} \text{ mm}$$

画出销子与销孔的尺寸公差带图，见图 3-17a。

② 根据经济公差为 0.02 mm，故可将组成环公差均扩大 4 倍，即 $0.005 \times 4 = 0.02$ mm。

③ 按同方向扩大公差，得销子尺寸为 $\phi 28 _{-0.02}^{0}$ mm 孔尺寸为 $\phi 28 _{-0.035}^{-0.015}$ mm，其尺寸公差带见图 3-17b。

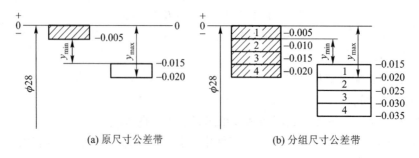

(a) 原尺寸公差带　　　　　　(b) 分组尺寸公差带

图 3-17 销子与销孔尺寸公差带

④ 加工后按实际尺寸分成四组，见图 3-17b，然后按组进行装配，见表 3-1。

表 3 - 1 活塞销和活塞销孔的分组尺寸   mm

组　别	活塞销直径	活塞销孔直径	配 合 情 况	
1	$\phi28^{\ 0}_{-0.005}$	$\phi28^{-0.015}_{-0.020}$	最小过盈	最大过盈
2	$\phi28^{-0.005}_{-0.010}$	$\phi28^{-0.020}_{-0.025}$		
3	$\phi28^{-0.010}_{-0.015}$	$\phi28^{-0.025}_{-0.030}$	0.010	0.020
4	$\phi28^{-0.015}_{-0.020}$	$\phi28^{-0.030}_{-0.035}$		

（3）修配装配法和调整装配法

1）修配装配法

在装配时，根据装配的实际需要，在某一零件上去除少量的预留修配量，以达到精度要求的装配方法，称为修配装配法。

2）调整装配法

在装配时，根据装配的实际需要，改变部件中可调整零件的相对位置或选用合适的调整件，以达到装配技术要求的装配方法，称为调整装配法。

通过修配装配法和调整装配法来解尺寸链比较麻烦，这里不再叙述。

3.2 固定连接的装配

固定连接是装配中最基本的一种装配方法，常见的固定连接有螺纹连接、键连接、销连接和管道连接等。

一、螺纹连接的装配

螺纹连接是一种可拆卸的固定连接，它具有结构简单、连接可靠、装拆方便、成本低廉等优点，因此在机械制造中应用广泛。

1. 螺纹连接装配的技术要求

1）保证有足够的拧紧力矩。为达到连接牢固可靠，拧紧螺纹时，必须有足够的力矩。对有预紧力要求的螺纹连接，其预紧力的大小可从工艺文件中查出。

2）保证螺纹连接的配合精度。

3）有可靠的防松装置。为防止在冲击负荷下螺纹出现松动现象，螺纹连接时必须有可靠的防松装置。

2. 螺纹连接的装配

（1）双头螺柱的装配方法

常用拧紧双头螺柱的方法有：用两个螺母拧紧（图3－18）、用长螺母拧紧（图3－19）和用专用工具拧紧（图3－20）等。

（2）螺母和螺钉的装配要点

1）螺钉不能弯曲变形，螺钉、螺母应与机体接触良好。

2）被连接件应受力均匀，互相贴合，连接牢固。

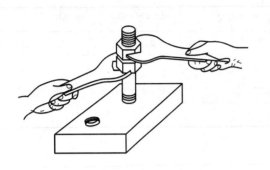

图 3 - 18　用两个螺母拧紧双头螺柱

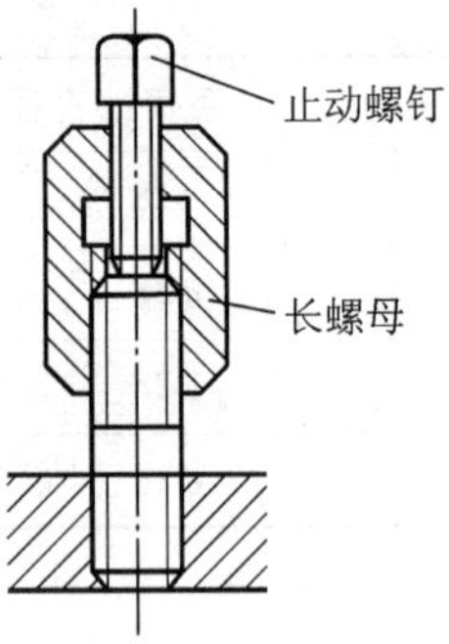

图 3 - 19　用长螺母拧紧双头螺柱

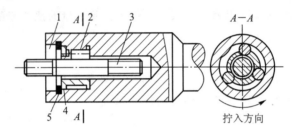

图 3 - 20　用专用工具拧紧双头螺柱

1—工具体；2—滚柱；3—双头螺柱；4—限位套筒；5—卡簧

3）拧紧成组螺母时，需按一定顺序逐次拧紧。拧紧原则一般为从中间向两边对称拧紧，（图 3 - 21）。

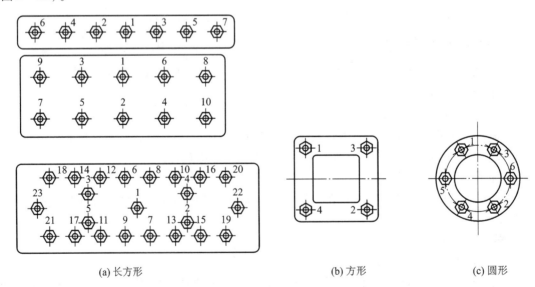

(a) 长方形　　　　　　　　　　　(b) 方形　　　　　　(c) 圆形

图 3 - 21　拧紧成组螺钉的顺序

螺纹连接在有冲击载荷作用或振动场合时，应采用防松装置。常用的防松方法有：用双螺母防松(图 3 - 22)、用弹簧垫圈防松(图 3 - 23)、用开口销与带槽螺母防松(图 3 - 24)、用止动垫圈防松(图 3 - 25)和用串联钢丝防松(图 3 - 26)等。

126

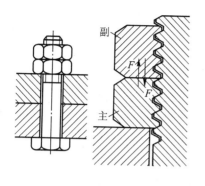

图 3-22　双螺母防松

图 3-23　弹簧垫圈防松

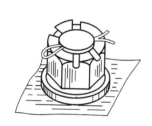

图 3-24　开口销与带槽螺母防松

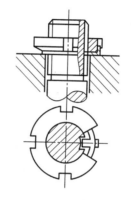 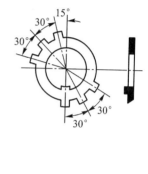

图 3-25　止动垫圈防松

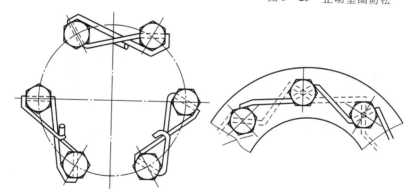

图 3-26　用串联钢丝防松

二、键连接的装配

键连接是将轴和轴上零件通过键在圆周方向上固定，以传递转矩的一种装配方法。它具有结构简单、工作可靠和装拆方便等优点，因此在机械制造中被广泛应用。

1. 松键连接的装配

松键连接是靠键的侧面来传递转矩的，对轴上零件作圆周方向固定，不能承受轴向力。松键连接所采用的键有普通平键、导向键、半圆键和花键等。

127

（1）松键连接装配的技术要求

1）保证键与键槽的配合符合工作要求。

2）键与键槽都应有较小的表面粗糙度值。

3）键装入轴的键槽时，一定要与槽底贴紧，长度方向上允许有 0.1 mm 的间隙，键的顶面应与轮毂键槽底部留有 0.3 ~ 0.5 mm 的间隙（图 3 - 27）。

（2）松键连接装配的要点

1）键和键槽不允许有毛刺，以防配合后有较大的过盈而影响配合的正确性。

2）只能用键的头部和键槽配试，以防键在键槽内嵌紧而不易取出。

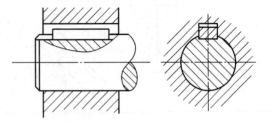

图 3 - 27　普通平键连接

3）锉配较长键时，允许键与键槽在长度方向上有 0.1 mm 的间隙。

4）键连接装配时要加润滑油，装配后的套件在轴上不允许有圆周方向上的摆动。

2. 紧键连接的装配

紧键连接主要指楔键连接。楔键有普通楔键和钩头楔键两种（图 3 - 28）。楔键的上下表面为工作面，键的上表面和孔键槽底面各有 1:100 的斜度，键的侧面和键槽配合时有一定的间隙。装配时，将键打入，靠过盈传递转矩。紧键连接还能轴向固定并传递单方向轴向力。

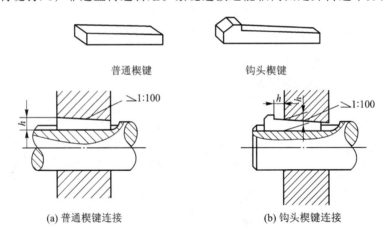

普通楔键　　　　　钩头楔键

(a) 普通楔键连接　　　　(b) 钩头楔键连接

图 3 - 28　楔键连接

（1）楔键连接装配的技术要求

1）楔键的斜度一定要和配合键槽的斜度一致。

2）楔键与键槽的两侧面要留有一定的间隙。

3）钩头楔键不能使钩头紧贴套件的端面，否则不易拆卸。

（2）楔键连接装配的要点

装配楔键时一定要用涂色法检查键的接触情况，若接触不良，应对键槽进行修整，使其合格。

3. 花键连接的装配

花键连接见图 3-29，有动连接和静连接两种形式。它具有承载能力高，传递转矩大，同轴度高和导向性好等优点，适应于大载荷和同轴度要求较高的传动机构中。但它的制造成本较高。

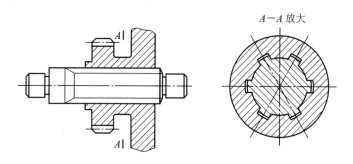

图 3-29　花键连接

（1）花键的标注

零件图上内、外花键的标注项目有花键的键槽数，小径、小径基本偏差、小径的公差等级，大径、大径基本偏差、大径公差等级，键的宽度、键的基本偏差、键的公差等级。

如：$6 \times 25H7 \times 30H10 \times 6H11$

表示花键为 6 个键槽，小径为 25H7，大径为 30H10，键的宽度为 6H11 的内花键。

如：$6 \times 25f7 \times 30b11 \times 6d10$

表示花键为 6 个齿，小径为 25f7，大径为 30b11，键宽为 6d10 的外花键。

装配图上花键的标注如：

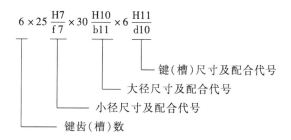

（2）花键装配的要点

1）静花键连接时套件应在花键轴上固定，当过盈量小时可用铜棒打入，若过盈量较大，可将套件（花键孔）加热到 $80 \sim 120 \ ℃$ 后再进行装配。

2）动花键连接时应保证正确的配合间隙，使套件在花键轴上能自由滑动，用手感觉在圆周方向不应有间隙。

3）对经过热处理后的花键孔，应用花键推刀修整后再进行装配。

4）装配后的花键副，应检查花键轴与套件的同轴度和垂直度。

三、销连接的装配

销连接可起定位、连接和保险作用（图 3-30）。销连接可靠，定位方便，拆装容易，再加上销本身制造简便，故销连接应用广泛。

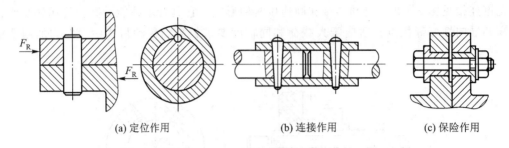

| (a) 定位作用 | (b) 连接作用 | (c) 保险作用 |

图 3-30 销连接

1. 圆柱销的装配

圆柱销有定位、连接和传递转矩的作用。圆柱销连接属过盈配合，不宜多次装拆。

圆柱销作定位时，为保证配合精度，通常需要两孔同时钻、铰，并使孔的表面粗糙度值在 $Ra1.6~\mu m$ 以下。装配时应在销上涂以润滑油，用铜棒将销打入孔中。在采用一面两孔定位时，为防止转角误差，应把一个销的两边削掉一部分，此时销称为削边销。

2. 圆锥销的装配

圆锥销具有 1:50 的锥度，它定位准确，可多次拆装。圆锥销装配时，被连接的两孔也应同时钻、铰出来，孔径大小以销自由插入孔中长度约 80% 左右为宜，然后用锤子打入即可。圆锥销装配之后，销的大端应高出工件表面(一般应大于倒角尺寸)。

3. 开口销的装配

开口销打入孔中后，将小端开口掰开，以防止振动时脱出，见图 3-24。

四、过盈连接的装配

过盈连接是依靠包容件(孔)和被包容件(轴)配合后的过盈值达到紧固连接的。装配后，轴的直径被压缩，孔的直径被胀大。由于材料的弹性变形，在包容件和被包容件配合面间产生压力。工作时，依靠此压力产生摩擦力来传递转矩、轴向力。过盈连接的结构简单，对中性好，承载能力强，还可避免零件由于有键槽等原因而削弱强度。但配合面加工精度要求较高，装配工作有时也不甚方便，需要采用加热或专用设备等。过盈连接常见形式有两种，即圆柱面过盈连接和圆锥面过盈连接，广泛应用的是圆柱面过盈连接。

1. 圆柱面过盈连接

圆柱面过盈连接的应用十分广泛，例如叶轮与主轴、轴套与轴承座的连接等。过盈量的大小决定于所需承受的扭矩，过盈量太大不仅增加装配的困难，而且使连接件承受过大的内应力；过盈量太小则不能满足工作的需要，一旦在机器运转中配合面发生松动，还将造成零件迅速打滑而发生损坏或安全事故。

过盈连接时，选择的配合精度等级一般都较高，使加工后实际过盈的变动范围小，装配后连接件的松紧程度就不会产生较大的差别，但加工经济性降低。在成批生产时，为了达到一定的经济性，选择的精度等级不是很高时，加工后必须采用分组装配法，才能满足连接的性能要求。

为了便于装配和配合过程中容易对中及防止表面拉毛现象出现，包容件的孔端和被包容件的进入端应倒角，通常取倒角 $\alpha = 5° \sim 10°$，$A = 1 \sim 3.5$ mm，见图 3-31。

2. 圆锥面过盈连接

圆锥面过盈连接是利用包容件和被包容件相对轴向位移后相互压紧而获得过盈的配合。使配合件相对轴向位移的方法有多种：图 3 – 32 所示为依靠螺纹拉紧而实现的；图 3 – 33 所示为依靠液压使包容件内孔胀大后而实现相对位移的；此外，还常常采用将包容件加热使内孔胀大的方法。

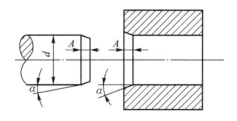

图 3 – 31　圆柱面过盈连接的倒角

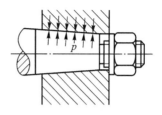

图 3 – 32　靠螺纹拉紧的圆锥面过盈连接

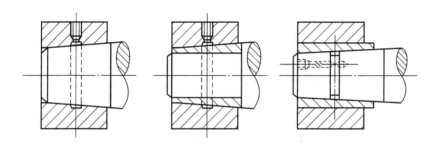

图 3 – 33　靠液压胀大内孔的圆锥面过盈连接

靠螺纹拉紧时，其配合面的锥度通常为 1∶30 ~ 1∶8；而靠液压胀大内孔时，其配合面的锥度常采用 1∶50 ~ 1∶30，以保证良好的自锁性。

圆锥面过盈连接的特点是压合距离短，装拆方便，配合面不易被擦伤拉毛，可用于需多次装拆的场合。

3. 过盈连接的装配方法

过盈连接的装配方法很多，依据结构形式、过盈大小、材料、批量等因素有锤击法、螺旋压力机装配、气动杠杆压力机装配、油压机装配等方法，还有热胀配合法(红套)和冷缩法(例如小过盈量的小型连接件和薄壁衬套用干冰冷缩至 – 78 ℃ 和内燃机主副连杆衬套装配采用冷却到 – 195 ℃ 的液氮,其装配时间短,效率高)。

（1）锤击法

如果两工件接触面积大，端部强度较差而又不宜在压力机上装配时，可用锤击加螺栓紧固的方法装配。先将装配件轻轻装上并用木锤沿圆周敲击，然后拧上螺栓并旋紧。注意检查圆周各点位移是否相等，再用锤敲击，然后紧固螺栓，再锤敲击，再紧固螺栓，交替施力使装配件到位。此方法只适用于单件生产或修配。

（2）热胀法

热胀法又称红套，是对包容件加热后使内孔胀大，套入被包容件，待冷却收缩后，使两配合面获得要求的过盈量的装配方法。加热的方法应根据包容件尺寸大小而定，一般中小型零件可用电炉加热，有时也可浸在油中加热(加热温度一般控制在 80 ~ 120 ℃)；对于大型零件,则可利用感应加热或乙炔火焰加热等方法。

采用热胀法装配时，内孔的热胀量可用下式计算：

$$\Delta d = \alpha(t_2 - t_1)d \tag{3-6}$$

式中：Δd——热胀量，mm；

   α——包容件的线胀系数，$℃^{-1}$，对于钢料，取 $\alpha = 11 \times 10^{-6}\,K^{-1}$；

   t_2——加热后温度，℃；

   t_1——加热前温度，℃；

   d——内孔直径，mm。

五、管道连接的装配

1. 管道连接

管道由管、管接头、法兰盘和衬垫等零件组成，并与流体通道相连，以保证水、气或其他流体的正常流动。

管按其材料不同可分为钢管、铜管、尼龙管和橡胶管等多种。管接头按其形状不同可分为螺纹管接头、法兰盘式管接头、卡套式管接头和球形管接头等多种。

2. 管道连接装配的技术要求

1）保证足够的密封性　采用管道连接时，管在连接以前常需进行密封性试验（水压试验或气压试验），以保证管子没有破损和泄漏现象。为了加强密封性，当使用螺纹管接头时，在螺纹处还需加以填料，如白漆加麻丝或聚四氟乙烯薄膜等。用法兰盘连接时，须在接合面之间垫以衬垫，如石棉板、橡皮或软金属等。

2）保证压力损失最小　采用管道连接时，管道的通流截面应足够大，长度应尽量短且管壁要光滑。管道方向的急剧变化和截面的突然改变都会造成压力损失，必须尽可能避免。

3）法兰盘连接　两法兰盘端面必须与管的轴心线垂直，见图 3-34a。图 3-34b 所示的形式是不正确的，它使连接时法兰端面之间密封性降低或使管道发生扭曲。

4）球形管接头的连接　当采用球形管接头连接时，如管道流体压力较高，应将管接头的密封球面（或锥面）进行研配。涂色检查时，其接触面宽度应不小于 1 mm，以保证足够的密封性。球形管接头的结构形式见图 3-35。

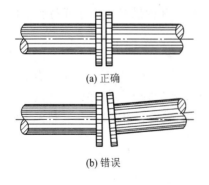

(a) 正确

(b) 错误

图 3-34　法兰盘连接

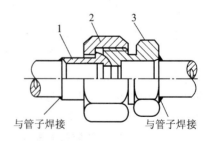

与管子焊接　与管子焊接

图 3-35　球形管接头

1—球形接头体；2—连接螺母；3—接头体

3.3 传动机构的装配

一、带传动机构的装配

1. 带传动机构的装配要求

1）严格控制带轮的径向圆跳动和轴向窜动量。通常要求其径向圆跳动允差为(0.000 5 ~ 0.002 5)D，端面圆跳动允差为(0.000 1 ~ 0.000 5)D，其中 D 为带轮直径。

2）两带轮轮槽的中间平面应重合，其倾斜角和轴向偏移量不能过大。一般倾斜角不超过 1°，否则不仅带易脱落，而且还会加剧带与带轮的磨损。

3）带轮工作表面的表面粗糙度值要大小适当。过大，会使传动带磨损加快；过小，易使传动带打滑。一般控制在 $Ra1.6\ \mu m$ 左右比较适宜。

4）带与带轮的包角不能太小。一般情况下，包角不小于120°，否则易使带在带轮上出现打滑现象。

5）带的张紧力要适当，并且要便于调整。

2. 带轮的装配

一般带轮孔与轴的连接为过渡配合，该配合有少量过盈，能保证带轮与轴有较高的同轴度。为了传递较大的扭矩，还要用紧固件进行周向固定和轴向固定。图 3 – 36 为带轮在轴上的几种连接方式。

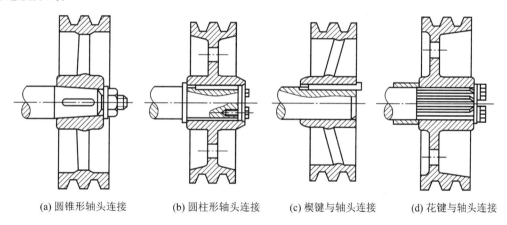

(a) 圆锥形轴头连接　　(b) 圆柱形轴头连接　　(c) 楔键与轴头连接　　(d) 花键与轴头连接

图 3 – 36　带轮与轴的连接方式

（1）带轮的装配步骤

如要装配图 3 – 37 所示带传动机构的带轮，可采用下列步骤：

1）用煤油清洗零件，用锉刀修去毛刺。检查带轮孔径与轴径，根据过盈量确定带轮装配方法。

2）锉配两轴上的平键，锉配好后将平键用铜棒敲入相应的键槽内。

3）将配合表面擦拭干净，并涂上润滑油。

4）将带轮平放到平台上，再把轴上的平键对准带轮上的键槽，用铜棒轻轻敲击轴的上部,当带轮与轴配合的长度为2~3 mm时,再次检查键与键槽的对准程度,若对得很准,即可将轴敲击到正确位置;若键与键槽有偏移,应拆下,经少许调整后再进行装配,见图3-38。还可以用专用工具将带轮装到轴上,见图3-39。

5)将装配好的带轮与轴的组合件搬到台虎钳上,装上垫圈和螺母,并把螺母拧紧,见图3-40。

6)在螺母的一个侧面上钻出一个$\phi4.5$ mm的通孔,该通孔的中心线应垂直并通过轴的轴心线。

7)插入开口销,并将开口销的开口处掰开弯曲。

8)检查带轮的径向圆跳动和端面圆跳动,见图3-41,使其符合要求。

9)将已装好的大带轮固定到轴承座上,见图3-42。电动机上小带轮的装配步骤和装配大带轮的步骤相似,这里不再叙述。

(2)装配带轮时应当注意的事项

1)带轮孔径与轴颈尺寸不符合装配要求时应修整后再进行装配,不可强行安装。

2)键与键槽的配合必须符合要求,必要时可对带轮孔内的键槽进行修整。

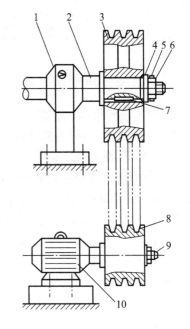

图3-37 带传动机构带轮的装配
1—轴承座;2、9—轴;3—大带轮;
4—垫圈;5—开口销;6—螺母;7—平键;
8—小带轮;10—电动机

3)当配合的过盈量较大时,应采用压入的装配方法,但装配后一定要检查大带轮的径向和端面的圆跳动量,保证其不得超过公差。

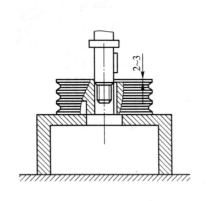

图3-38 带轮的装配

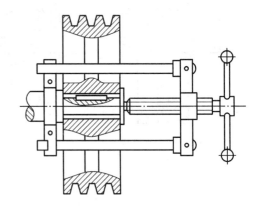

图3-39 用专用工具装配带轮

4)重量较大或转速较高的带轮装配后,要进行平衡处理。

5)要保证两带轮相对位置正确,以防相互倾斜或错位。其检查方法见图3-43。当中心距较大时,可用拉线方法检查;中心距较小时,可用钢直尺进行检查。

3. V带安装与张紧力的调整

(1)安装V带的方法

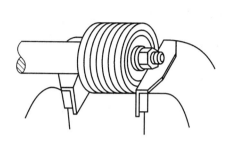

图 3 - 40 在台虎钳上装夹垫圈和螺母

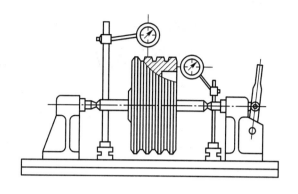

图 3 - 41 检查带轮圆跳动

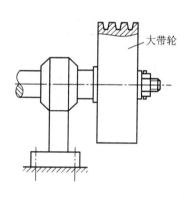

图 3 - 42 固定大带轮

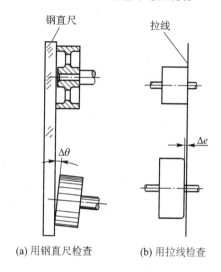

(a) 用钢直尺检查　　　(b) 用拉线检查

图 3 - 43 带轮相对位置的检查

1) 将 V 带套在小带轮的轮槽中。

2) 将 V 带套在大带轮近端面的一个轮槽外边缘上，转动大带轮，同时用一字槽螺钉旋具将 V 带拨入轮槽内，见图 3 - 44。

3) 检查 V 带装入轮槽后的位置是否正确，见图 3 - 45。

（2）张紧力的检查与调整

带传动是一种摩擦传动，适当的张紧力是保证带传动正常工作的重要条件。张紧力不足，带会在带轮上打滑，不仅使传递的转矩减小，还会加剧带的磨损；张紧力过大，不仅增大了轴和轴承上的作用力，还会使带的使用寿命降低。因此，必须对张紧力进行检查和调整。

1) 张紧力的检查（图 3 - 46）

① 在带与带轮两切点 A、B 的中点，垂直于带加一载荷 F。

② 测量带产生的挠度 f。V 带传动中，规定在测量载荷 F 的作用下，带与两轮切点之间在每 100 mm 长度的跨距上，中点产生 1.6 mm 挠度的张紧力最为适宜。

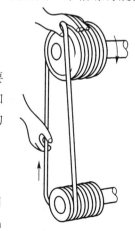

图 3 - 44 V 带的安装

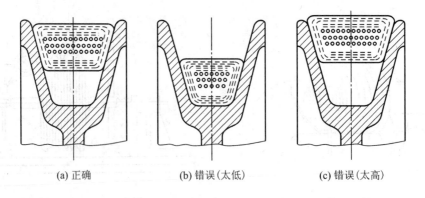

(a) 正确　　　　　　　(b) 错误(太低)　　　　　(c) 错误(太高)

图 3-45　V带在轮槽内的位置

③ 根据有关规定判断张紧力的大小是否合理，若不合理，则应进行相应调整。

2）张紧力的调整

① 通过改变两带轮中心距来调整张紧力

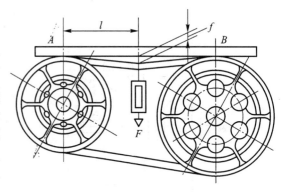

如图 3-47 所示，当两带轮中心距处于水平位置(图 3-47a)时，可通过旋转调整螺钉的方法使电动机连同带轮一起作水平方向移动，使中心距增大或减小。当两带轮中心距处于竖直位置(图 3-47b)时，通过旋转调整螺母，使电动机带动带轮绕转轴转动，从而使电动机在竖直方向移动，改变两带轮之间的中心距，达到调整张紧力的目的。

图 3-46　张紧力的测量

② 利用张紧轮来调整张紧力

如图 3-48 所示，旋转螺杆 1，带动螺母 2 上下移动，从而使张紧轮上下移动，压紧或放松带，达到调整张紧力的目的。

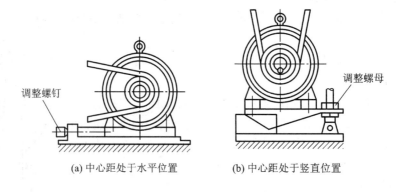

(a) 中心距处于水平位置　　　　　(b) 中心距处于竖直位置

图 3-47　改变中心距法调整张紧力

二、链传动机构的装配

链传动是由两个链轮和与链轮相连接的链条组成的，通过链条与链轮之间的相互啮合来实现运动和动力的传递。常用的传动链有套筒滚子链和齿形链，见图3-49。其中套筒滚子链因结构简单、成本低而得到广泛应用。

1. 链传动机构装配的技术要求

1）两链轮的轴线必须平行，否则会加剧链轮及链条的磨损，使噪声增大，平稳性降低。

2）两链轮轴向偏移量不能太大。当两链轮中心距小于500 mm时，轴向偏移量不超过1 mm；两链轮中心距大于500 mm时，其轴向偏移量不得超过2 mm。

3）链轮的径向圆跳动和端面圆跳动应符合要求（具体要求见表3-2），其跳动量可用百分表测出。

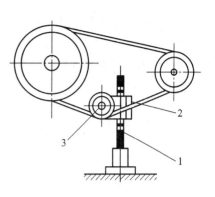

图3-48 用张紧轮调整张紧力
1—螺杆；2—螺母；3—张紧轮

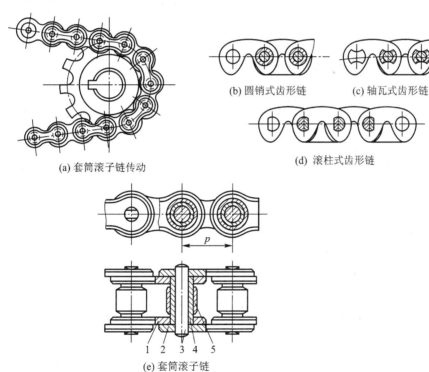

(b) 圆销式齿形链　　(c) 轴瓦式齿形链

(d) 滚柱式齿形链

(a) 套筒滚子链传动

(e) 套筒滚子链

图3-49 链传动
1—内链片；2—外链片；3—销；4—衬套；5—滚子

表3-2 链轮允许的圆跳动量　　　　　　　　　　　　mm

链轮的直径	圆 跳 动 量		链轮的直径	圆 跳 动 量	
	径　向	端　面		径　向	端　面
100 以下	0.25	0.3	300 ~ 400	1.0	1.0
100 ~ 200	0.5	0.5	400 以上	1.2	1.5
200 ~ 300	0.75	0.8			

4）链条的松紧应适当。若链条太紧，会使载荷增大，磨损加快；若太松，容易引起链条抖动或出现掉链现象。链条下垂量检查方法见图 3-50。水平方向有轻微倾斜的链传动，其下垂量 f 不应大于中心距 L 的 2%；倾斜度增大时，下垂量就要减小，在竖直方向的链传动，其 f 值要小于 L 的 0.2%。

2. 链传动机构的装配

（1）链轮的装配（图 3-51）

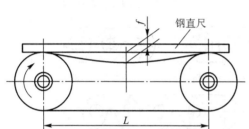

图 3-50　链条下垂量的检查方法

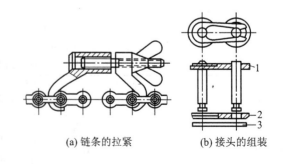

(a) 用紧定螺钉固定　　(b) 用圆柱销固定

图 3-51　链轮的装配

1）清除链轮孔和与其配合轴上的毛刺、杂物等。

2）对用键连接的链轮（图 3-51a），应先锉配平键，将锉配好的键装入轴的键槽内，然后将链轮孔及轴涂上润滑油，再将链轮压入（或敲入）轮轴的正确位置，最后拧紧紧定螺钉固定即可。

对于用圆柱销固定的链轮（图 3-51b），应先将链轮装入轮轴的正确位置，然后在钻床上钻、铰圆柱销孔至配合要求，见图 3-52，清除销孔内切屑，将销子涂润滑油后用铜棒敲入销孔内。

3）检查装配后链轮的径向圆跳动量和端面圆跳动量是否合格。检查方法与带轮圆跳动量的检查方法相似，这里不再叙述。

4）检查装配后两链轮轴线的平行度和两链轮轴向偏移量是否合格。

（2）链条的装配（图 3-53）

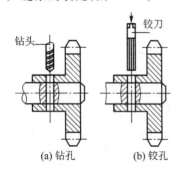

(a) 钻孔　　(b) 铰孔

图 3-52　钻、铰圆柱销孔

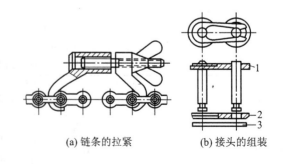

(a) 链条的拉紧　　(b) 接头的组装

图 3-53　套筒滚子链的装配

1—圆柱销组件；2—挡板；3—弹簧卡片

1）用煤油将链条和接头零件进行清洗，并用纱布擦拭干净。

2）先将链条套到链轮上，再把链条的接头部分转到方便装配的位置，并用拉紧工具拉紧到适当的距离，见图3－53a。

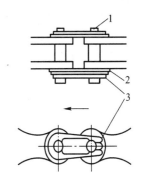

3）用尖嘴钳夹持，将接头零件圆柱销组件、挡板装上，见图3－53b。

4）按正确的方向装上弹簧卡片。一定要注意，弹簧卡片的开口方向和链条的运动方向相反，见图3－54。

齿形链条装配时，必须先将链条套到链轮上，再用拉紧工具拉紧后，进行连接，见图3－55。

三、齿轮传动机构的装配

图3－54　弹簧卡片的安装
1—圆柱销；2—挡板；3—弹簧卡片

齿轮传动是通过轮齿之间的啮合来传递运动和转矩的。

齿轮传动机构的优点是结构紧凑、承载能力大、使用寿命长、传动效率高、传动比准确，并能组成变速机构和换向机构。

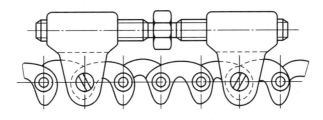

图3－55　齿形链的装配

齿轮传动机构的缺点是制造工艺复杂、成本较高，安装精度要求高，不适于中心距较大的场合。

1. 齿轮传动机构装配的技术要求

1）要保证齿轮与轴的同轴度要求，严格控制齿轮的径向圆跳动和轴向窜动量。

2）保证相互啮合的齿轮之间有准确的中心距和适当的齿侧间隙。齿侧间隙过小，会加剧齿轮的磨损，并使齿轮不能灵活转动，甚至出现卡死的现象；侧隙过大，换向时会产生剧烈的冲击、振动，使噪声增大。

3）保证齿轮啮合时有一定的接触斑点和正确的接触位置。

4）保证滑移齿轮在轴上滑移时具有一定的灵活性和准确的定位位置。

5）对转速高、直径大的齿轮，装配前要进行平衡试验，以免工作时产生较大的振动。

2. 圆柱齿轮传动机构的装配

齿轮传动机构的装配方法与齿轮箱体的结构特点有关。对于整体齿轮箱（非剖分式齿轮箱如车床的主轴变速箱、进给箱、溜板箱等），其齿轮传动机构的装配是在箱体内进行的，即在齿轮装入轴上的同时，也将轴组装入箱体内。剖分式齿轮箱（如呈两半对开状的减速器齿轮箱）的装配方法是先将齿轮按技术要求装入轴上，然后，再将齿轮组件装入箱体内，并对轴承进行固定、调整即可。

（1）将齿轮安装到轴上

齿轮在轴上的接合方法有齿轮在轴上固定连接、齿轮在轴上空转和齿轮在轴上滑移等三种。

1）齿轮在轴上固定连接　一般采用过渡配合（有少量过盈）。装配时，轻轻地将齿轮压入到轴的正确位置上，否则会产生装配误差（图 3 - 56）。应当注意，当过盈量较大时，可采用压力机压入的装配方法。

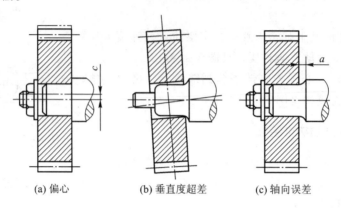

(a) 偏心　　　　(b) 垂直度超差　　　　(c) 轴向误差

图 3 - 56　齿轮在轴上的装配误差

2）齿轮在轴上空转　这种接合方式一般采用间隙配合，只要齿轮在轴上转动灵活且间隙合理即可。

3）齿轮在轴上滑移　要求装配后齿轮在轴上移动轻便，不能有阻滞或卡住现象。

当齿轮传动机构的精度要求较高时，齿轮安装到轴上后应进行径向圆跳动和端面圆跳动误差的检查。其检查方法见图 3 - 57。

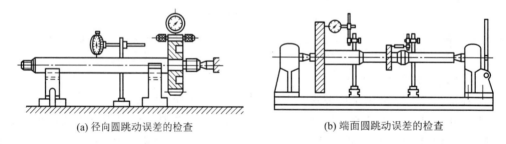

(a) 径向圆跳动误差的检查　　　　　　　(b) 端面圆跳动误差的检查

图 3 - 57　齿轮径向圆跳动、端面圆跳动误差的检查

（2）将齿轮组件装入箱体内

将齿轮组件装入箱体是保证齿轮啮合质量的关键工序。其装配方法应根据轴在箱体中的结构特点而定。为了保证装配质量，除零件本身要满足一定的质量要求外，箱体孔的精度对齿轮传动机构的影响也非常大，因此，装配前应对箱体孔的精度进行认真检查。

（3）齿轮啮合质量的检查

将齿轮组件装入箱体后，必须对齿轮的啮合质量进行检查。齿轮的啮合质量主要包括齿轮副的侧隙、接触面积和接触部位等。

1）齿轮副侧隙的检查

齿轮副侧隙分为圆周侧隙和法向侧隙，见图 3 - 58。

齿轮副的圆周侧隙是指当一个齿轮固定时，另一个齿轮在圆周方向上的晃动量。其晃动量

140

以在分度圆上的弧长计算，可用百分表测量出读数值，见图 3 - 58a 中的 j_t。

齿轮副的法向侧隙是指当啮合齿轮的工作面彼此接触时，非工作齿面之间的最小距离，见图 3 - 58b 中的 j_n。法向侧隙可用塞尺检查。

啮合齿轮的侧隙最直观、最简单的测量方法就是压铅丝法，见图 3 - 59。在齿宽两端的齿面上，平行放置两段直径不大于齿轮副规定的最小极限侧隙 4 倍的铅丝，转动啮合齿轮挤压铅丝，铅丝被挤压后最薄部分的厚度尺寸，即为齿轮副的侧隙。

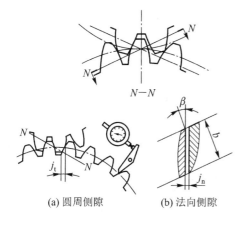

(a) 圆周侧隙　　(b) 法向侧隙

图 3 - 58　齿轮副的啮合侧隙

铅丝

图 3 - 59　用压铅丝法检查齿轮副的侧隙

2）齿轮接触斑点的检查

啮合齿轮的接触斑点可以全面反映齿轮的制造误差和安装误差，也可以反映齿轮在工作状态下载荷分布的情况。

国家标准规定，检查齿轮接触斑点时，一般不使用涂料，必要时可采用规定的涂料。将齿轮两侧面都涂上一层均匀的显示剂（如红丹粉调合剂）；然后转动主动轮，同时轻微制动从动轮（主要是增大摩擦力）。对于双向工作的齿轮，齿轮运动正反两个方向都要检查。

接触斑点面积的大小，在齿面上用百分数计算，见表 3 - 3。

表 3 - 3　齿轮副接触斑点

接触斑点	单位	精 度 等 级											
		1	2	3	4	5	6	7	8	9	10	11	12
按高度不小于	%	65	65	65	60	55（45）	50（40）	45（35）	40（30）	30	25	20	15
按长度不小于	%	95	95	95	90	80	70	60	50	40	30	30	30

注：① 接触斑点的分布位置应趋近于齿面中部，齿顶和两端部棱边处不允许接触。

② 括号内数值用于轴向重合度 >0.8 的斜齿轮。

3. 锥齿轮传动机构的装配

锥齿轮装配的顺序应根据箱体的结构特点而定。一般是先装主动轮再装从动轮，把齿轮装到轴上的方法与圆柱齿轮装配方法相似。锥齿轮装配的关键是正确确定锥齿轮的轴向位置和啮合质量的检验与调整。

（1）锥齿轮轴向位置的确定

标准锥齿轮啮合传动(装配)时，两锥齿轮分度圆锥彼此相切，两锥顶重合。所以装配锥齿轮时以此来确定较小齿轮的轴向位置，即小锥齿轮的轴向位置应根据安装距离(即小齿轮基准面到大齿轮轴线的距离)来确定。如果大齿轮还没有安装，则可用工艺轴来代替，然后再根据啮合时侧隙要求来决定大齿轮的轴向位置。

对于用背锥面作基准的锥齿轮，装配时只要将背锥面对齐、对平，即可说明轴向位置已经正确。图3-60中锥齿轮1的轴向位置用改变垫片厚度的方法来调整；锥齿轮2的位置可通过调整固定垫圈的位置来确定。

(2) 锥齿轮啮合质量的检验

锥齿轮接触斑点可用涂色法进行检验。根据齿面上啮合斑点的部位不同，采用合理的方法调整，即可满足装配技术要求。

锥齿轮侧隙的检验方法与圆柱齿轮基本相同，除可用压铅丝的方法进行检查外，还可用百分表来检查，见图3-61。

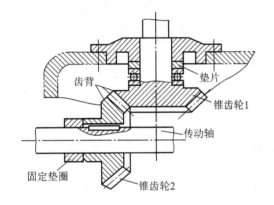

图3-60 锥齿轮传动机构的装配调整 　　　图3-61 用百分表检查锥齿轮副的侧隙

将百分表测量头与一个齿轮分度圆齿面相接触，把另一齿轮固定，往返晃动和百分表接触的齿轮，百分表读数的差值即为锥齿轮啮合时的侧隙。

锥齿轮在无载荷作用时，接触斑点应靠近轮齿的小端，以保证工作时轮齿在全部宽度上能较均匀地接触；满载状态时，接触斑点在齿高和齿宽方向上不能少于40%~60%(随齿轮的精度而定)。

直齿锥齿轮接触斑点的位置及调整方法可参见表3-4。

表3-4 锥齿轮副啮合情况与调整

序号	图　示	显示情况	调整方法
1		印痕恰好在齿面中间位置，并达到齿面长的2/3，装配调整位置正确	

序号	图　示	显 示 情 况	调 整 方 法
2	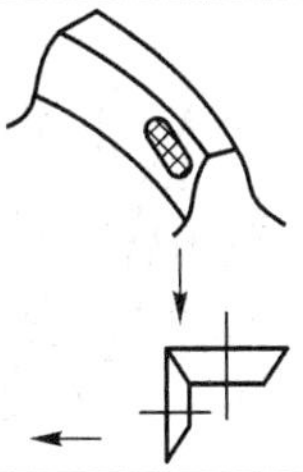	小端接触	按图示箭头方向，一齿轮调退，另一齿轮调进。若不能用一般法调整达到正确位置，则应考虑由于轴线交角太大或太小，必要时修刮轴瓦
3	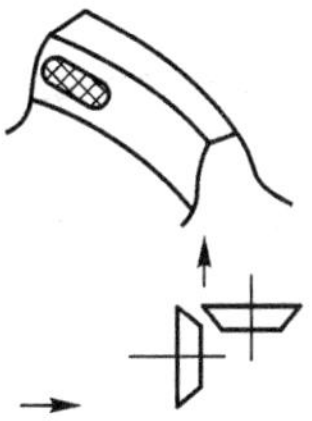	大端接触	
4	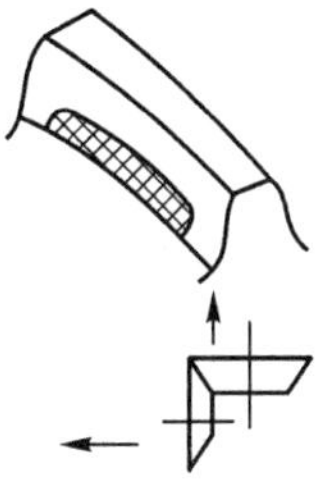	低接触区	小齿轮沿轴向移进，如侧隙过小，则将大齿轮沿轴向移出或同时调整使两齿轮退出
5	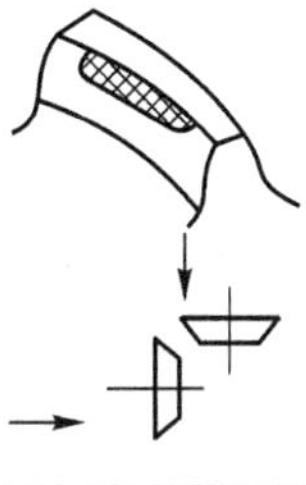	高接触区	小齿轮沿轴向移出，如侧隙过大，可将大齿轮沿轴向移动或同时调整使两齿轮靠近
6	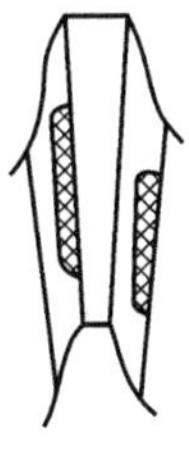	同一齿的一侧接触区高，另一侧低	装配无法调整，调换零件。若只作单向传动，可按低接触或高接触调整方法，考虑另一齿侧的接触情况

四、蜗杆蜗轮传动机构的装配

蜗杆蜗轮传动机构用来传递空间交错两轴间的运动及动力，见图 3 - 62。该传动机构具有结构紧凑，工作平稳，传动比大，噪声小的特点。单头蜗杆还有良好的自锁性。但是它的传递

143

效率较低，工作时发热量较大，需要有良好的润滑条件。

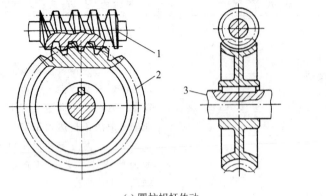

(a) 圆柱蜗杆传动　　　　　　　　　(b) 圆弧面蜗杆传动

图 3 – 62　蜗杆蜗轮传动机构

1、4—蜗杆；2、5—蜗轮；3—蜗轮轴

1. 蜗杆蜗轮传动机构装配的技术要求

1）保证蜗杆轴线与蜗轮轴线之间的垂直度要求。

2）蜗杆轴线应在蜗轮轴线的对称中心平面内。

3）蜗杆与蜗轮之间的中心距一定要准确。

4）蜗杆与蜗轮之间应有合理的侧隙。

5）保证蜗杆与蜗轮啮合时有正确的啮合位置和足够的接触面积。

2. 蜗杆蜗轮传动机构的装配顺序

1）若蜗轮不是整体结构，应先将蜗轮的齿圈压装在轮毂上，然后用紧定螺钉固定。

2）将蜗轮装到轴上，其装配和检验方法与圆柱齿轮相同。

3）把蜗轮组件装入箱体后再装蜗杆，蜗杆的位置由箱体的精度来保证。要使蜗杆轴线位于蜗轮轮齿的对称中心平面内，应通过调整蜗轮的轴向位置来达到要求。

3. 蜗杆蜗轮传动机构装配质量的检查

蜗杆蜗轮传动机构装配后的质量检查主要包括蜗杆蜗轮啮合时的侧隙、蜗轮的轴向位置和接触斑点等。

（1）对蜗杆蜗轮啮合时侧隙的检查

侧隙一般是用百分表或专用工具进行检查，见图 3 – 63。

图 3 – 63a 为在蜗杆一端固定一个专用的刻度盘 2，百分表测量头接触到蜗轮的齿面上，用手转动蜗杆。在百分表指针不动的前提下，根据刻度盘相对指针转角的大小，即可计算出侧隙的大小。如百分表直接与蜗轮轮齿面接触有困难，可在蜗轮轴上安装一测量杆 3，将百分表支顶在测量杆上进行检查(图 3 –63b)。

侧隙与转角之间的关系为

$$j_1 = z_1 \pi m_x \frac{\varphi}{360°} \tag{3 – 7}$$

式中：j_1——齿侧间隙，mm；

144

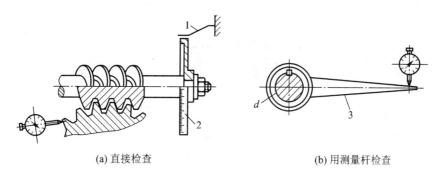

(a) 直接检查 　　　　　　　　　　　　　　(b) 用测量杆检查

图 3 - 63　蜗杆蜗轮啮合时侧隙的检查

1—指针；2—刻度盘；3—测量杆

z_1——蜗杆的头数；

m_x——蜗杆的轴向模数，mm；

φ——转角，(°)。

对于不太重要的蜗杆蜗轮传动机构，也可用手转动蜗杆，根据空程量来判定侧隙的大小。

（2）对蜗轮轴向位置及接触斑点的检查

通常用涂色法进行检查，先将显示剂（红丹粉）涂在蜗杆的螺旋面上，转动蜗杆，可在蜗轮齿面上获得接触斑点（图 3 - 64）。图 3 - 64a 所示为正确接触，其接触斑点应在蜗轮中部稍偏于蜗杆旋出的方向；图 3 - 64b 表示蜗轮中心平面向右偏离蜗杆中心线；图 3 - 64c 表示蜗轮中心平面向左偏离蜗杆中心线。对于图 3 - 64b、c 所示的情况，需要改变蜗轮两端面的垫片厚度，来调整蜗轮的轴向位置。

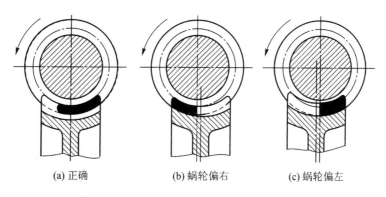

(a) 正确　　　　　　　　(b) 蜗轮偏右　　　　　　　　(c) 蜗轮偏左

图 3 - 64　用涂色法检查蜗轮接触斑点的位置

当蜗杆蜗轮传动机构空载时，蜗轮的接触斑点一般为蜗轮齿宽的 25% ~ 50%；满载时最好为齿宽的 90% 左右。

五、联轴器的装配

联轴器是零件之间传递动力的中间连接装置。联轴器可使同一轴线上的两根轴，或轴与轴上转动件（带轮、齿轮等）相互连接，以传递转矩，见图 3 - 65。

1. 联轴器的种类（GB/T 3931—1997）

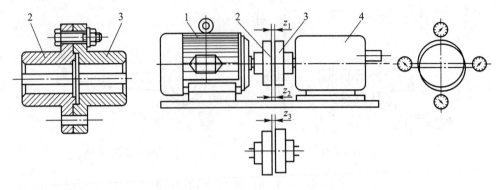

(a) 凸缘式联轴器　　　　　　　　　　　(b) 联轴器的应用

图 3 - 65　联轴器连接示意图

1—电动机；2—左半联轴器；3—右半联轴器；4—减速器

联轴器按连接两轴的相对位置和位置的变动情况，可分为刚性联轴器和挠性联轴器两类。

联轴器和离合器是机械传动中应用广泛的零部件，大多数都已标准化。应根据机械自身的结构特点、技术要求、轴颈、转速、传递的扭矩等条件，选择合适的联轴器和离合器。

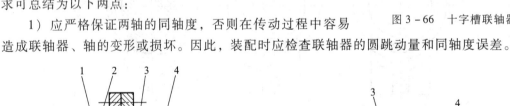

常用的联轴器有凸缘联轴器(图 3 - 65a)、十字槽联轴器(图 3 - 66)、齿轮式联轴器(图 3 - 67)、弹性套柱销联轴器(图 3 - 68)与滑块联轴器(图 3 - 69)等。

2. 联轴器装配的技术要求

联轴器种类较多，结构也各不相同，其装配的技术要求可总结为以下两点：

图 3 - 66　十字槽联轴器

1) 应严格保证两轴的同轴度，否则在传动过程中容易造成联轴器、轴的变形或损坏。因此，装配时应检查联轴器的圆跳动量和同轴度误差。

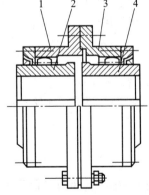

图 3 - 67　齿轮式联轴器

1、3—内齿圈；2、4—外齿圈

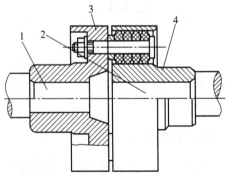

图 3 - 68　弹性套柱销联轴器

1、2—轴；3—左半联轴器；4—右半联轴器

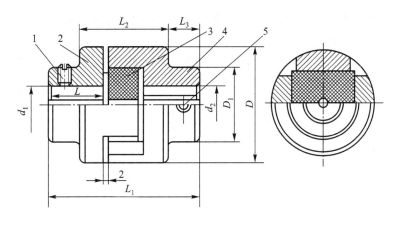

图 3 - 69　滑块联轴器

1—紧定螺钉；2—左半联轴器；3—连接块；4—右半联轴器；5—定位螺钉

2）装配时，应保证连接件（螺栓、螺母、键、圆柱销或圆锥销）有可靠、牢固的连接，不允许有松脱现象。

3．联轴器的装配

（1）凸缘联轴器的装配

装配时要严格保证两轴的同轴度，以免在传动过程中使联轴器受到损伤，其检查及调整方法见图 3 - 65。

1）分别在电动机轴和减速器轴上装上左、右半联轴器 2 和 3，将减速器箱体找正并加以固定。

2）将百分表固定在左半联轴器 2 上，使百分表的测量头触及右半联轴器 3 的外圆柱面。转动左半联轴器 2，找正右半联轴器 3 对左半联轴器 2 的同轴度，以保证两半联轴器同轴。

3）移动电动机 1，使左半联轴器 2 的凸台少许插入右半联轴器 3 的凹槽内。

4）转动减速器的传动轴，检查左半联轴器 2 与右半联轴器 3 两端面之间的间隙 z_1、z_2。若 z_1 和 z_2 不相等，应通过扭动减速器箱体加以解决。若间隙比较均匀，可移动（或平动）电动机 1 使两半联轴器完全接触，间隙为零，最后把电动机和联轴器固定。

（2）十字槽联轴器的装配

如图 3 - 66 所示，十字槽式联轴器是由两个带槽的左、右联轴盘 1、2 和中间盘组成的。联轴器转动时，允许中间盘在左、右联轴盘的凹槽内有少量的径向移动，以补偿两联轴盘（也是两传动轴）的同轴度误差。故装配时允许两联轴盘有少量的偏移或倾斜。其装配的主要过程是：

1）在两个需要连接的传动轴上装入平键后再装上左、右联轴盘，并将与传动轴相连接的箱体轻轻固定。

2）将钢直尺贴靠在左、右联轴盘的外圆柱面上，使钢直尺与两联轴盘的外圆柱面的上、下母线及两侧母线均能较均匀地接触。若不能均匀接触，应通过扭动两联轴盘的箱体解决。

3）安装中间盘，使左、右联轴盘与中间盘之间留有少量的间隙 δ，以保证在传动过程中，中间盘与两联轴盘能够进行少量地自由滑动。

4）当联轴器的安装满足装配要求后，应将两传动轴的箱体加以固定。

（3）齿轮式联轴器的装配

如图3-67所示，齿轮式联轴器是通过彼此相互啮合的内外齿轮来传递扭矩的。要求内外齿轮之间有一定的啮合间隙，其齿顶的外圆柱面略呈弧形，具有铰链的作用。在传动过程中，当两传动轴存在同轴度误差时，弧形圆柱面能够给予一定的补偿，故其应用比较广泛。

齿轮式联轴器与凸缘联轴器相比，具有体积小、传动平稳、结构简单、拆装方便和传递载荷大等优点。但它的制造精度要求较高，传动时需要一定的润滑条件。

齿轮式联轴器的装配可参考以下步骤：

1）先将两传动轴装上平键后，再分别装上两外齿圈。

2）找正两外齿圈的同轴度，若存在同轴度误差，应通过移动传动轴的箱体解决。

3）安装两内齿圈，并用连接螺栓将两内齿圈紧固在一起。

4）转动联轴器，使其能够灵活均匀地转动；否则应进行微量调整，避免两轴线的同轴度出现图3-70所示的不良情况。

5）当联轴器调整好后，应将传动轴的箱体和电动机加以固定。

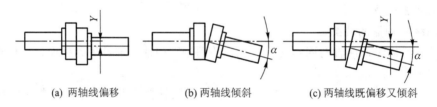

(a) 两轴线偏移　　　　　(b) 两轴线倾斜　　　　　(c) 两轴线既偏移又倾斜

图3-70　联轴器两轴线误差

（4）弹性套柱销联轴器的装配（图3-68）

1）先在轴1、2上装入平键，再将两半联轴器分别装入轴1和轴2上，并将与轴2相连接的箱体加以固定。

2）找正两半联轴器的同轴度，其找正方法与凸缘式联轴器的找正方法相同。

3）转动电动机，将圆柱销穿入两半联轴器内。

4）转动轴2，并调整两凸缘盘，使其沿圆周方向上的间隙均匀分布。固定电动机，紧固圆柱销螺栓。

5）复查两轴的同轴度，直至合格为止。

在装配中，无论哪种联轴器，联轴器的内孔与轴颈配合时都必须具有一定的过盈量，以保证在高速外载荷作用下，孔轴不松动，能够传递足够的扭矩和运动。

六、离合器的装配

1. 离合器的作用和种类

离合器的作用是使同一轴线上的两根轴，或轴与轴上的空套传动件，能够随时接通或断开，以实现机床的起动、停止、变速、变向等操作。

离合器的种类较多，常见的有牙嵌离合器、摩擦离合器和超越离合器等，见图3-71、图3-72和图3-73。

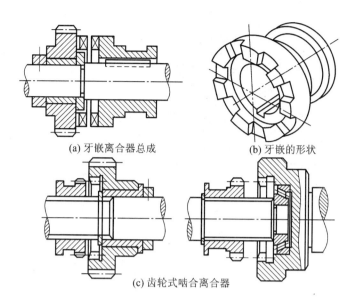

(a) 牙嵌离合器总成　　　　(b) 牙嵌的形状

(c) 齿轮式啮合离合器

图 3 – 71　牙嵌离合器

牙嵌离合器是利用一组相互啮合的齿爪或一对内外啮合的齿轮来传递扭矩的。

多片摩擦离合器是靠内外摩擦片在压紧时端面之间产生的摩擦力(或内外圆锥面之间产生的摩擦力)来传递扭矩的。

超越离合器(单向超越离合器)是在齿轮套(外套)逆时针旋转时，靠摩擦力带动滚柱向楔缝小的地方运动，从而带动星形体(内套)和外齿轮套一起转动。超越离合器通常应用在有快、慢两种速度交替的扭矩传递到轴上的场合，它能实现运动形式的自动转换。如 CA6140 型车床溜板箱内就装有超越离合器。

2. 离合器的装配

(1) 装配如图 3 – 74 所示的牙嵌离合器

1) 在主动轴 2 和从动轴 5 上分别装上固定键和滑键，并用紧定螺钉对从动轴 5 上的两个滑键加以固定。

2) 在从动轴上装上右半离合器 3，并使其能沿轴 5 滑动。

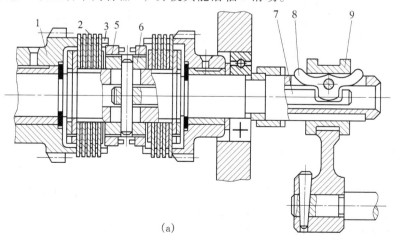

(a)

149

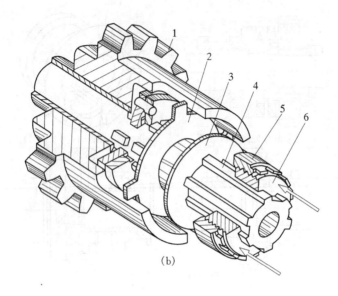

(b)

图 3 - 72　多片摩擦离合器

1—空套齿轮；2—外摩擦片；3—内摩擦片；4—轴；5—加压套；6—螺圈；7—拉杆；8—摆块；9—滑环

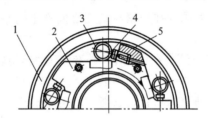

图 3 - 73　超越离合器

1—齿轮套；2—星形体；3—滚柱；4—圆柱销；5—弹簧

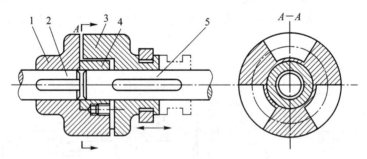

图 3 - 74　牙嵌离合器的装配

1—左半离合器；2—主动轴；3—右半离合器；4—中间环；5—从动轴

3）将左半离合器 1 压入主动轴 2 上，中间环 4 装在左半离合器 1 内，并用骑缝螺钉进行固定。

4）将从动轴 5 装入中间环 4 的孔内，找正两传动轴的同轴度，使其符合装配要求。

（2）装配如图 3 - 75 所示的圆锥形摩擦离合器

圆锥形摩擦离合器是靠圆锥表面的摩擦力来传递转矩的。超载时，两圆锥面之间打滑，可

150

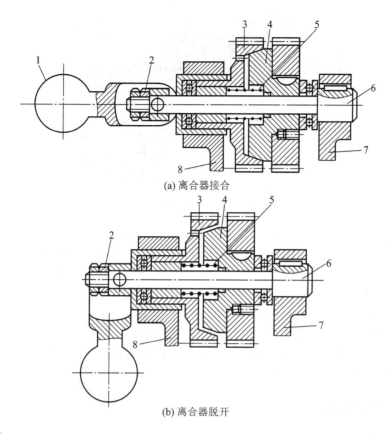

(a) 离合器接合

(b) 离合器脱开

图 3 – 75　圆锥形摩擦离合器的装配

1—操纵手柄；2—调整螺母；3—外摩擦锥；4—内摩擦锥；

5—弹簧；6—操纵杆；7、8—箱体

起到安全保护的作用。

　　装配时可参考如下步骤：

　　1）将各零件去除毛刺后清洗、擦拭干净。

　　2）依次将各零件放入箱体内。

　　3）将操纵杆 6 装上平键后，从箱体右侧装入箱体，使各零件依次装到操纵杆上。

　　4）装上操纵手柄 1 和调整螺母 2。

　　5）调节调整螺母 2，使内外摩擦锥 4 和 3 的压力适当。调整好后将螺母锁紧。

　　6）用涂色法检查内外摩擦锥的接触斑点，若不合格，应采用对研（两锥体互相研磨）或配刮的方法，直至达到要求为止。

　　应当注意，圆锥形摩擦离合器工作时应产生足够的压力将锥体压紧，才能保证传递足够的扭矩；断开时动作要迅速、灵活。摩擦力的大小靠调整螺母 2 进行调节。

　　（3）多片摩擦离合器装配（图 3 – 76）

　　1）将套筒 2 和毂轮 4 分别装到主动轴 1 和从动轴 3 上，并分别用紧定螺钉进行固定。

　　2）将弹簧片 11 和曲柄压杆 10 安装到套筒 2 上。

　　3）找正主动轴 1 与从动轴 3 的同轴度。

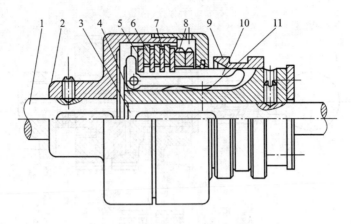

图 3 – 76　多片摩擦离合器的装配

1—主动轴；2—套筒；3—从动轴；4—毂轮；5—压板；6—外摩擦片；

7—内摩擦片；8—调整螺母；9—滑环；10—曲柄压杆；11—弹簧片

4）使主动轴 1 和从动轴 3 相互靠近，并保证一定的轴向间隙，然后固定两轴的位置。

5）装入压板 5，再交叉装入内、外摩擦片。

6）装上调整螺母 8，并调整内、外摩擦片之间的间隙。

7）将滑环 9 安装到毂轮 4 上。使滑环 9 滑动，检查内外摩擦片的压紧和松开情况。若不合适，应通过调节调整螺母 8 解决。

七、动压滑动轴承的装配

1. 滑动轴承的特点

滑动轴承的主要特点是运转平稳、振动小、无噪声、寿命长；还具有结构简单、制造方便、径向尺寸小、能承受较大冲击载荷等特点，所以多数机床都采用滑动轴承。

2. 滑动轴承的分类

（1）按滑动轴承的摩擦状态划分

按摩擦状态划分，滑动轴承可分为动压滑动轴承和静压滑动轴承两种。

1）动压滑动轴承

动压滑动轴承工作原理见图 3 – 77。轴静止时，在重力作用下轴颈处于和轴瓦接触的最低位置，见图 3 – 77a；此时，润滑油被挤在轴颈两侧形成楔形间隙。当轴旋转时，由于金属表面对润滑油的吸附作用和润滑油本身的粘性，轴便携带着润滑油一起转动。当润滑油进入楔形间隙时，使油压升高，形成压力油楔，随着轴转速的提高，油楔的压力也随之升高，当轴的转速达到一定值时，轴在轴承中浮起，见图 3 – 77b。当轴与轴承完全被油膜分开时，便形成了液体润滑，见图 3 – 77c。

2）静压滑动轴承

它是将压力油强行送入轴和轴承的配合间隙中，利用液体的静压力来支承载荷的一种滑动轴承。这种轴承在纯液体摩擦状态下工作，摩擦因数非常小。

（2）按滑动轴承的结构划分

按滑动轴承结构不同可分为整体式、剖分式、内柱外锥式、内锥外柱式和瓦块式等几种。

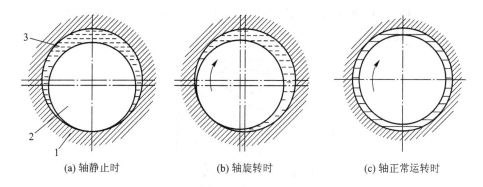

(a) 轴静止时　　　　　　(b) 轴旋转时　　　　　　(c) 轴正常运转时

图 3 – 77　动压滑动轴承工作原理

1—轴瓦；2—轴；3—润滑油

1）整体式滑动轴承

整体式滑动轴承见图 3 – 78。该轴承其实就是将一青铜套（也有铸铁或钢制的）压入轴承套内，并用螺钉紧固而制成的。该轴承结构简单，制造方便，但磨损后无法调整轴颈与轴承之间的间隙。所以常用在低速、轻载、间歇等工作场合。

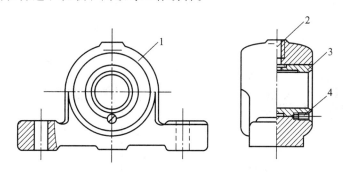

图 3 – 78　整体式滑动轴承

1—轴承座；2—润滑孔；3—轴套；4—螺钉

2）剖分式滑动轴承

剖分式滑动轴承见图 3 – 79。它的主要结构是由轴承座 1、轴承盖 2、剖分（对开）轴瓦 3、4 及螺栓 5 等组成。

3）内柱外锥式滑动轴承

内柱外锥式滑动轴承见图 3 – 80。该轴承由后螺母 1、箱体 2、轴承外套 3、前螺母 4、轴承 5 等组成。轴承 5 的外表面为圆锥面，与轴承外套 3 贴合。在外圆锥面上有呈对称分布的轴向槽，其中一条槽被切穿，并在切穿处嵌入弹性垫片，使轴承孔内径大小可以调整。

4）内锥外柱式滑动轴承

内锥外柱式滑动轴承见图 3 – 81。该轴承的最大特点是可以调整轴承的径向间隙，除能承受径向力作用外，还能承受一定的轴向力。

5）瓦块式滑动轴承

该轴承有三瓦式(图 3 - 82)和五瓦式两种，而轴瓦又可分为长瓦和短瓦两种。

3. 动压滑动轴承的装配

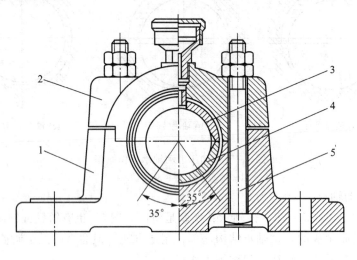

图 3 - 79 剖分式滑动轴承
1—轴承座；2—轴承盖；3、4—剖分轴瓦；5—螺栓

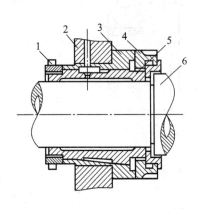 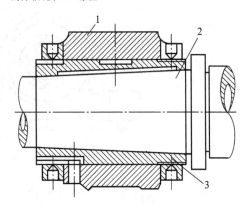

图 3 - 80 内柱外锥式滑动轴承　　　　　图 3 - 81 内锥外柱式滑动轴承
1—后螺母；2—箱体；3—轴承外套；　　　　1—轴承外套；2—主轴；3—轴承
4—前螺母；5—轴承；6—主轴

滑动轴承装配的主要技术要求是在轴颈与轴瓦之间应获得合理的间隙，保证轴颈与轴瓦的良好接触，使轴颈在轴瓦内平稳可靠地旋转。

（1）整体式滑动轴承的装配

1）将轴承、轴承孔去毛刺、擦净、清洗涂润滑油。

2）根据轴套的尺寸和配合时过盈量的大小，采取敲入法或压入法将轴套装入轴承座孔内，并进行固定。

3）轴套装入轴承座孔后，易发生尺寸和形状变化，应采用铰削或刮削的方法对内孔进行修整、检验，以保证轴颈与轴套之间有良好的间隙配合。

4）轴套经修整后，应检查轴套内孔的圆度和圆柱度误差，以及轴套内孔轴线对端面的垂

154

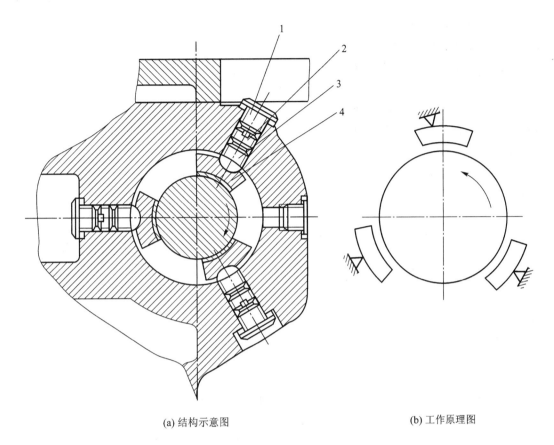

(a) 结构示意图   (b) 工作原理图

图 3 – 82   三瓦式自动调位滑动轴承
1—封口螺钉；2—空心螺钉；3—球面支承螺钉；4—轴瓦块

直度误差。其检验方法见图 3 – 83、图 3 – 84。

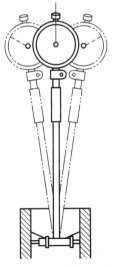

图 3 – 83   轴套内孔圆度、
圆柱度误差的检查

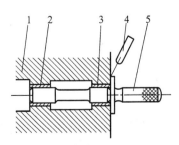

图 3 – 84   轴套内孔轴线对端面垂直度误差的检查
1—箱体；2、3—轴套；4—塞尺；5—塞规

（2）剖分式滑动轴承的装配

剖分式滑动轴承装配的顺序见图3-85。

剖分式滑动轴承装配时，应注意的要点如下：

1）上、下轴瓦与轴承座、轴承盖应接触良好，同时轴瓦的台肩应紧靠轴承座的两个端面。

2）为提高配合精度，轴瓦应与轴进行研点配刮。一般应先刮下轴瓦，后刮上轴瓦。

（3）内柱外锥式滑动轴承的装配（图3-80）

1）将轴承外套3压入箱体2的孔中，并保证有$\frac{H7}{r6}$的配合精度。

2）用心棒研点，修刮轴承外套3的内圆锥孔，并保证前后轴承孔的同轴度符合要求。

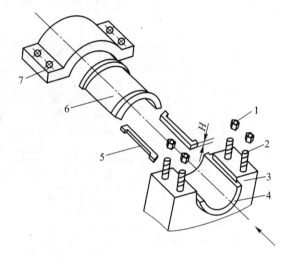

图3-85 剖分式滑动轴承装配的顺序
1—螺母；2—双头螺柱；3—轴承座；4—下轴瓦；
5—垫片；6—上轴瓦；7—轴承盖

3）在轴承5上钻削出与箱体、轴承外套油孔相对应的油孔，并与自身油槽相接。

4）以轴承外套3的内孔为基准研点，配刮轴承5的外圆锥面，使接触精度符合要求。

5）把轴承5装入轴承外套3的孔中，两端拧紧螺母1、4，并调整好轴承5的轴向位置。

6）以主轴为基准，配刮轴承5的内孔，使接触精度、表面粗糙度达到使用要求，并保证前、后轴承孔的同轴度符合要求。

7）清洗轴颈和轴承孔，重新装上主轴，并调整好间隙。

（4）短三瓦可调位滑动轴承的装配（图3-82）

1）对轴瓦块4与球面支承螺钉3接触的球面进行配研，要求接触斑点不少于70%，表面粗糙度值达到$Ra0.2\ \mu m$。

用专用研磨心棒在车床上研磨扇形轴瓦块4的内表面，应当注意的是，研磨心棒的旋转方向应与瓦块上标注的箭头方向一致。

2）彻底清洗轴瓦块、球面支承螺钉和轴等零件，测量各轴瓦块的厚度。选择6块厚度相同的轴瓦块与球面支承螺钉成对装入，确定主轴旋转的方向，不可装反。

3）在箱体两端装上工艺套，见图3-86a。调整球面支承螺钉4、6，使各轴瓦块刚好与主轴1接触，并用塞尺检查瓦块的背径（外表面）与箱体孔内径之间的间隙，使间隙保持在0.15~0.4 mm之间。若主轴两端的工艺套转动灵活、进出自由，则证明主轴、轴瓦与箱体孔三者的同轴度符合要求。

4）用三件组成的球面支承螺钉，调整轴瓦与主轴之间的间隙，见图3-86b。调整时应先旋入球面支承螺钉，前后（两端）轴瓦应交替调整并分步拧紧，直至主轴用手不能转动为止。然后旋入空心螺钉，当空心螺钉碰到球面支承螺钉后，应退回少许，使两螺钉相距3 mm左

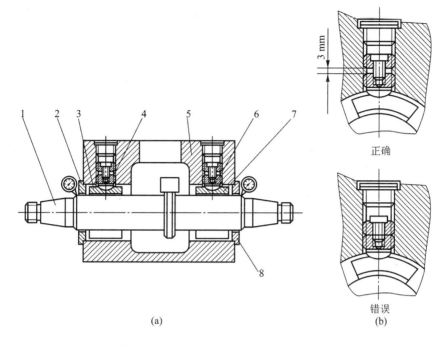

正确

错误

(a)　　　　　(b)

图 3 - 86　短三瓦自动调位轴承同轴度的调整

1—主轴；2、8—工艺套；3、7—轴瓦块；4、6—球面支撑螺钉；5—箱体

右，再旋入锁紧螺钉，用力拧紧。

5）使主轴与前后轴瓦都保持有 0.005 ~ 0.01 mm 的间隙。测量间隙的方法是用百分表触及主轴前、后端近工艺套处，用手抬动主轴前、后端，百分表的读数差即为间隙值。

6）调整结束后（用手转动主轴，应有轻快无阻的感觉），拧紧封口螺钉，以防轴承中的润滑油泄漏。

八、滚动轴承的装配

滚动轴承是一种已标准化的十分精密的运动支承组件。其特点是摩擦阻力小、效率高、轴向尺寸小、维护简单、互换性强等。但是它承受冲击振动的能力较差。

1. 滚动轴承的分类

滚动轴承按承受载荷的方向和滚动体的形式，可分为 10 种基本类型。其类型代号可用 0、1、2、…、9 等数字来表示。滚动轴承的名称、特点及用途见表 3 - 5。

表 3 - 5　滚动轴承的基本类型和特性（GB/T 272—1993）

序号	类型名称及代号	承　受　载　荷	主要特性及应用
1	深沟球轴承 60000	承受径向载荷或很小轴向力	高速轻载，短轴 $L/D < 10$，常用于机床齿轮箱、小功率电动机等
2	调心球轴承 10000	主要承受径向载荷，也能承受微量的轴向载荷	外圈内侧滚道为圆弧形，内外圈可倾斜 $1.5° ~ 3°$，故能自动调心，适用于多支点传动轴、刚性较小的轴以及难以对中的轴

序号	类型名称及代号	承 受 载 荷	主要特性及应用
3	外圈无挡边圆柱滚子轴承 N0000	承受大的径向载荷	内外圈同轴度要求高，并允许内外圈相对轴向移动。适用于刚性较大、对中性良好的轴。常用于大功率电动机、人字齿轮减速器上
4	调心滚子轴承 20000	主要承受径向载荷，也能承受微量轴向载荷，其承载能力比球轴承大2倍	外圈内侧滚道为圆弧形，内外圈可倾斜1.5°～3°，故能自动调心。适用于大型机床主轴、轧钢机、大功率减速器等
5	滚针轴承 74000	承受大的径向载荷	一般情况下无保持架，因此转速较低。如有保持架时，转速可提高。常用于径向尺寸受限制的地方，如万向联轴器、活塞销等
6	螺旋滚子轴承 50000	只能承受径向载荷	用窄钢带卷成的空心滚子，有弹性，可承受径向冲击，径向尺寸较小。适用于经常承受不大的径向冲击，且转速不高的场合，如运输辊道的辊子、长传动轴的支撑等
7	角接触球轴承 70000	承受径向和单向轴向载荷	可调节间隙。适用于刚性较大，跨距小的轴，常用于内圆磨床主轴、蜗轮减速器等
8	圆锥滚子轴承 30000	承受较大的径向和轴向载荷，比球轴承大1.7倍	内外圈可分离，安装时可以分别安装，间隙可以调整。常用于斜齿轮轴、蜗轮减速器轴、机床主轴等
9	推力球轴承 50000	只能承受轴向载荷	分紧、松圈，较小的圈紧套在轴上，与轴一起转动。常用于起重吊钩、蜗杆轴、立式车床主轴、钻床主轴等
10	推力调心滚子轴承 29000	主要承受轴向载荷，承载能力比推力球轴承大得多，并能承受一定的径向载荷	转速低、载荷大，能自动调心。适用于重型机床、大型立式电动机等

2. 滚动轴承的装配

（1）装配前的准备

滚动轴承是一种精密部件，认真做好装配前的准备工作，对保证装配质量和提高装配工作效率都是非常重要的。

1）按轴承的规格准备好装配所需的工具和量具。

2）按图样要求认真检查与轴承相配合的零件，并用煤油或汽油清洗、擦拭干净后涂上润滑油。

3）检查轴承型号与图样所标注的是否一致，并把轴承清洗干净。对于表面无防锈油涂层并包装严密的轴承可不进行清洗，尤其是对有密封装置的轴承，严禁清洗。

（2）滚动轴承装配的技术要求

1）安装滚动轴承时，应将轴承上带有标记代号的端面装在可视方向，以便于更换时进行查对。

2）滚动轴承在轴上或装入轴承座孔后，不允许有歪斜的现象。

3）在同一根轴的两个滚动轴承中，必须使其中一个轴承在受热膨胀时留有轴向移动的余地。

4）装配滚动轴承时，压力（或冲击力）应直接加在待配合套圈的端面上，不允许通过滚动体传递压力。

5）装配过程中应保持清洁，防止异物进入轴承内部。

6）装配后的轴承应转动灵活，噪声小，工作温度不超过 50 ℃。

（3）滚动轴承的装配

滚动轴承的装配方法应根据轴承尺寸的大小和过盈量来选择。一般滚动轴承的装配方法有锤击法、用螺旋或杠杆压力机压入法和热装法等。

1）深沟球轴承的装配　深沟球轴承的装配方法有锤击法和压入法。图 3-87a 所示为用铜棒垫上特制套，用锤击法将轴承内圈装到轴颈上。图 3-87b 所示为用锤击法将轴承外圈装入壳体孔中。图 3-88 所示为用压入法将轴承内、外圈分别压入轴颈和轴承座孔中的方法。如果轴颈尺寸较大，且过盈量也较大时，为便于装配可选用热装法，即将轴承放入 80~100 ℃ 热油中进行加热或在感应加热器上加热，然后和处于常温下的轴配合（图 3-89）。

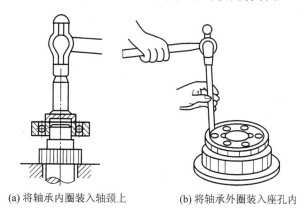

(a) 将轴承内圈装入轴颈上　　　　(b) 将轴承外圈装入座孔内

图 3-87　锤击法装配滚动轴承

2）角接触球轴承的装配　角接触球轴承与其他内、外圈可分离的轴承一样，均可采用锤击法、压入（或热装）法将轴承内圈安装到轴上，将轴承外圈用锤击或压入的方法装入轴承座

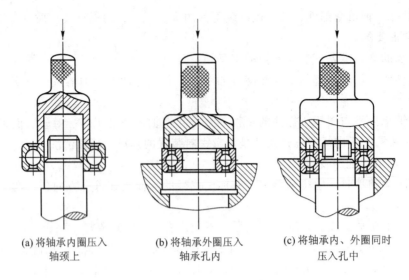

(a) 将轴承内圈压入
轴颈上

(b) 将轴承外圈压入
轴承孔内

(c) 将轴承内、外圈同时
压入孔中

图 3 - 88　压入法装配滚动轴承

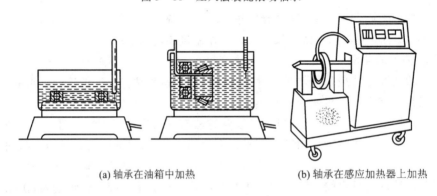

(a) 轴承在油箱中加热

(b) 轴承在感应加热器上加热

图 3 - 89　轴承的加热方法

孔内，然后再调整游隙。

3）推力球轴承的装配　推力球轴承有松圈和紧圈之分，装配时一定要注意，千万不可装反，否则会造成轴发热过多，或出现卡死的现象。装配时应使紧圈靠在转动零件的端面上，松圈靠在静止（或箱体）零件的端面上，见图3 - 90。

（4）滚动轴承游隙的调整

滚动轴承的游隙是指在一个套圈固定的情况下，另一个套圈沿径向或轴向的最大活动量，故游隙可分为径向游隙和轴向游隙两种。

滚动轴承的游隙既不能太大，也不能太小。游隙太大，会造成同一时刻承受载荷作用的滚动体的数量减少，使单个滚动体所承受的载荷增大，从而降低轴承的旋转精度和使用寿命。游隙太小，会使摩擦力增大，产生的热量增加，加剧磨损，同样使轴承的寿命降低。因此，许多轴承在装配时都要严格控制和调整游隙。通常采用使轴承内圈相对外圈作适当的轴向移动的方法，来保证游隙适当。其采用的具体方法有：

1）调整垫片法　通过调整轴承盖与壳体端面间的垫片厚度 δ，来调整轴承的轴向游隙，见图3 - 91。

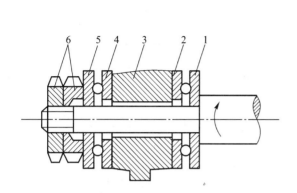

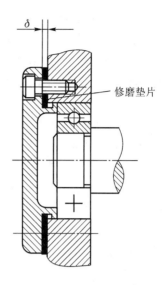

图 3 - 90　推力球轴承的装配

1、5—紧圈；2、4—松圈；3—箱体；6—螺母

图 3 - 91　用垫片调整轴承游隙

2）调整螺钉螺母法　图 3 - 92 所示为用螺钉和螺母调整轴承游隙方法的结构图。图 3 - 92a 的调整方法是：先松开螺母 2，再调整螺钉 3，待游隙调整好之后，最后再锁紧螺母 2。图 3 - 92b 的调整方法是：先拔出开口销 4，再调整带槽螺母 5，待游隙调整好后，最后再插入开口销 4。

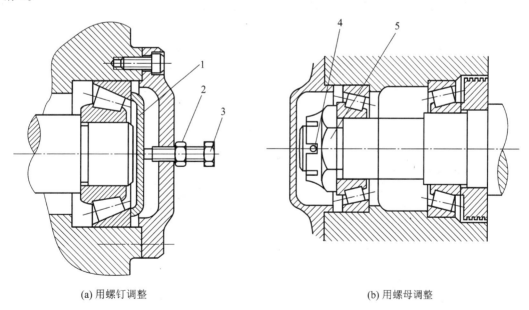

(a) 用螺钉调整

(b) 用螺母调整

图 3 - 92　用螺钉、螺母调整轴承游隙

1—压盖；2—螺母；3—螺钉；4—开口销；5—带槽螺母

（5）滚动轴承的预紧

对于承受载荷较大，旋转精度要求较高的轴承，大都是在无游隙，甚至有少量过盈的状态

下工作的，这种轴承都需要在装配时进行预紧。所谓预紧就是在装配轴承时，给轴承的内圈或外圈施加一个轴向力，以消除轴向游隙，并使滚动体与内、外圈接触处产生初始弹性变形。预紧能提高轴承在工作状态下的刚度和旋转精度。滚动轴承的预紧原理见图 3 - 93。

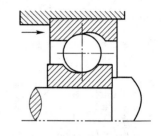

图 3 - 93　滚动轴承的预紧原理

1）角接触球轴承的预紧　角接触球轴承装配时的布置方式见图 3 - 94。图 3 - 94a 为背对背式（外圈宽边相对）布置；图 3 - 94b 为面对面（外圈窄边相对）布置；图 3 - 94c 为串联排列（外圈宽、窄边相对）布置。无论采用何种布置方式，都是在同一组的两个轴承之间配置不同厚度的间隔套，来达到预紧的目的。图 3 - 94 中箭头的方向即为所施加的预紧力的方向。

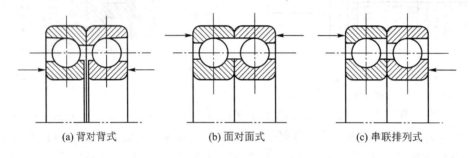

(a) 背对背式　　　　　　(b) 面对面式　　　　　　(c) 串联排列式

图 3 - 94　角接触球轴承的布置方式

2）单个轴承的预紧　如图 3 - 95 所示，通过调整螺母，使弹簧产生大小不同的预紧力，并施加在轴承的外圈上，以达到预紧的目的。

3）内圈为圆锥孔的轴承的预紧　如图 3 - 96 所示，预紧的方法是：先松开两个螺母 1 中左边的螺母，再拧紧右边的螺母，通过隔套 2 使轴承内圈 3 向轴颈大的一端移动，使轴承内圈 3 的直径增大，从而消除轴承与轴颈间的径向间隙，以达到预紧的目的。最后再将螺母 1 中左边的螺母拧紧，起到锁紧的作用。

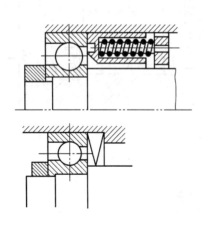

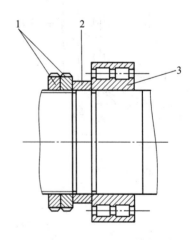

图 3 - 95　用弹簧预紧单个轴承

图 3 - 96　内圈为圆锥孔的轴承的预紧

1—螺母；2—隔套；3—轴承内圈

162

1. 什么叫装配？什么叫装配工艺规程？

2. 简述装配工艺规程的作用。

3. 什么是部件装配？什么是总装配？

4. 常用的装配方法有哪几种？

5. 装配前应做哪些准备工作？各有什么意义？

6. 常用的密封性试验有哪两种？哪一种最安全？

7. 什么是静不平衡？什么是动不平衡？

8. 什么是平衡？什么是静平衡？什么是动平衡？

9. 什么叫尺寸链？什么叫尺寸链简图？

10. 试述尺寸链的环、组成环、封闭环、增环、减环的定义。

11. 如题图 3-1 所示的套类工件，因加工 $20_{-0.30}^{0}$ mm 尺寸时测量有一定困难，所以采用测量大孔深度的方法来加工，求大孔深度的极限尺寸是多少？

12. 在题图 3-2 所示齿轮箱装配示意图中，$B_1 = 100$ mm，$B_2 = 70$ mm，$B_3 = 30$ mm。若装配后轴向间隙要求为 $0.02 \sim 0.20$ mm，试用完全互换法解该装配图。

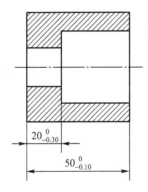

题图 3-1 台阶孔工件

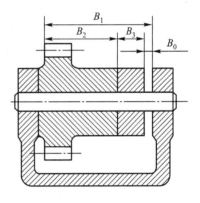

题图 3-2 齿轮箱装配示意图

13. 什么是修配装配法？什么是调整装配法？

14. 什么是装配尺寸链？什么是解装配尺寸链？解装配尺寸链有哪几种方法？

15. 螺纹连接主要有哪两种类型？螺纹连接装配的技术要求有哪些？

16. 螺纹连接常用的防松方法有哪些？

17. 什么叫键连接？根据键的结构和用途不同，键连接有哪几大类？

18. 简述花键连接的装配特点。

19. 简述销连接的作用和特点。

20. 什么叫过盈连接？过盈连接有哪些主要特点？

21. 简述管道连接的技术要求。

22. 简述带传动机构装配的技术要求。

23. 为什么要调整带的张紧力？调整张紧力的方法有哪几种？

24. 什么是链传动？常用的传动链有哪几种？

25. 简述链传动机构装配的技术要求。

26. 套筒滚子链接头用弹簧卡片固定时，如何装弹簧卡片？

27. 齿轮传动机构的特点有哪些？

28. 简述齿轮传动机构装配的技术要求。

29. 齿轮装入箱体前，对齿轮箱体应作哪些精度检查？

30. 齿轮传动机构的啮合质量包括哪些项目？如何进行检查？

31. 锥齿轮传动机构装配的关键是什么？

32. 如何确定锥齿轮传动机构中锥齿轮的轴向位置？

33. 对于用背锥面作基准的锥齿轮，怎样判断其轴向位置的正确与否？

34. 试述蜗杆蜗轮传动机构的功用及特点。

35. 简述蜗杆蜗轮传动机构装配的技术要求。

36. 装配前应对蜗杆蜗轮传动机构箱体进行哪些项目的精度检验？

37. 蜗杆蜗轮传动机构啮合后的接触斑点应如何分布？若接触斑点不正确是什么原因造成的？

38. 试述联轴器的作用、种类。常见联轴器有哪些形式？

39. 联轴器装配的主要技术要求是什么？

40. 试述离合器的作用和种类。

41. 试述多片摩擦离合器的工作原理。

42. 试述超越离合器的工作原理和适用场合。

43. 锥形摩擦离合器装配的主要技术要求是什么？

44. 滑动轴承的特点是什么？滑动轴承按摩擦状态分可分哪几类？按结构形状分又可分为哪几种形式？

45. 动压滑动轴承装配的主要技术要求是什么？

46. 试述滚动轴承的特点。

47. 滚动轴承装配前的准备工作包括哪些内容？

48. 简述滚动轴承装配的技术要求。

49. 滚动轴承装配的基本方法有哪几种？

50. 推力球轴承装配时应注意的事项是什么？

51. 什么叫滚动轴承的游隙？游隙分哪两种？通过什么方法来调整游隙？

52. 为什么滚动轴承的游隙既不能太大也不能太小？

53. 常用的调整滚动轴承游隙的方法有哪几种？

54. 滚动轴承预紧的目的是什么？

55. 成对安装的角接触球轴承的布置方式有哪几种？均采用什么方法进行预紧？

典型组件部件及设备的装配

4.1 组件与部件的装配

一、C630 型车床主轴的装配

1. C630 型车床主轴结构

如图 4-1 所示，主轴前端采用圆锥孔(1:12)双列圆柱滚子轴承，用于承受切削时所产生的径向力。主轴的轴向力由后轴承3(圆锥滚子轴承)和推力球轴承5承受。调整螺母 16 可以控制主轴的窜动量，并使主轴在轴向得以双向固定。当主轴运转较长一段时间，温度升高时，允许主轴向前端有一定的伸长量，但是不要影响前轴承 12 所调整的间隙，大齿轮 8 和主轴通过圆锥面相配合，从而使装拆方便。

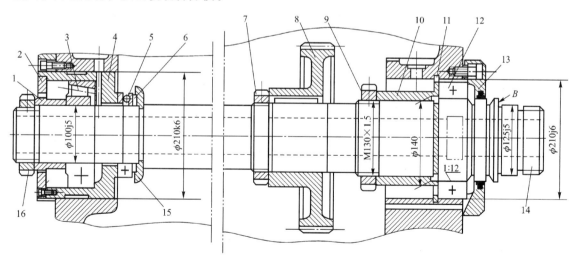

图 4-1 C630 型车床主轴部件

1—衬套；2—盖板；3—后轴承；4—轴承座；5—推力球轴承；6—垫圈；7—螺母；8—大齿轮；9、16—圆螺母；
10—调整套；11—卡圈；12—前轴承；13—前连接盘分组件；14—主轴；15—开口垫圈

2. C630 型车床主轴的装配与调整

（1）主轴的装配

1）将卡圈 11 和前轴承的外圈装入箱体的前轴承孔内。

2）将前轴承 12 的内圈、调整套 10 和圆螺母 9 装在主轴上，然后将主轴从主轴箱的前轴承孔中穿入。在将主轴穿入轴承孔的过程中，应从箱体的上面依次将键、大齿轮 8、螺母 7、垫圈 6、开口垫圈 15 和推力球轴承 5 装到主轴 14 上，然后将主轴装配到规定的位置，见图 4-1。

3）将图 4-2 所示的后轴承座分组件从箱体后端装入箱体，并拧紧螺钉。

4）将后轴承 3 的内圈装到主轴上，注意施加的敲击力要适当，以免造成主轴的移动。

5）依次装入衬套 1、盖板 2、圆螺母 16 及前连接盘分组件 13，并拧紧所有螺钉。

（2）主轴的调整

主轴装配完毕后，应进行必要的调整。主轴调整分预装调整和试车调整两步进行。对装配好的 C630 型车床主轴的调整方法是：先调整后轴承 3，再调整前轴承 12。

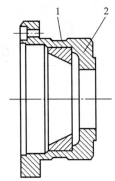

图 4-2　后轴承座与轴
承内圈组件

1—轴承内圈；2—后轴承座

1）后轴承 3 的调整　先将圆螺母 9 松开，并旋转圆螺母 16，以实现逐渐收紧后轴承 3 和推力球轴承 5 的目的。将百分表触及主轴的前阶台面。同时，用大小适当的力前后推动主轴，保证其轴向间隙小于 0.01 mm；还要转动大齿轮 8，若主轴转动灵活自如、无阻滞，可将圆螺母 16 锁紧。

2）前轴承 12 的调整　逐渐拧紧圆螺母 9，通过调整套 10 使前轴承内圈在主轴圆锥轴颈上作微量移动，迫使内圈胀大，保持轴承内、外圈的间隙在 0~0.005 mm 之间为宜。其检查方法见图 4-3。

试车调整是指在机床正常运转时，随着轴颈和轴承温度的升高，预调好的主轴轴承间隙会发生变化，待温升稳定后再次进行调整的一种方法。

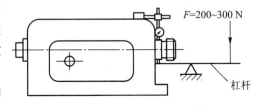

图 4-3　主轴间隙的检查

二、MG1432 型万能外圆磨床内圆磨具主轴的装配

内圆磨具主轴的转速高，回转精度的要求也比较高。它适用于磨削不同直径尺寸和长度的内孔。

1. 主轴的结构

图 4-4 所示为 MG1432A 型高精度万能磨床的内圆磨具。其主要结构有前、后防尘盖，前、后轴承盖，主轴，套筒，弹簧座，弹簧，带轮和轴承等。

2. 主轴的装配

（1）装配的技术要求

1）用检验心棒检查主轴锥孔时，在 150 mm 处的径向圆跳动量不大于 0.005 mm。

166

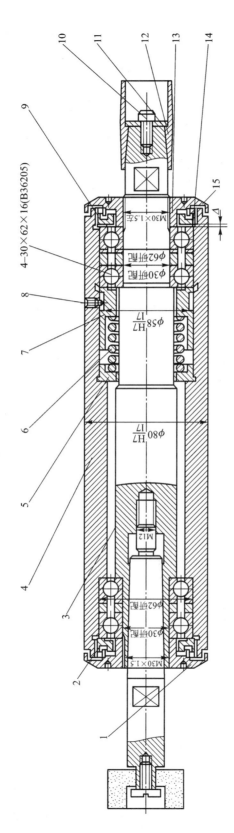

图 4 – 4 MG1432A 型高精度万能磨床的内圆磨具

1—前防尘盖；2—前轴承盖；3—主轴；4—套筒；5—弹簧座；6—弹簧；7—推力圈；8—导向螺钉；9—后轴承盖；
10—螺钉；11—垫圈；12—调整垫圈；13—热圈；14—外调整垫圈；15—后防尘盖

2）在 15 000 r/min 的转速下，空载连续运转 4 h，温升不超过 25 ℃，且运转过程中主轴不得有尖叫噪声。

（2）装配的工艺分析

1）选配轴承。主轴前后两端各有一对精度较高（P4 或 P2 级）的轴承。装配前要选配成两件一组，且两轴承外圈尺寸之差不大于 0.003 mm。主轴套筒经研配后与各组轴承的配合间隙为 0.004 ~ 0.008 mm。套筒两端和对应的轴承组均应进行编号，以便装配时按号配装。

2）清洗零件。各零部件在修整、倒角、去毛刺后，应用煤油浸泡、洗净，并擦拭干净；再用擦布盖住，妥善放好，防止装配前被磕碰或沾染污物。

3）测量轴承内外圈的径向圆跳动量，并在跳动量的最高点处作上标记。

4）测量轴承内外圈的端面圆跳动量，并在跳动量的最高点处作上标记。其测量内圈端面圆跳动量的方法见图 4-5。测量内圈端面圆跳动量时，外圈应固定不动，在内圈端面上施加一个均匀的测量载荷 F，将内圈转动一周以上。在转动过程中，百分表最大读数与最小读数的差值，即为端面圆跳动误差。测量轴承外圈端面圆跳动量的方法见图 4-6。其操作步骤与测量内圈时相同。测量后，在每个轴承滚动体与滚道之间涂一层适量的 3 号锂基润滑脂。

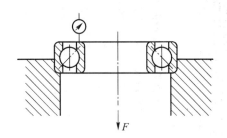

图 4-5　测量轴承内圈端面圆跳动量的方法

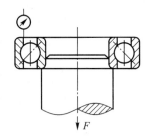

图 4-6　测量轴承外圈端面圆跳动量的方法

5）配磨及调整垫圈的厚度，使垫圈两端面的平行度误差小于 0.002 mm，并对其端面圆跳动量的最低点作上标记。

6）检查主轴的径向圆跳动，在主轴锥孔回转中心的径向圆跳动最大值处作上标记。

7）检查套筒内孔的径向圆跳动，检查方法见图 4-7。检查时，将套筒置于等高的 V 形架上，将百分表置于套筒内孔 $\phi62$ mm 处，测量头触及内孔表面，旋转套筒，即可测量出两端内孔的径向圆跳动量，并在最低点处作上标记。

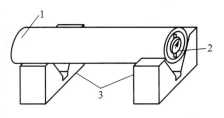

图 4-7　套筒内孔径向圆跳动的检查
1—工件；2—百分表；3—V 形架

8）装配主轴，采用定向装配法，以保证主轴的回转精度达到规定的技术要求。

装配主轴时应注意以下几点：

① 滚动轴承内圈径向圆跳动量的最高点（跳动量最大处），应装在主轴径向圆跳动量的最低点（跳动量最小处）。

② 滚动轴承外圈径向圆跳动的最高点，应装在套筒内孔径向圆跳动的最低点。

③ 内、外调整垫圈端面的最高点应对准与其相接触的滚动轴承的最低点。

168

④ 将轴承内、外圈装入主轴及套筒时，要使用专用套筒轻轻推入，防止因大力敲击强行装配而造成零部件的变形。

⑤ 图 4-4 中右端的滚动轴承的外圈与后轴承盖 9 之间应留有轴向热胀间隙 Δ。

9）装配后应按技术要求对装配精度进行检查。用手沿轴向推动带轮，装配好的内圆磨具和主轴应有微量的轴向窜动量，且感到有一定的弹性，不能装得过死。检查 150 mm 处的径向圆跳动量，以不大于 0.005 mm 为宜。若超差，可对前轴承盖 2 的内端面进行适当的修刮，修刮后的内端面必须研磨平整。

10）试车，以 15 000 r/min 的转速连续运转 4 h，不得有尖叫声，温升不应超过 25 ℃，主轴的径向圆跳动量，仍应符合要求。

三、液压缸与液压阀的装配

1. 液压缸的装配

液压缸是液压传动装置中的执行部分，它是将系统中的液压能转变为机械能的能量转换装置，用以完成系统工作的各种动作。如机床刀架或工作台的往复直线运动等。

（1）液压缸装配的技术要求

对液压缸装配的技术要求就是要保证液压缸和活塞在相对运动时，既没有阻滞现象，也没有泄漏现象。

1）严格控制液压缸与活塞的配合间隙。若活塞上带有 O 形密封圈时，配合间隙为 0.05 ~ 0.10 mm；若不带 O 形密封圈，其配合间隙应控制在 0.02 ~ 0.04 mm 范围以内。

2）保证活塞与活塞杆的同轴度。其同轴度误差应小于 0.04 mm。

3）保证活塞杆的直线度。活塞杆在全长范围内的直线度误差不大于 0.02 mm。活塞与活塞杆的同轴度及活塞杆直线度误差的检查方法见图 4-8。

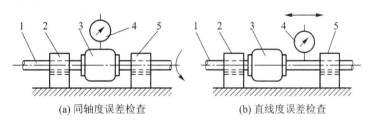

(a) 同轴度误差检查   (b) 直线度误差检查

图 4-8 活塞与活塞杆的同轴度及活塞杆直线度误差的检查方法示意图
1—活塞杆；2、5—V 形架；3—活塞；4—百分表

4）严格保证活塞与液压缸的配合表面及活塞杆表面的清洁性，装配前要用纯净的煤油进行清洗。

5）装配后，活塞在液压缸内全长移动时，应无阻滞和轻重不均匀现象。

6）液压缸盖装上后，应将两端盖螺钉拧紧，保证活塞移动灵活、轻便、均匀。

（2）液压缸的性能试验

1）在额定压力下，检查活塞杆与液压缸端盖、端盖与液压缸接触面是否有渗漏现象。

2）检查油封对活塞杆的配合情况。若过松，则易产生渗漏；若过紧，则易使活塞移动时阻滞。

（3）双出杆活塞式液压缸的装配

双出杆活塞式液压缸的结构如图4-9所示。

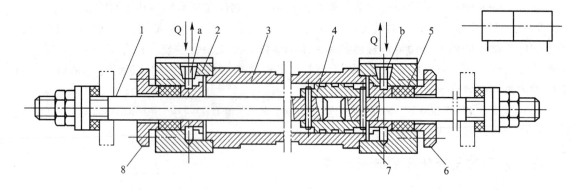

图4-9　双出杆活塞式液压缸的结构

1—活塞杆；2、7—缸盖；3—缸体；4—活塞；5—密封圈；6、8—端盖；a、b—进、出油口

1）用千分尺测量活塞4的外径，用内径百分表测量缸体3的内径，保证配合间隙合格。

2）清除活塞与活塞杆上的毛刺等杂物，将活塞与活塞杆组装、配钻、铰圆锥销孔，清理后装入圆锥销。

3）按图4-8所示的方法检查活塞与活塞杆的同轴度及活塞杆的直线度误差。

4）用纯净的煤油清洗液压缸、活塞杆及活塞。将活塞及活塞杆组件装入液压缸，使活塞在液压缸内滑动灵活，无阻滞。

5）在液压缸两端分别装上缸盖、密封圈和端盖，保证活塞移动灵活、轻便、均匀。

6）将液压缸整体安装到机床上，保证液压缸（或活塞杆）移动的直线性以及与机床导轨的平行度，其检查方法见图4-10。

① 将滑块（平行平铁）放置在机床的平导轨上，磁性表座吸附在滑块上，用百分表测量液压缸的上母线，要求平行度误差在0.1 mm以内。若超差，应通过修刮液压缸与机床的接合面，或机床上的安装面的方法解决。

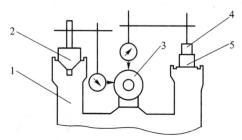

图4-10　液压缸对机床平行度的检查

1—机床床身；2—角度块；3—液压缸；
4—磁性表座；5—滑块（或平行平铁）

② 将角度块放到机床导轨的V形导轨槽内，检查液压缸侧母线对机床导轨的平行度误差，要求平行度误差在0.1 mm以内。若超差，可松开液压缸与机床连接的螺钉，找正平行度合格后再将螺钉拧紧，并以定位销定位。

2. 液压控制阀的装配

液压控制阀是液压系统的控制部分。按其功用不同可分为方向控制阀、压力控制阀和流量控制阀三大类。所有的液压阀一般都是由阀体、阀芯、弹簧和操纵机构组成的。尽管各种液压阀的作用和结构有所不同，但它们的装配要求和装配要点基本相同。下边以压力控制阀（包括溢流阀、减压阀和顺序阀等）为例，介绍其装配要点和性能试验。

（1）压力控制阀的装配要点

1）装配前应对压力控制阀的所有零件进行认真的清洗，尤其是阻尼孔道，一定要用压缩空气吹去污物。

2）阀芯与阀座应有良好的密封性。为检查其密封性，应采用汽油试漏。

3）阀体接合面应加耐油纸垫，确保其密封性。

4）阀芯与阀体之间的配合间隙应符合要求，在全部行程中应移动灵活，无阻滞现象。

5）弹簧的两端面应与轴线垂直，必要时应将弹簧两端面磨平。

（2）压力控制阀的性能试验

1）试验前应将压力调整螺钉尽可能松开；试验时，在调整压力过程中，应将调整螺钉从最低值逐步调节到所需要的值。要求压力平稳改变，工作正常，压力波动不超过 $\pm 1.5 \times 10^5$ Pa。

2）当压力控制阀作循环试验时，要求运动部件在换向时动作要平稳，并无显著的冲击和噪声。

3）在额定压力下工作时，不允许接合处有漏油现象。

4）在卸荷状态下，其压力不大于 1.5～2 Pa。

（3）装配图 4－11 所示的先导式溢流阀

溢流阀是压力控制阀的一种，一般安装在液压泵的出口处，在液压系统中并联使用，用以使系统中多余的油液溢回油箱，保持系统的压力稳定。当系统过载时，溢流阀起安全保护作用。

1）认真清洗溢流阀各零件，特别是阻尼孔通道一定要用压缩空气清除污物。

2）用汽油检查锥阀芯 4 与先导阀油孔之间的密封性。

3）将主阀芯 9 装入阀体，将主阀弹簧 7 装到主阀芯座上，使弹簧两端与轴心线垂直，否则需将弹簧两端面重新磨平。

4）将主阀体、先导阀体（锥阀体）间加油纸垫后，将两阀装配到一起。

5）将先导阀的阀座与阀芯（锥阀芯 4）装入先导阀体内，将锥阀弹簧 3 装入先导阀中，使弹簧两端面与轴线垂直。

6）将先导阀的弹簧座（柱塞 2）装入阀体内，拧紧调压螺母 1，试调整压力。待液压系统装入机床后，试车时再将压力调整至要求。

四、CA6140 型车床尾座的装配

1. 尾座的结构

图 4－12 是 CA6140 型卧式车床的尾座结构图。尾座体 2 安装在底板 16 上，整个尾座装在床身尾座导轨上，其纵向位置可根据工件长短来调整。位置调定后用快速紧固手柄 8 通过偏心轴及拉杆 11 将尾座夹紧在床身导轨上。有时为了使尾座紧固得更牢固可靠些，可拧紧螺母 10，使其通过螺栓 13 用压板 14 将尾座牢固地夹紧在床身上。后顶尖 1 安装在尾座套筒 3 的锥孔中，尾座套筒 3 装在尾座体 2 的孔中，并由平键 17 导向，所以它只能轴向移动，不能转动。摇动手轮 9 可使尾座套筒实现轴向移动。可用手柄 4 转动螺杆 18 以拉紧套筒 19 和 20，从而将尾座套筒 3 锁紧。如需卸下顶尖，应先将锁紧手柄 4 旋松，再转动手轮 9，使套筒 3 后退，直到丝杠 5 的左端顶住后顶尖，将后顶尖从锥孔中顶出。

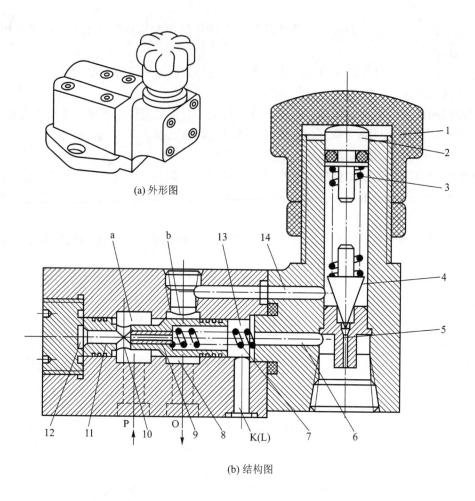

(a) 外形图

(b) 结构图

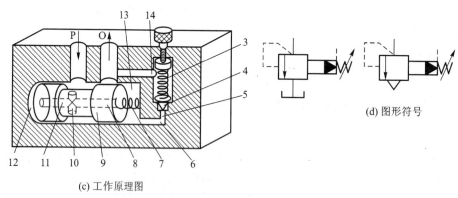

(c) 工作原理图

(d) 图形符号

图 4-11 先导式溢流阀

1—调压螺母；2—柱塞；3—锥阀弹簧；4—锥阀芯；5、6、14—先导阀油孔；

7—主阀弹簧；8—阻尼孔；9—主阀芯；10—油孔；11—中心孔；12、13—主阀两端油腔；

a—主阀进油腔；b—主阀出油腔

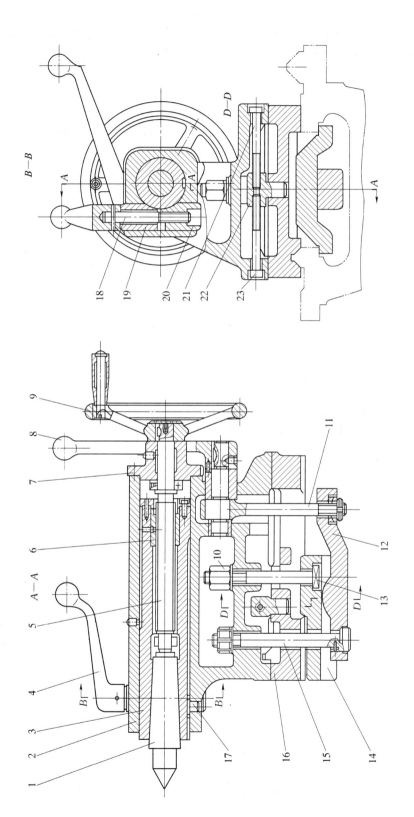

图 4-12　CA6140 卧式车床尾座结构图

1—后顶尖；2—尾座体；3—尾座套筒；4，8—手柄；5—丝杆；6，10，22—螺母；7—端盖；
9—手轮；11—拉杆；12，14—压杆；13，15—螺栓；16—尾座底板；17—平键；
18—螺杆；19，20—套筒；21，23—调整螺钉

调整螺钉 21 和 23 用于调整尾座体 2 的横向位置（尾座体可沿尾座底板 16 横向导轨作横向移动），满足用偏移尾座法车削圆锥的需要，或调整后顶尖中心线在水平面内的位置，使它与主轴中心线重合。

2. 尾座的装配

尾座的关键部件是套筒。套筒的精度主要由机械加工来保证，但是，若装配不当，尾座的精度同样会被降低。

（1）装配前的准备

1）装配前应先用锉刀将尾座套筒上键槽、油槽两侧面上产生的毛刺和翻边清除掉。

2）用油石将尾座套筒两端进行倒角处理。

3）对所装配的零件进行清洗、清理。

（2）尾座装配的参考步骤

1）将螺母 6 装入尾座套筒 3 后边的孔中，油槽朝上和尾座套筒上的油孔对正，拧紧压盖上的螺钉将螺母固定在尾座套筒内。

2）将平键 17（T 形键）装入尾座壳体 2 的孔内。

3）将尾座套筒 3 擦干净涂润滑油，由尾座壳体孔后面向前装入，并使尾座套筒下面的键槽穿过平键 17。

4）将丝杠 5 涂润滑油后旋入尾座套筒内螺母 6 的孔中。

5）在丝杠 5 上装入推力球轴承后（要注意轴承的松、紧圈位置正确），再装上尾座壳体端盖 7，并拧紧螺钉固定。

6）将拉杆 11 左边的轴承套装入尾座壳体孔中。

7）装拉杆 11 和插入控制拉杆的偏心轴。

8）将拉杆 11 右边的轴承套装入孔中。

9）在偏心轴上装上月牙键后，再装手柄 8，拧紧紧固螺钉将手柄 8 固定在偏心轴上。

10）在丝杠上装上月牙键后再装手轮 9，最后装盖板和压紧螺钉，将手轮 9 和丝杠 5 固定成一个整体。

11）将螺杆 18 装入手柄 4 的孔中，并用定位销固定，组成锁紧手柄 4 的组合件。

12）按一定的方向将套筒 19 从尾座体上面孔中装入，在套筒上面放上调整垫圈后，插入手柄 4 组合件。

13）按一定方向将带有内螺纹的套筒 20 从下向上装入尾座体内，并将手柄 4 的螺杆旋入套筒 20 的孔内。

14）旋转手柄 4 压紧尾座套筒 3，压紧后若手柄 4 的位置不合适，通过修磨调整垫圈厚度的方法使手柄 4 的位置正确。

其他部件、零件可在尾座安装到床身上后装配。

4.2　减速器的装配

减速器应安装在原动机（电动机）与工作机之间，用于降低原动机的输出转速，且相应改变其转矩。图 4 - 13 为蜗杆锥齿轮减速器的结构装配图。

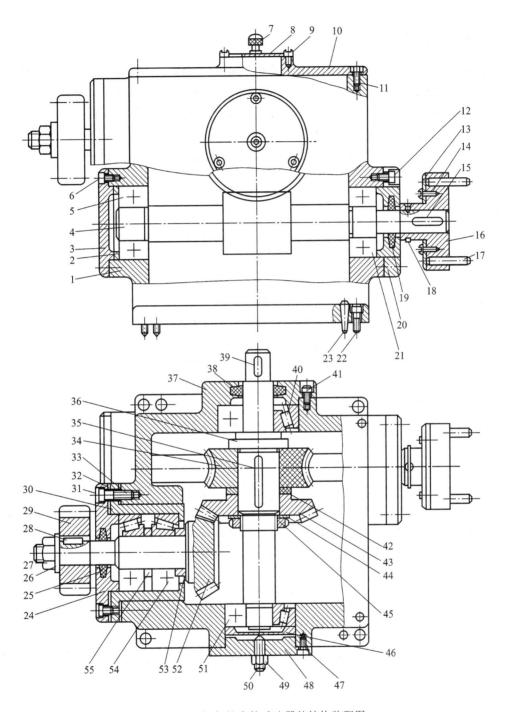

图 4 – 13 蜗杆锥齿轮减速器的结构装配图

1—箱体；2、32、33、42—调整垫圈；3、20、24、37、48—轴承盖；4—蜗杆轴；5、21、40、51、54—轴承；
6、9、11、12、14、22、31、41、47、50—螺钉；7—手把；8—盖板；10—箱盖；13—环；15、28、35、39—键；
16—联轴器；17、23—销；18—防松钢丝圈；19、25、38—毛毡；26—垫圈；27、45、49—螺母；29、43、52—齿轮；
30—轴承套；34—蜗轮；36—蜗轮轴；44—止动垫圈；46—压盖；53—衬垫；55—隔圈

一、减速器的结构

减速器的运动由联轴器传来，经蜗杆轴传至蜗轮。蜗轮与锥齿轮安装在同一根轴上，蜗轮的运动通过轴上的平键传递给锥齿轮副，锥齿轮副的运动又通过轴上的圆柱齿轮传出。各传动轴采用圆锥滚子轴承支承，各轴承之间的间隙通过垫圈和螺钉进行调整。蜗轮的轴向装配位置，可以通过修整轴承端盖台肩的尺寸来调整。锥齿轮的轴向装配位置，通过修整调整垫圈42的尺寸来控制。箱盖上设有观察孔，便于加注润滑油和检查传动件的啮合及工作情况。

二、减速器装配的技术要求

1）零部件和组件必须正确地安装在规定的位置上，不得装入图样上未做任何规定的垫圈、衬套等零部件。

2）对于固定的连接件，必须保证连接牢固、可靠。

3）旋转机构应能够灵活转动，轴承间隙要合适，各密封处不得有漏油现象。

4）锥齿轮副、蜗杆蜗轮副的啮合侧隙及接触斑点必须达到规定的技术要求。

5）润滑要良好，运转要平稳，噪声要小于规定值。

6）零部件在达到热平衡时，润滑油和轴承的温度不得超过规定的要求。

三、减速器的装配

零部件装配的主要工作包括对零部件的清洗、整形和补充加工，对零部件的预装、组装和调整等。

1. 对零部件的清洗和清理

对零部件的清洗和清理是指对所有需要进行装配的零部件上面的防锈油、锈污、残留切屑和铸件残存的型砂等异物均应进行清洗；同时，还要修锉箱盖、轴承盖等铸件的非加工表面，使其外形与箱体衔接处比较光滑；另外，需要对零部件进行去毛刺、倒钝锐边，修整在工序转运过程中因磕碰而产生的损伤。此外，对箱体内部清理后，应涂刷一层淡色的底漆。

2. 对零部件的补充加工

对零部件的补充加工包括对轴承盖与轴承座、箱盖与箱体等连接处螺纹孔的划线、钻孔、攻螺纹等加工过程，见图4-14。

3. 对零部件进行预装

为保证零部件的装配工作顺利进行，需要对某些零部件（配合件）进行试装，待配合达到要求后再拆卸下来，见图4-15。

4. 对组件的装配

根据装配单元系统图，该减速器可划分为锥齿轮轴、蜗杆轴、蜗轮轴、联轴器、3个轴承盖及箱盖等8个组件。其中只有锥齿轮轴组件（图4-16）可独立进行装配，装配后即可整体装入ϕ95H7孔内。对不能先行装配的组件，在对零部件进行总装前应做好预装试配工作。

锥齿轮轴组件的装配顺序及其装配单元系统图，分别见图4-17和图4-18。其装配工艺要点如下：

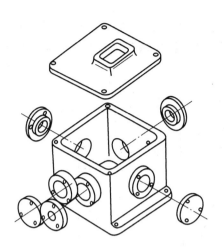

图 4 - 14　箱体与各相关零部件的配钻孔和攻螺纹

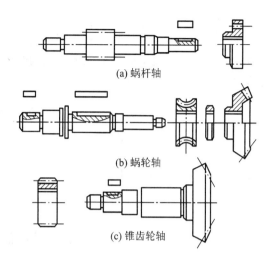

(a) 蜗杆轴

(b) 蜗轮轴

(c) 锥齿轮轴

图 4 - 15　轴类零部件的配键预装示意图

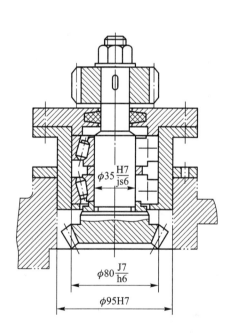

图 4 - 16　锥齿轮轴组件

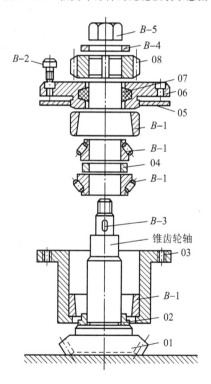

图 4 - 17　锥齿轮轴组件的装配顺序

1）装配轴承内、外圈时，应复检配合尺寸偏差是否符合要求；待合格后，将配合表面擦拭干净并涂上润滑油；最后，可用压入法或锤击法逐步将其装到相应位置上。

2）对油封毛毡的内、外尺寸落料时应按最大实体尺寸进行。

3）装配轴承盖时，应根据检测出的端面间隙来选配合适的调整垫圈。

4）组件装配好后，锥齿轮轴应能够灵活自如地转动，且无明显的轴向窜动。

177

5. 总装与调整

在完成减速器各组件装配后，即可进行总装配工作。总装配应该从基准零部件（箱体）开始进行组装。根据先里后外，先下后上的装配原则，该减速器应该首先装配蜗杆轴，然后再装配蜗轮轴。

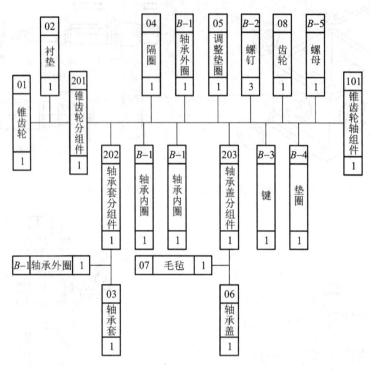

图 4 - 18　锥齿轮轴组件的装配单元系统图

（1）装配蜗杆轴

首先将蜗杆与两轴承内圈合成的组件装入箱体内，然后从箱体孔的两端装入两轴承外圈，再装上右端轴承盖组件，并用螺钉紧固。这时可轻轻敲击蜗杆轴的左端，使右端轴承的间隙消除并紧贴在轴承盖上，再装入左端调整垫圈和轴承盖（调整垫圈厚度时应使用塞尺测量，以保证蜗杆轴向间隙 Δ），并用螺钉紧固。最后用百分表在轴的伸出端进行实际轴向间隙的检查，见图 4 - 19。最后，根据检查的结果，再作进一步的修配和调整。

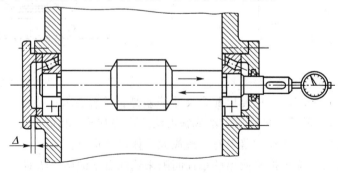

图 4 - 19　蜗杆轴向间隙的检查

（2）试装蜗轮轴

先确定蜗轮轴向的正确装配位置（图4-20），将轴承5的内圈装入轴的大端；然后将轴从左向右穿入箱体孔，依次装上已试配好的蜗轮3、轴承外圈以及工艺套2（为了调整时便于拆卸，暂时以工艺套代替小端轴承）；最后，移动轴，使蜗轮3与蜗杆4达到正确的啮合位置。要求蜗轮轮齿的对称中心平面与蜗杆的轴线重合，用游标深度尺测量尺寸H，并修整轴承盖1的台阶尺寸。

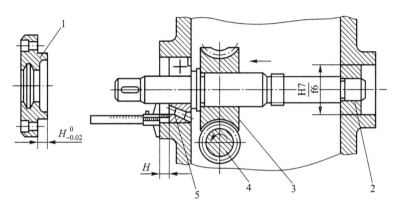

图4-20　蜗轮轴向的装配位置
1—轴承盖；2—工艺套；3—蜗轮；4—蜗杆；5—轴承

（3）试装锥齿轮轴组

确定两锥齿轮副的轴向的正确装配位置，见图4-21。先调整好蜗轮轴轴承的轴向间隙，再装入锥齿轮轴组，并调整两锥齿轮的轴向位置，使其达到两锥齿轮背锥面平齐。然后分别测量出用于放置调整垫圈的部位的H_1和H_2处的尺寸，并按尺寸配磨垫圈，最后卸下各零部件，并为输入、输出端的轴承盖配好油封毛毡。

（4）装配蜗轮与锥齿轮轴组

1）从大轴承孔的一端将蜗轮轴装入，同时依次将键、蜗轮、垫圈、锥齿轮、止动垫圈和圆螺母装到轴上。然后从箱体轴承孔的两端分别装入滚动轴承及轴承盖，用螺钉紧固并调整好轴承间隙。装好后，用手转动蜗杆轴时，应灵活无阻滞现象。

2）将锥齿轮轴组件与调整垫圈一起装入箱体，并用螺钉紧固；然后，复检齿轮啮合侧隙量，作进一步的调整，直至运转灵活为止。

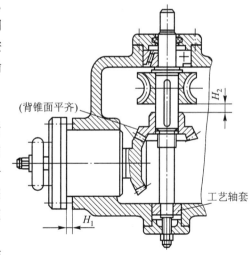

（背锥面平齐）

工艺轴套

图4-21　锥齿轮副的装配位置

（5）安装联轴器，用涂色法进行空运转检验齿轮的接触斑点情况，并作必要的调整。

（6）清理减速器内腔，安装箱盖组件，注入润滑油，最后装上盖板，连上电动机。

6. 空运转试车

用手转动联轴器试转，待一切符合要求后，接通电源，用电动机带动进行空车试运转。试运转的时间不少于 30 min，当达到热平衡时，轴承的温度及温升不能超过规定要求，齿轮和轴承无显著噪声，达到各项装配要求。

复习思考题

1. 简述 C630 型车床主轴调整的顺序及方法。
2. MG1432 型万能外圆磨床主轴装配的技术要求有哪些？
3. 为提高 MG1432 型万能磨床主轴的回转精度，在装配主轴轴承和调整垫圈时应注意哪些事项？
4. 简述液压缸装配的技术要求。
5. 液压缸的性能试验主要有哪两项？
6. 试述液压控制阀的功用及其分类。
7. 车床尾座的主要功用有哪些？
8. 怎样操作可将装在尾座上的顶尖卸掉？
9. 在车床上如何调整尾座与主轴的同轴度？
10. 试述减速器的功用及传动过程。
11. 装配减速器时，用什么方法可以保证锥齿轮的啮合间隙正确？

项目 5

机床的精度检验与试车

5.1 机床精度的检验

机床精度一般包括在两种情况下的精度。一种是机床在未受载荷情况下的原始精度，即几何精度；另一种是机床在载荷作用力情况下工作时的精度，即工作精度。

几何精度是指机床零件、部件本身的形状精度，零部件之间相互位置精度及相对运动精度。

工作精度是指机床在运动状态和切削力作用下的精度，即机床在工作情况下的精度。用机床加工出的零件精度高低来考核机床精度，称为机床的工作精度。

一、机床部分项目精度的检验方法

1. 机床主轴和工作台回转精度的检验方法

当主轴箱、旋转工作台及简单机械装配完成后，就要对主轴或旋转工作台的有关旋转精度进行检查并调整。

（1）径向圆跳动和斜向圆跳动的检验方法

1）检验主轴（或圆工作台）锥孔的径向圆跳动（图 5-1）

在锥孔中紧密地插入一根锥柄检验棒，将百分表固定在机床上，使百分表测头顶在检验棒表面上。旋转主轴（或工作台），分别在近主轴端的 a 处和距 a 处一定距离（300 mm 或 150 mm）的 b 处检验径向圆跳动。a、b 的误差分别计算。百分表读数的最大差值就是径向圆跳动的误差值。

为了避免锥孔接触不良而产生的测量误差，可将检验棒取出转过 180° 后再插入锥孔，按照上述办法重复检查一次。将前后两次的检查结果取平均值，就是径向圆跳动的误差值。

2）装弹簧夹头主轴孔径向圆跳动的检验方法（图 5-2）

在弹簧夹头孔中夹紧一检验棒，将百分表固定在机床上，使百分表测头顶在检验棒的表面上。旋转主轴，分别在主轴端 a 处和 b 处检验径向圆跳动。第一次读数后，松开检验棒，转120°重新夹紧，再测量一次。再转 120° 测一次。a、b 的误差分别计算。百分表在 a 处和 b 处 3 次读数的平均值就是 a、b 处径向圆跳动的误差值。

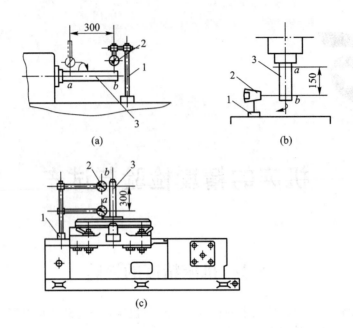

(a)

(b)

(c)

图 5-1 主轴(或圆工作台)锥孔径向圆跳动的检验
1—磁性表座；2—百分表；3—检验棒

3）主轴锥孔斜向圆跳动的检验方法（图 5-3）

将杠杆百分表固定在机床上，使百分表测头顶在主轴锥孔的内表面上，旋转主轴，百分表读数的最大差值就是斜向圆跳的误差值。这种方法在检验内圆磨头主轴锥孔时采用。

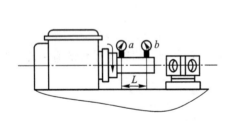

图 5-2 主轴装弹簧夹头主轴孔的径向圆跳动的检验

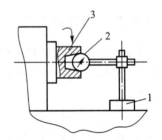

图 5-3 主轴锥孔斜向圆跳动的检验
1—磁性表座；2—杠杆百分表；3—内圆磨头主轴

4）主轴定心轴颈径向圆跳动和斜向圆跳动的检验方法（图 5-4）

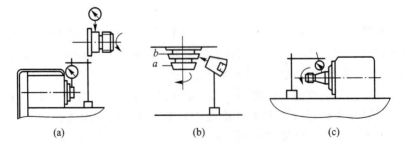

(a)

(b)

(c)

图 5-4 主轴定心轴颈径向和斜向圆跳动的检验

将百分表固定在机床上，使百分表测头顶在主轴定心轴颈表面上，旋转主轴，百分表读数的最大差值就是定心轴颈径向和斜向圆跳动的误差值。

5）工作台表面和定心孔径向圆跳动的检验方法

图5-5所示为机床工作台表面径向圆跳动的检验方法。图5-6所示为卧轴圆台平面磨床的工作台定心孔径向圆跳动的检验方法。

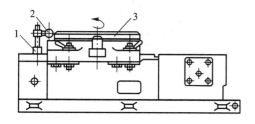

图5-5　工作台表面径向圆跳动的检验
1—磁性表座；2—百分表；3—工作台

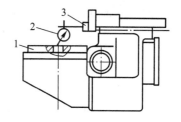

图5-6　工作台定心孔径向圆跳动的检验
1—工作台；2—杠杆百分表；3—磁性表座

将百分表固定在机床上，使百分表测头顶在被检验表上，旋转工作台，百分表的最大读数差值，即为工作台表面（定心孔）径向圆跳动的误差值。

6）其他机床轴类径向圆跳动的检验方法

单轴纵切自动车床分配轴装凸轮的轴颈径向圆跳动检验方法，见图5-7。将百分表的测头分别顶在主轴箱凸轮轴颈的a处、主刀架凸轮轴颈b处、天平刀架凸轮轴颈的c处和附件凸轮轴颈d处，旋转分配轴3，百分表读数的最大差值就是径向圆跳动的误差值。a、b、c、d处的误差应分别计算。

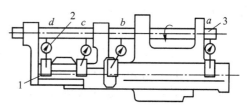

图5-7　分配轴径向圆跳动的检验
1—磁性表座；2—百分表；3—分配轴

（2）端面圆跳动和轴向窜动的检验方法

1）端面圆跳动的检验

对主轴上支承夹具或刀具的端面要检查端面圆跳动，检验方法见图5-8。将百分表测头顶在轴肩支承面靠近边缘的地方，旋转主轴，分别在相隔180°的a点和b点检验，a和b的误差分别计算。百分表两次读数的最大差值就是支承面的端面圆跳动的误差值。

工作台端面圆跳动的检验方法和检验主轴端面圆跳动一样，见图5-9。将百分表固定在机床上，测头顶在工作台面靠近边缘的地方，旋转工作台，在相隔180°的两点a、b处分别检

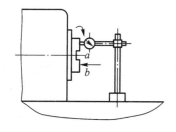

图5-8　主轴端面圆跳动的检验

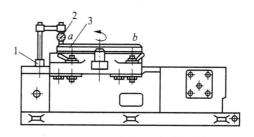

图5-9　工作台端面圆跳动的检验
1—磁性表座；2—百分表；3—工作台

验，a、b 的两点误差分别计算。百分表读数的最大差值就是端面圆跳动的误差值。

2）主轴轴向窜动的检验方法（图 5 - 10a）

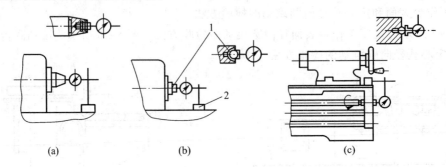

(a)　　　　　(b)　　　　　(c)

图 5 - 10　轴向窜动的检验
1—锥柄短检验棒；2—磁性表座

将平头百分表固定在机床上，使其测头顶在主轴中心孔中的钢球上，旋转主轴，百分表读数最大差值就是轴向窜动的误差值。

带锥孔主轴的轴向窜动应在主轴锥孔中紧密插入一根锥柄短检验棒，其中心孔内装有钢球，测量方法见图 5 - 10b。

丝杠和蜗杆轴向窜动的检验方法和检验主轴一样。但在检验时，丝杠和蜗杆要在正反转时分别检验，百分表读数的最大差值就是轴向窜动的误差值，其具体方法见图 5 - 10c。

2. 等高度和等距度的检验方法

图 5 - 11 所示为车床主轴锥孔中心线和尾座顶尖套锥孔轴线对床身导轨的等高度的检验示意图。在主轴锥孔和尾座套筒锥孔中插入两顶尖，在两顶尖间顶一根检验棒。把百分表固定在床鞍上，使百分表测头顶在检验棒的侧母线上，调整尾座，移动床鞍，使检验棒两端读数一样。再把百分表测头顶在检验棒的上母线上，移动床鞍，在检验棒两端检验，百分表在两端读数的差值就是等高度误差。

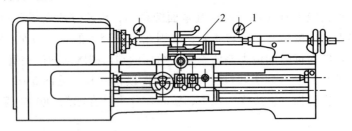

图 5 - 11　车床床头与尾座等高度的检验
1—千分表；2—圆柱检验棒

图 5 - 12 所示为内圆磨头支架孔轴线对头架主轴轴线等高度检查示意图。在内圆磨具支架孔中装一检验棒，在头架主轴锥孔内插入一根直径相等的检验棒。在工作台桥板上放一百分表，使其测头分别触及两根检验棒进行检验，百分表读数的差值就是内圆磨具支架孔轴线对头架主轴轴线的等高度误差。

图 5 - 13 所示为卧式车床光杠两轴承轴线对床身导轨等距度的检验示意图。在床身导轨上放一个与 V 形导轨相配的专用表座，在专用表座上固定两个百分表，使其测头一个顶在光杠

的上母线 a 上，一个顶在光杠的侧母线 b 上，床鞍位于床身的中间位置。在 A、B、C 三处各检验一次。然后将光杠旋转 $180°$，再同样检验一次，a、b 的误差分别计算。百分表在 A、B、C 三点读数的最大差值就是等距度误差。

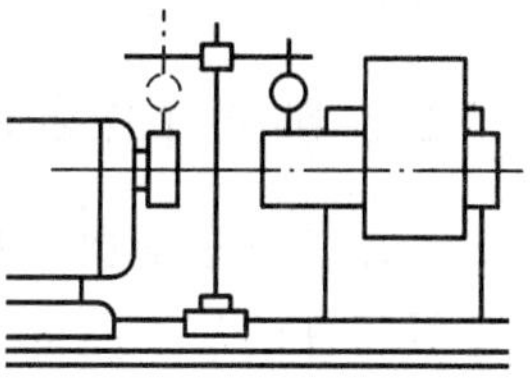

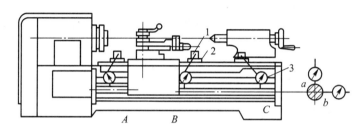

图 5-12 内圆磨头支架孔轴线对头架主轴轴线的等高度检查

3. 同轴度的检验方法

（1）回转法

回转法用来检验转塔车床主轴对工具孔的同轴度、卧式铣床刀杆支架孔对主轴轴线的同轴度以及插齿机主轴轴线对工作台锥孔轴线的同轴度等，见图 5-14。将百分表固定在主轴上，使百分表测头顶在被检验孔或轴的表面上（或插入孔中的检验棒表面上），旋转主轴检验，百分表读数最大差的一半即为同轴度的误差。

图 5-13 光杠两轴承轴线对床身导轨的等距度的检验

1—百分表座；2—专用垫板；3—百分表

（2）堵塞法

当检验滚齿机滚刀刀杆托架轴承与滚刀主轴回转轴线的同轴度时，因位置太紧凑而采用堵塞法。

在滚刀主轴锥孔中紧密地插入一根检验棒（图 5-15），在检验棒上套一配合良好的外锥套 4，在托架轴承孔内装一内锥套 3，内锥套 3 的内表面和外锥套 4 配合良好。将百分表固定在机床上，使百分表测头触及在托架外侧的检验棒表面上。将外锥套 4 进入和退出内锥套 3，百分表读数的最大差值的一半就是同轴度误差。

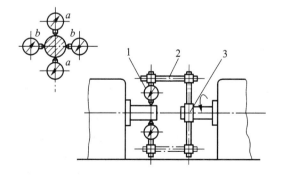

图 5-14 同轴度回转检验法

1—千分表；2—千分表座；3—轴环

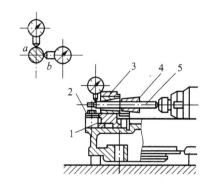

图 5-15 同轴度的堵塞检验法

1—滚刀心轴托架；2—压板；3—内锥套；
4—外锥套；5—滚刀心轴

185

在检验棒相隔 90°的 a、b 两条母线上各检验一次。

二、卧式车床的精度检验

车床进行车削加工时，影响工件加工质量的因素很多，其中车床精度就是一个重要因素。为保证工件的加工质量，必须在制造、维修及对车床进行检验时，严格按照车床的精度标准进行。下面以 CA6140 型卧式车床为例，具体地介绍有关它的检验方法（床身上最大回转直径小于或等于 800 mm，工件长度为 1 000 mm）。

1. 卧式车床几何精度的检验

卧式车床几何精度的检验标准见表 5－1。

表 5－1　卧式车床几何精度的检验标准（摘自 GB/T 4020—1997）

序号	检验项目	公差/mm			检验工具	检验方法参照 JB 2670—1982 的有关条文
		精密级	普通级			
		$D_a \leq 500$ 和 $L \leq 1\ 500$	$D_a \leq 800$	$800 < D_a \leq 1\ 600$		
G1	A—床身导轨调平 a）纵向：导轨在垂直平面内的直线度	$L \leq 500$ 0.01（凸）	$L \leq 500$ 0.01（凸）	0.015（凸）	精密水平仪、光学仪器或其他方法	a）3.1.1，3.2.1，5.2.1，2.2.1，5.2.1，2.2.2 条 应沿导轨全长在等距离各位置上检验 水平仪可以放在横向滑板上 b）当导轨不是水平面时，则用一个如 5.2.1，2.2.1 条图 12 所示的特殊平尺
		$500 < L \leq 1\ 000$ 0.015（凸） 局部公差：任意 250 测量长度上为 0.005	$500 < L \leq 1\ 000$ 0.02（凸） 局部公差：任意 250 测量长度上为 0.007 5	0.03（凸） 0.01		
		$1\ 000 < L \leq 1\ 500$ 0.02（凸） 局部公差：任意 250 测量长度上为 0.005	$L > 1\ 000$ 最大工件长度每增加 1 000 公差增加： 0.01 局部公差：任意 500 测量长度上为 0.015	0.02 0.02		
	b）横向：导轨应在同一平面内	水平仪的变化 0.03/1 000	水平仪的变化 0.04/1 000		精密水平仪	5.4.1.2.7 条 水平仪应横放在导轨上，并沿导轨全长在等距离各位置上进行检验 在任何位置上水平仪的变化均不得超过公差值

186

序号	检验项目	公差/mm			检验工具	检验方法参照 JB 2670—1982 的有关条文
		精密级	普通级			
		$D_a \leqslant 500$ 和 $L \leqslant 1\,500$	$D_a \leqslant 800$	$800 < D_a \leqslant 1\,600$		
G2	B—溜板 溜板移动 在水平面内 的直线度 在两顶尖 轴线和刀尖 所确定的平 面内检验	$L \leqslant 500$ 0.01	$L \leqslant 500$ 0.015	0.02	a)对于 $L \leqslant 2\,000$ mm：指示 器和两顶尖 间的检验棒 或平尺 b)不管 L 为任何 值：钢丝和 显微镜或光 学方法	a）5.2.3.2.3 或 5.2.3.2.1 条 指示器测量头触及检验 棒的正面母线（可以用具 有两平行面的平尺代替检 验棒） 顶尖间检验棒的长度应 尽可能等于 L 值 b）5.2.1.2.3 和 2.3， 2.3b 条
		$500 < L \leqslant 1\,000$ 0.015	0.02	0.025		
		$1\,000 < L \leqslant 1\,500$ 0.02	$L > 1\,000$ 最大工件长度每增加 1\,000 公差增加 0.005，最大公差为			
			0.03	0.05		
G3	尾座移动 对溜板移动 的平行度： a）在水 平面内； b）在垂 直平面内	a）0.02 局 部公差，任意 500 测量长度 上为 0.01 b）0.03 局 部公差，任意 500 测量长度 上为 0.02	$L \leqslant 1\,500$ a）和 b）0.03 局部公差： 任意 500 测量长度上为 0.02 $L < 1\,500$ a）和 b）0.04 局部公差： 任意 500 测量长度上为 0.03	a）和 b）0.04	指示器	5.4.2.2.5 条 尾座尽可能靠近溜板， 在二者一起移动时取读 数：保持尾座套筒锁紧， 使固定在溜板上的指示器 的测量头始终触及同一点
G4	C—主轴 a）主轴 轴向窜动 b）主轴 轴肩支承面 的圆跳动	a）0.005； b）0.01， 包括轴向窜动	a）0.01； b）0.02 包括轴向窜动	a）0.015； b）0.02	指示器和 专用检具	5.6.2， 5.6.2.1.2， 5.6.2.2.2 和 5.6.3.2 条 指示器的位置见 5.6.2， 5.6.2.2 和 5.6.3.2 条的 图 59 至图 64 和图 67。检 验 a）和 b）时施加力 $F^②$ 的 数值由制造厂规定
G5	主轴定心 轴颈的径向 圆跳动	0.007	0.01	0.015	指示器	5.6.1.2.2 和 5.6.2.1.2 条 施加力 $F^②$ 的数值由制 造厂规定 如主轴端部是锥体，则 指示器测头应垂直于锥体 母线安置

序号	检验项目	公差/mm			检验工具	检验方法参照 JB 2670—1982 的有关条文
		精密级	普通级			
		$D_a \leqslant 500$ 和 $L \leqslant 1\ 500$	$D_a \leqslant 800$	$800 < D_a \leqslant 1\ 600$		
G6	主轴轴线的径向圆跳动： a) 靠近主轴端面 b) 距主轴端面 $D_a/2$ 或不超过 300 mm①	a) 0.005 b) 在 300 测量长度上为 0.015 在 200 测量长度上为 0.01 在 100 测量长度上为 0.005	a) 0.01 b) 在 300 测量长度上为 0.02	a) 0.015 b) 在 500 测量长度上为 0.05	指示器和检验棒	5.6.1.2.3 条 注：对于 $D_a > 800$ mm 的车床，其测量长度可增加至 500 mm
G7	主轴轴线对溜板纵向移动的平行度 测量长度 $D_a/2$ 或不超过 300 mm①： a) 在水平面内 b) 在垂直平面内	a) 在 300 测量长度上为 0.01，向前 b) 在 300 测量长度上为 0.02，向上	a) 在 300 测量长度上为 0.015，向前 b) 在 300 测量长度上为 0.02，向上	a) 在 500 测量长度上为 0.03，向前 b) 在 500 测量长度上为 0.04，向上	指示器和检验棒	5.4.1.2.1，5.4.2.2.3 和 3.2.2 条 注：对于 $D_a > 800$ mm 的车床，其测量长度可增加至 500 mm
G8	主轴顶尖的径向圆跳动	0.01	0.015	0.02	指示器	5.6.1.2.2 和 5.6.2.1.1 条 指示器垂直于主轴顶尖锥面上。因为规定的公差是在与主轴轴线垂直平面内的，所以读数应除以 $\cos \alpha$，α 为锥体的半锥角。施加力 F② 的数值应由制造厂规定

188

序号	检验项目	公差/mm			检验工具	检验方法参照 JB 2670—1982 的有关条文
		精密级	普通级			
		$D_a \leq 500$ 和 $L \leq 1\,500$	$D_a \leq 800$	$800 < D_a \leq 1\,600$		
G9	D—尾座 尾座套筒轴线对溜板移动的平行度： a）在水平面内 b）在垂直平面内	a）在 100 测量长度上为 0.01，向前 b）在 100 测量长度上为 0.015，向上	a）在 100 测量长度上为 0.015，向前 b）在 100 测量长度上为 0.02，向上	a）在 100 测量长度上为 0.02，向前 b）在 100 测量长度上为 0.03，向上	指示器	5.4.2.2.3 条 尾座套筒伸出定长后，应按正常工作状态锁紧
G10	尾座套筒锥孔轴线对溜板移动的平行度： 测量长度 $D_a/4$ 或不超过 300 mm①： a）在水平面内 b）在垂直平面内	a）在 300 测量长度上为 0.02，向前 b）在 300 测量长度上为 0.02，向上	a）在 300 测量长度上为 0.03，向前 b）在 300 测量长度上为 0.03，向上	a）在 500 测量长度上为 0.05，向前 b）在 500 测量长度上为 0.05，向上	指示器和检验棒	5.4.2.2.3 条 尾座套筒按正常工作状况锁紧 注：对于 $D_a > 800$ mm 的车床，其测量长度可增加至 500 mm
G11	E—顶尖 主轴和尾座两顶尖的等高度	0.02，尾座顶尖高于主轴顶尖	0.04，尾座顶尖高于主轴顶尖	0.06，尾座顶尖高于主轴顶尖	指示器和检验棒	5.4.2.2.3 和 3.2.2 条 指示器测量头触及检验棒上母线。尾座和尾座套筒按正常工作状况锁紧，在检验棒两末端位置测取读数
G12	F—小刀架 小刀架纵向移动对主轴轴线的平行度	在 150 测量长度上为 0.015	在 300 测量长度上为 0.04		指示器和检验棒	5.4.2.2.3 条 调整好小刀架与主轴轴线在水平面内的平行之后，在垂直平面内检验（仅在小刀架的工作位置内）

序号	检验项目	公差/mm			检验工具	检验方法参照 JB 2670—1982 的有关条文
		精密级	普通级			
		$D_a \leq 500$ 和 $L \leq 1\,500$	$D_a \leq 800$	$800 < D_a \leq 1\,600$		
G13	G—横刀架 横刀架横向移动对主轴轴线的垂直度	0.01/300 偏差方向 $\alpha \geq 90°$	0.02/300 偏差方向 $\alpha \geq 90°$		指示器和平盘或平尺	5.5.2.2.3 和 3.2.2 条
G14	H—丝杠 丝杠的轴向窜动	0.01	0.015	0.02	指示器	5.6.2.2.1 和 5.6.2.2.2 条 如果进行 P3 工作精度检验,则此项可以删除
G15	由丝杠所产生的螺距累积误差	a)任意 300 测量长度上为 0.03 b)任意 60 测量长度上为 0.01	a)在 300 测量长度上为 $L \leq 2\,000$,0.04 $L > 2\,000$,最大工件长度每增加 1\,000 公差增加 0.005;最大公差 0.05 b)任意 60 测量长度上为 0.015		电传感器、标准丝杠、长度规和指示器	6.1 和 6.2 条 螺距精度用电传感器和两顶尖顶紧一根长度 300 mm 的标准丝杠,测量头触及螺纹的侧面检验。普通级车床还可用长度规和指示器一起使用,以便比较主轴转过几周后,溜板移动相应长度 对于这两种等级的车床来说,丝杠精度记录均应符合规定(在指定长度上沿变换 90° 的 4 条母线向前检查) 注:测量方法和允差由制造厂和用户协商,误差可以在 300 mm 范围内检查

① L 为最大工件长度,D_a 为床身上最大回转直径。

(1)检验 1

将床身导轨调平

1)导轨在垂直平面内的直线度误差(表 5-1 中的 G1a)

检验方法见图 5 – 16。将滑板靠近前导轨处后，在滑板的位置 e 上放一水平仪，然后等距离移动滑板逐段进行测量。把各段测量读数值逐点累积，并用坐标法画出导轨的直线度误差曲线图。曲线上到两点连线的最大距离就是该导轨在全长上的直线度误差。而曲线任意局部测量长度上的点到局部线段两端点连线的距离，就是导轨的局部误差。

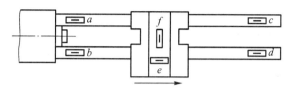

图 5 – 16　导轨在垂直平面内纵向直线度误差和横向平行度误差检验

2）导轨在垂直平面内的平行度误差（表 5 – 1 中的 G1b）

检验方法：在床鞍横向 f 的位置上放一水平仪，然后等距离移动床鞍逐段进行检验，移动距离同 1。

水平仪在全长上读数的最大代数差值就是该导轨的平行度误差（其精度要求见表 5 – 1）。

（2）检验 2

溜板移动在水平面内的直线度误差（表 5 – 1 中 G2，图 5 – 17）

检验方法：将百分表固定在溜板上，使其测量头触及主轴和尾座顶尖间的检验棒表面上，调整尾座，使百分表在检验棒两端的读数相等，移动溜板在全部行程上进行检验。百分表读数的最大代数差值就是该导轨的直线度误差，见图 5 – 17a。

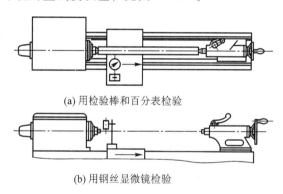

(a) 用检验棒和百分表检验

(b) 用钢丝显微镜检验

图 5 – 17　溜板移动在水平面内的直线度误差检验

当溜板行程大于 1 600 mm 时，可用直径约为 0.1 mm 的钢丝和读数显微镜检验，见图 5 – 17b。在机床中心较高的位置上拉紧一根钢丝，显微镜固定在溜板上，调整钢丝，使显微镜在钢丝两端读数相等。等距离移动溜板，在全部行程上进行检验，显微镜读数的最大代数差值就是该导轨的直线度误差。

（3）检验 3

尾座移动对溜板移动的平行度（表 5 – 1 中的 G3）

检验方法：如图 5 – 18 所示，将指示器（如百分

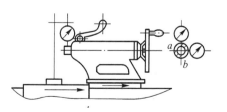

图 5 – 18　尾座移动对溜板
移动的平行度误差检验

191

表）固定在溜板上，使其测量头触及近尾座体端面的顶尖套筒上；图 5 – 18 中 a 位置表示在垂直平面内的情况，图 5 – 18 中 b 位置为在水平面内的情况。锁紧顶尖套筒，使尾座与溜板一起移动（即在同方向以同速度一起移动），在溜板全部行程上检验。指示器在任意 500 mm 行程上和全部行程上读数的最大差值就是局部长度和全长上的平行度误差。

（4）检验 4

主轴的轴向窜动和主轴轴肩支承面的端面圆跳动误差（表 5 – 1 中的 G4）

检验方法：如图 5 – 19 所示，将指示器固定在溜板上，使其测量头触及检验棒端部的钢球（图 5 – 19a 位置），沿主轴轴线方向对测量头施加一个力 F，慢速旋转主轴进行检验，指示器读数的最大差值就是主轴轴向窜动误差。

将指示器固定在溜板上，使其测量头触及主轴轴肩支承面上（图 5 – 19b 位置），沿主轴轴线施加一个力 F。慢慢旋转主轴，将指示器放置在相隔一定间隔的圆周位置上进行检验，其中最大误差值就是包括主轴轴向窜动误差在内的轴肩支承面的端面圆跳动误差。

（5）检验 5

主轴定心轴颈的径向圆跳动（表 5 – 1 中的 G5）

检验方法：如图 5 – 20 所示，固定指示器，使其测量头垂直触及轴颈（包括圆锥轴颈）的表面，沿主轴轴向施加一个力 F。旋转主轴进行检验，所得指示器读数的最大差值就是主轴定心轴颈的径向圆跳动误差。

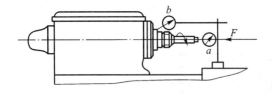

图 5 – 19　主轴的轴向窜动和主轴轴肩支　　　　图 5 – 20　主轴定心轴颈的径向
　　　　　承面的端面圆跳动误差检验　　　　　　　　　　　圆跳动误差检验

（6）检验 6

主轴锥孔轴线的径向圆跳动（表 5 – 1 中的 G6）

检验方法：如图 5 – 21 所示，将检验棒插入主轴锥孔内，固定指示器，使其测量头触及检验棒的表面，其中 a 为靠近主轴的位置；b 为距 a 点 300 mm 处；旋转主轴进行检验。

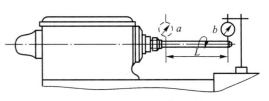

为消除误差影响，检验棒应相对主轴每旋转 90°后重新插入，再进行检验，共检验 4 次，4 次测量结果的平均值就是主轴锥孔轴线的径向圆跳动误差。

图 5 – 21　主轴锥孔轴线的径向圆跳动误差检验

（7）检验 7

主轴轴线对溜板纵向移动的平行度（表 5 – 1 中的 G7）

检验方法：如图 5 – 22 所示，将指示器固定在溜板上，使其测量头触及检验棒表面上（a 位置在垂直平面内，b 位置在水平面内），缓慢移动溜板进行检验。为消除检验棒轴线与旋转轴线不重合对测量造成的影响,必须旋转主轴180°作两次测量,两次测量结果的代数和之半,就是主轴轴线对溜板纵向移动的平行度误差。其中 a、b 位置的误差应分别计算。

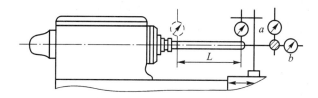

图 5 – 22 主轴轴线对溜板纵向移动的平行度误差检验

(8)检验8

主轴顶尖的径向圆跳动(表 5 – 1 中的 G8)

检验方法:如图 5 – 23 所示,将顶尖插入主轴的锥孔内,固定指示器,使其测量头垂直触及顶尖锥面上,沿主轴轴线方向施加一个力 F。旋转主轴进行检验,指示器读数的最大差值除以 $\cos \alpha$(α 为顶尖的锥体半角)后,就是主轴顶尖的径向圆跳动误差。

(9)检验9

尾座套筒轴线对溜板移动的平行度(表 5 – 1 中的 G9)

检验方法:如图 5 – 24 所示,将尾座紧固在相应的检验位置上,指示器固定在溜板上,使其测头触及尾座套筒的表面(a 位置在垂直平面内,b 位置在水平面内),缓慢移动溜板进行检验。指示器读数的最大差值,就是尾座套筒轴线对溜板移动的平行度误差。其中 a、b 位置的误差应分别计算。

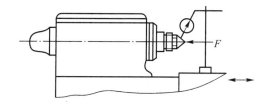

图 5 – 23 主轴顶尖的径向圆跳动误差检验

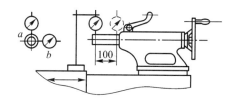

图 5 – 24 尾座套筒轴线对溜板移动
的平行度误差检验

(10)检验10

尾座套筒锥孔轴线对溜板移动的平行度误差(表 5 – 1 中的 G10)

检查方法:如图 5 – 25 所示,使尾座套筒的伸出量约为最大伸出长度的一半,并将其锁紧。将检验棒插入尾座套筒锥孔内,指示器固定在溜板上,使其测量头触及检验棒表面上(a 位置在垂直平面内,b 位置在水平面内)。移动溜板进行检验,一次检验后,拔出检验棒,旋转180°重新插入尾座套筒锥孔内,重复检验一次。两次测量结果的代数和之半,就是尾座套筒锥孔轴线对溜板移动的平行度误差。

(11)检验11

主轴和尾座两顶尖的等高度(表 5 – 1 中的

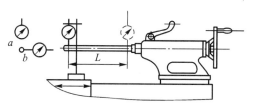

图 5 – 25 尾座套筒锥孔轴线对溜
板移动的平行度误差检验

G11）

检验方法：如图 5-26 所示，在主轴与尾座顶尖间装入检验棒，指示器固定在溜板上，使其测量头在垂直平面内触及检验棒，移动溜板在检验棒的两极限位置上进行检验。指示器在检验棒两端读数的差值，就是主轴和尾座两顶尖的等高度误差。检验时，尾座顶尖套筒应退入尾座孔内，并锁紧。

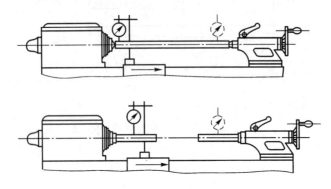

图 5-26　主轴和尾座两顶尖的等高度误差检验

（12）检验 12

小刀架纵向移动对主轴轴线的平行度（表 5-1 中的 G12）

检验方法：如图 5-27 所示，将检验棒插入主轴锥孔内，指示器定在小滑板上，使其测量头在水平面内触及检验棒。调整小刀架，使指示器在检验棒两端的读数相等；再将指示器测量头在垂直平面内触及检验棒，并移动小刀架进行检验；然后，将主轴旋转 180°，用同样的方法再检验一次。两次测量结果的代数和之半，就是小刀架纵向移动对主轴轴线的平行度误差。

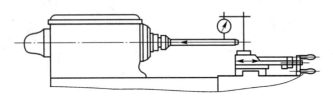

图 5-27　小刀架纵向移动对主轴轴线的平行度误差检验

（13）检验 13

横刀架横向移动对主轴轴线的垂直度（表 5-1 中的 G13）

检验方法：如图 5-28 所示，将平面圆盘固定在主轴上，指示器固定在横刀架（即中滑板）上，使其测量头触及圆盘平面，移动横刀架进行检验。然后，将主轴旋转 180°，再用同样的方法检验一次。两次测量结果的代数和之半，就是横刀架横向移动对主轴轴线的垂直度误差。

（14）检验 14

丝杠的轴向窜动（表 5-1 中的 G14）

检验方法：如图 5-29 所示，固定指示器，使其测量头触及丝杠顶尖孔内的钢球上（钢球用黄油粘牢）。在丝杠的中段处闭合开合螺母，并旋转丝杠进行检验。检验时，有托架的丝杠应在装有托架的状态下检验。指示器读数的最大差值，就是丝杠的轴向窜动误差。

194

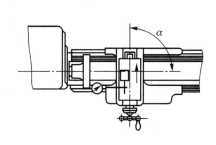

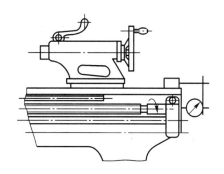

图 5 – 28 横刀架横向移动对主轴轴
线的垂直度误差检验

图 5 – 29 丝杠的轴向窜动误差检验

（15）检验 15

由丝杠所产生的螺距累积误差（表 5 – 1 中的 G15）

检验方法：将不小于 300 mm 长的标准丝杠装在主轴与尾座的两顶尖间。将电传感器固定在刀架上，使其触点触及螺纹的侧面，移动溜板进行检验。电传感器在任意 300 mm 和任意 60 mm 测量长度内读数的差值，就是由丝杠所产生的螺距累积误差。

2. 工作精度的检验

卧式车床工作精度的检验标准，见表 5 – 2。

表 5 – 2 卧式车床工作精度标准（摘自 GB/T 4020—1997）

序号	检验性质	切削条件	检验项目	公差[①]/mm			检验工具	说明参照 JB 2670—1982 有关条文
				精密级	普通级			
				$D_a \leqslant 500$ 和 $L \leqslant 1\,500$	$D_a \leqslant 800$	$800 < D_a \leqslant 1\,600$		
P1	车削夹在卡盘中的圆柱试件（圆柱试件也可插入主轴锥孔中）$D \geqslant D_a/8$ $l_1 = 0.5D_a$ $l_{1max} = 500$ mm $l_{2max} = 20$ mm	用单刃刀具在圆柱体上车削三段直径（如果 $l_1 < 50$ mm 则车削两段直径）	精车外圆 a）圆度 试件固定端环带处的直径变化，至少取四个读数（见 GB 1958）；b）在纵截面内直径的一致性 在同一纵向截面内测得的试件各端环带处加工后直径间的变化，应当是大直径靠近主轴端	a）0.007 b）0.02 $l_1 = 300$	a）0.01 b）0.04 $l_1 = 300$	a）0.02 b）0.04	圆度仪或千分尺	3.1, 3.2.2, 4.1, 4.2 条
				相邻环带间的差值不应超过两端环带之间测量差值的 75%（只有两个环带时除外）				

195

序号	检验性质	切削条件	检验项目	公差①/mm			检验工具	说明参照 JB 2670—1982 有关条文
				精密级	普通级			
				$D_a \leq 500$ 和 $L \leq 1\ 500$	$D_a \leq 800$	$800 < D_a \leq 1\ 600$		
P2	车削夹在卡盘中的圆柱试件 $D \geq 0.5D_a$ $L_{max} = D_a/8$	车削垂直于主轴的平面(仅车两段或三段平面,其中之一为中心平面)	精车端面的平面度只许凹	300 直径上为 0.015	300 直径上为 0.025		平尺和量块或指示器	3.1, 3.2.2, 4.1, 4.2 条
P3	圆柱试件的螺纹加工 $L = 300$ mm 车三角形螺纹(GB 192)	从丝杠某一点开始切削螺纹,试件的直径和螺距应尽可能接近丝杠的直径和螺距	精车 300 mm 长螺纹的螺距累积误差	a)在 300 测量长度上为 0.03 b)任意 60mm 测量长度上为 0.01	a)在 300 测量长度上为: $L \leq 2\ 000$ 0.04 $L > 2\ 000$ 最大工件长度每增加 1 000 mm 允差增加 0.005 最大公差 0.05 b)任意 60 mm 测量长度上为 0.015		专用检验工具	3.1, 3.2.2, 4.1,4.2, 6.1, 6.2 条 螺纹应当洁净,无凹陷或波纹

① L 为最大工件长度,D_a 为床身上最大回转直径。

(1)检验 1

精车外圆的圆度、圆柱度误差(表 5-2 中的 P1)

检验方法见图 5-30。取直径大于或等于 $D_a/8$(D_a 为最大工件回转直径)的钢质圆柱试件,用三爪自定心卡盘夹持(也可直接插入主轴孔内),在机床达到稳定温度的情况下,用车刀在圆柱面上精车三段直径。

精车后,在三段直径上检验圆度和圆柱度误差。圆度误差以试件同一横剖面内最大直径与最小直径之差计算;圆柱度误差以试件在任意轴向剖面内最大直径与最小直径计算(只允许靠近主轴箱方向的尺寸偏大)。

(2)检验 2

车削夹在卡盘中的圆柱试件(表 5-2 中的 P2)

检验方法见图 5-31。选用直径大于或等于 $D_a/2$ 的盘形铸铁试件,用卡盘夹持,在机床达到稳定工作温度的情况下,精车垂直于主轴的端面,可车削两个或三个间隔为 20 mm 宽的平面，其中一个为中心平面。

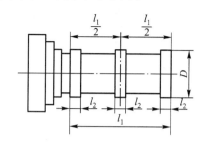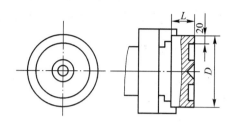

图 5 – 30　精车外圆的圆度、
圆柱度误差检验

图 5 – 31　精车端面时的平面度误差检验

精车后，用平尺或量块检验，也可以用百分表检验。百分表固定在横刀架上，使其测量头触及端面的后部半径上，移动刀架进行检验，百分表读数最大差值的一半，就是精车端面时的平面度误差。

（3）检验 3

圆柱试件的螺纹加工(表 5 – 2 中的 P3)

检验方法见图 5 – 32。在车床两顶尖间装夹一根直径与车床丝杠直径相近(或相等)、长度 L 大于或等于 300 mm 的钢质试件，精车出和车床丝杠螺距相等的三角形螺纹。

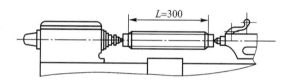

图 5 – 32　精车螺纹时的螺距误差检验

精车后，在 300 mm 和任意 50 mm 的长度内，用专用精密检验工具在试件螺纹的左右侧面，检验其螺距误差。同时，还要求螺纹表面无凹陷与波纹，表面粗糙度达到相关技术要求。

5.2　试　车　简　介

机器设备装配后，必须进行试车，试车达到要求后，装配工作才算完成。

一、试车前的准备

1）装配工作完成后，在机器起动前必须清理现场，把多余的材料、工具全部移开，以保证试车的安全顺利进行。机器起动前，应对整个装配情况再进行一次检查，看是否达到试车要求。技术文件规定的部件试验是否已按规定做过，是否已达到规定要求。

2）机器起动前，进给机构通常都应处于"停止"位置，应仔细检查安全防护装置，确保其可靠。

3）机器起动前应用手转动各传动件，运转应灵活无阻碍。各操作手柄应操纵灵活，定位准确。设备润滑系统应清洁畅通。

4）对于一些大型设备，试车若需多人的，应指定一个试车总指挥。试车人员分工应明确，各负其责，准备就绪后由试车总指挥发布起动机器设备的指令。

二、起动过程

机器起动后，要密切注意起动后的各项动态，一般应注意以下几个方面：

1）起动后，应立即观察供油系统是否正常，有无异常噪声和振动；然后根据机器的不同特征，按试车规定的各项工作性能参数及其指标进行读数并记录，并判断是否正常。例如：各部分温升是否正常；噪声和振动是否正常；各级转速是否正确；液压系统和润滑系统的工作是否正常等。

2）起动过程中，发现不正常征兆时，应立即检查、分析，并找出原因，当发现情况严重时，应立即停机。

3）起动过程应按规定的要求和次序进行，前一段试验完成后，再继续做下一段的试验，对试验中出现的问题应及时处理。

4）对于某些高速旋转机械，当转速升高到接近临界转速时，如果振动仍在允许的范围内，则继续升速并且要迅速越过临界转速，以免在临界转速下运转过久产生共振。当发现振动有可能超出允许范围时，应减速或停机查找原因，排除后，继续试车。达到额定转速后，需运转一段时间，记录各种性能参数。

三、试车的类型

1）空运转试验　是指机器或部件装配后，不加负荷所进行的运转试验。空运转试验的目的主要是检查在运转状态下，各部件工作是否正常，工作性能参数是否符合要求，同时各摩擦表面得到初始阶段的磨合，为负荷试验做好准备。

2）负荷试验　按照技术要求对机器加上额定负荷所进行的运转试验称为负荷试验。它是保证设备能在额定负荷条件下长期正常运转的试验，是试车的主要任务。

3）超负荷试验　是按照技术要求对机器设备进行超出额定负荷范围的运转试验。主要检查机器在特殊情况下超负荷工作的能力。超负荷试验一般不进行，多数是在机器试制时进行。

4）超速试验　是按照技术要求对机器设备进行超出额定转速范围的试验。主要是检查机器在特殊情况下超速运转的能力。

5）型式试验　一般是指对新产品样机的各项质量指标所进行的全面试验或检验。

6）性能试验　为测定产品的性能参数而进行的各种试验。如金属切削机床的加工精度试验；对动力机械进行的功率试验；对压缩机械进行的流量、压力试验；以及对各类设备进行的振动和噪声试验等。

7）寿命试验　是按照规定的使用条件和要求，对产品或其零、部件的寿命指标所进行的试验。

8）破坏性试验　是按规定的条件和要求对产品或其零、部件进行的直到破坏为止的试验。

复习思考题

1. 什么是机床的几何精度？什么是机床的工作精度？
2. 简述机床主轴回转精度的检验方法。
3. 简述机床等高度的检验方法。
4. 简述机床同轴度的检验方法。
5. 卧式车床几何精度共有几项？工作精度有哪几项？
6. 试述卧式车床床身导轨在同一水平面内平面度（即扭曲）的检验方法。
7. 试述卧式车床主轴轴向窜动的检验方法。
8. 试述卧式车床主轴轴线对溜板移动平行度的检验方法。
9. 试述卧式车床主轴定心轴颈径向圆跳动的检验方法以及主轴顶尖径向圆跳动的检验方法。
10. 试述卧式车床横刀架横向移动对主轴轴线垂直度的检验方法。
11. 简述试车前都应做好哪些准备工作。
12. 试车时，当起动后应注意的事项主要有哪几点？
13. 对于高速运转的机械，在试验转速时应注意些什么？
14. 什么叫空运转试验？
15. 什么叫负荷试验？
16. 什么叫超负荷试验？
17. 什么叫超速试验？
18. 什么叫性能试验？
19. 什么叫寿命试验？
20. 什么叫破坏试验？

项目 **6**

考证综合练习

6.1 理论知识与技能训练试题

一、理论知识试题

（一）判断题（将判断结果填入题后括号中。正确的填"√"，错误的填"×"。）

1. 工序是指一个或一组工人在一个工作地对同一个或同时对几个工件连续完成的工艺。

（   ）

2. 工步是在加工表面和加工工具不变的情况下完成的工序。（   ）

3. 走刀是切削工具在加工表面上切削多次所完成的工艺过程。（   ）

4. 整个工艺过程只有一个工序。（   ）

5. 划线是机械加工的重要工序，被广泛地应用于成批生产和大量生产。（   ）

6. 合理选择划线基准是提高划线质量和效率的关键。（   ）

7. 划线时都应从划线基准开始。（   ）

8. 在划线过程中，圆心找出后即应打样冲眼。（   ）

9. 钻夹头用来装夹锥柄钻头，钻头套用来装夹直柄钻头。（   ）

10. 因每次的刮削量很小，因此要求机械加工后所留下的刮削余量不能太大，一般约在 0.05 ~ 0.4 mm 之间。（   ）

11. 刮削面积大、刮削前加工误差大、工件结构刚性差时，刮削余量就小。（   ）.

12. 对刮削面的精度要求，一般包括形状和位置精度、尺寸精度、接触精度及贴合程度、表面粗糙度等。（   ）

13. 检查刮削质量的方法有：用边长为 25 mm 的正方形方框内的研点数来确定刮削表面的尺寸精度。（   ）

14. 经过刮削后的工件表面组织比原来疏松，硬度降低。（   ）

15. 刮削具有切削量大、切削力大、产生热量大、装夹变形大等特点。（   ）

16. 粗刮时，显示剂应调得稀些，精刮时，显示剂应调得干些。（   ）

17. 研磨后的尺寸精度可达 0.01 ~ 0.05 mm。（   ）

18. 低碳钢塑性较好，不容易折断，常用来做小型研具。 （ ）

19. 磨粒号数大，磨料细；号数小，磨料粗。微粉号数大，磨料粗；反之，磨料就细。

（ ）

20. 平面研磨时，压力大，表面粗糙度值小，速度太快，会引起工件发热，但能提高研磨效率。 （ ）

21. 矫正后，金属材料硬度提高、性能变脆的现象称为冷作硬化。 （ ）

22. 矫正薄板料不是使板料面积延展，而是利用拉伸或压缩的原理进行加工。 （ ）

23. 金属材料弯曲时，在其他条件一定的情况下，弯曲半径越小，变形也越小。 （ ）

24. 材料弯曲后，中性层长度保持不变，但实际位置一般不在材料几何中心。 （ ）

25. 工件弯曲卸荷后，弯曲角度和弯曲半径会发生变化，出现回弹现象。 （ ）

26. 弯曲半径不变时，材料厚度越小，变形越大，中性层越接近材料的内层。 （ ）

27. 常用钢材的弯曲半径如果大于 2 倍的材料厚度，一般就可能会被弯裂。 （ ）

28. 材料弯曲部分发生了拉伸和压缩，其断面面积一定有所变化。 （ ）

29. 成批弯曲工件生产时，一定要用实验的方法，反复确定毛坯的准确长度，以免造成成批废品。 （ ）

30. 适用于屋架、桥梁、车辆、立柱和横梁等的铆接为紧密铆接。 （ ）

31. 铆接时，铆钉的直径一般等于板厚的 0.8 倍。 （ ）

32. 锡焊是用加热的烙铁沾上锡合金作为填充材料将零件连接起来的。 （ ）

33. 锡焊可以不使用焊剂。 （ ）

34. 锡焊用于焊接强度要求高或密封性要求好的连接。 （ ）

35. 粘接前应对粘接表面进行除锈、脱脂、机械打磨或人工打磨和清洗处理。 （ ）

36. 无机粘合剂的特点是强度较高，但不能耐高温。 （ ）

37. 有机粘合剂的特点是能耐高温，但强度较低。 （ ）

38. 无机粘合剂由磷酸溶液和氧化物组成。 （ ）

39. 有机粘合剂是一种高分子有机化合物。 （ ）

40. 减速器是装在原动机与工作机之间，用来增高输出转速，并相应地改变其输出扭矩的一种部件。 （ ）

41. 螺纹连接是一种可拆卸的固定连接，在机械中应用极为普遍。 （ ）

42. 为了使螺纹连接达到紧固且可靠的目的，必须保证螺纹之间具有一定的扭矩。 （ ）

43. 螺纹连接中的机械防松比摩擦力防松可靠。 （ ）

44. 一般螺纹连接都有预紧力要求，所以在拧紧螺母时的力量越大越好。 （ ）

45. 键是用于连接传动件，并能传递转矩的一种标准件。 （ ）

46. 松键装配时，要使锉配的键长与键槽长一致。 （ ）

47. 紧键装配时，要使键的上、下工作表面和轴槽、轮毂槽的底部贴紧，而两侧面应有间隙。

（ ）

48. 销连接在机构中除起连接作用外，还起定位和保险作用。 （ ）

49. 圆柱销按配合性质有间隙配合、过渡配合和过盈配合。 （ ）

50. 过盈配合的圆柱销连接可以多次重复拆装，不会降低配合精度。 （ ）

51. 定位销孔的加工，一般是相关零件调整好位置后一起钻铰。　　　　　（　　　）

52. 过盈连接是依靠包容件（孔）和被包容件（轴）配合后的间隙值达到紧固连接的。（　　　）

53. 过盈连接的结构简单，对中性好，承载能力强，还可避免零件由于有键槽等原因而削弱强度。　　　　　（　　　）

54. 圆柱面过盈连接的特点是压合距离短，装拆方便，配合面不易被擦伤拉毛，可用于需多次装拆的场合。　　　　　（　　　）

55. 采用管道连接时，管子在连接以前常需进行密封性试验，以保证管子没有破损和泄漏。　　　　　（　　　）

56. 管道方向的急剧变化和截面的突然改变都会造成压力损失，必须尽可能避免。（　　　）

57. 管道连接时，两法兰盘端面必须与管子的中心线平行。　　　　　（　　　）

58. 带传动是依靠带与带轮之间的摩擦或啮合来传递运动和动力的。　　　　　（　　　）

59. 带传动张紧力不足，带就会在带轮上打滑，使带急剧磨损。　　　　　（　　　）

60. 带传动张紧力过大，轴和轴承上作用力减小，则会降低带的使用寿命。　　　　　（　　　）

61. 平带传动的摩擦力大于 V 带传动的摩擦力。　　　　　（　　　）

62. 带轮工作表面的表面粗糙度值过大，则带磨损加快，所以带轮工作表面的表面粗糙度值应尽量小一些。　　　　　（　　　）

63. 采用多根 V 带传动时，为了节约 V 带，可以新旧带混用。　　　　　（　　　）

64. 安装带轮时，除两轮必须平行外，带轮的中间平面也应该重合。　　　　　（　　　）

65. 链传动机构是能保持恒定传动比的一种装置。　　　　　（　　　）

66. 在轴上安装链轮时，链轮的两轴线必须平行，否则将加剧链条的磨损，降低传动平稳性易使噪声增大。　　　　　（　　　）

67. 滚子链条两端的连接采用弹簧卡片锁紧形式时，卡片开口端的方向与链的运动方向应相同，以免运转中卡片被碰撞而脱落。　　　　　（　　　）

68. 压装齿轮时，应尽量避免齿轮偏心、歪斜和端面未紧贴轴肩等安装误差。　　　　　（　　　）

69. 两齿轮啮合侧隙与中心距偏差无关。　　　　　（　　　）

70. 齿轮接触面积和接触部位的正确性可用涂色法检查。　　　　　（　　　）

71. 轮齿上接触印痕的面积，应该在齿轮的高度上接触斑点不少于 30% ~ 60% ，在齿轮的宽度上不少于 40% ~ 90% ，分布的位置应是自节圆处上下对称分布。　　　　　（　　　）

72. 一对标准锥齿轮传动时，必须使两齿轮分度圆锥相切，两锥顶重合。　　　　　（　　　）

73. 锥齿轮传动机构的装配顺序与圆柱齿轮传动机构的装配顺序完全不同。　　　　　（　　　）

74. 蜗杆传动的优点是传动效率较高，但工作时发热量大，因此必须有良好的润滑。（　　　）

75. 蜗杆传动机构常用于传递空间两交错轴间的运动和功率。　　　　　（　　　）

76. 蜗杆传动具有传动比大而准确、工作平稳、噪声小且可以自锁的特点，故在起重设备上应用很广。　　　　　（　　　）

77. 蜗杆传动机构若用于分度，装配时则以提高其接触精度为主，使之增加耐磨性并能传递较大的转矩。　　　　　（　　　）

78. 蜗杆传动机构若用于传递运动，则以提高其运动精度为主，需尽量减小蜗杆副在运动中的空转角度。　　　　　（　　　）

79. 对于不太重要的蜗杆副，齿侧间隙可凭经验用手转动蜗杆，根据其空程角度判断侧隙大小。 （　）

80. 对运动精度要求较高的蜗杆副，可用百分表测量侧隙。 （　）

81. 联轴器装配的主要技术要求都是应保证两轴的同轴度。 （　）

82. 离合器的装配要求是接合与分离动作灵敏，能传递足够的转矩，动作平稳。 （　）

83. 挠性联轴器的同轴度要求比刚性联轴器的同轴度要求稍高。 （　）

84. 为了解决摩擦离合器的发热和磨损补偿问题，装配时应注意调整好摩擦面间的间隙。 （　）

85. 装配滚动轴承时，最基本的原则是要使施加的轴向压力直接作用在所装轴承的套圈的端面上，而尽量不影响滚动体。 （　）

86. 轴承的装配方法很多，有锤击法、螺旋压力机或液压机装配法、热装法等，最常用的是锤击法。 （　）

87. 用锤击法装配轴承并不是用锤子直接敲击轴承。 （　）

88. 对于过盈较大的轴承的装配，可以用螺旋压力机或液压机进行装配。 （　）

89. 热装法装配轴承适用于一切轴承的装配。 （　）

90. 装配圆锥调心滚子轴承时，轴承间隙是在装配后调整的。 （　）

91. 装配是按照一定的技术要求，将若干零件装成一个组件或部件，或将若干零件、部件装成一台机器的工艺过程。 （　）

92. 装配工作的好坏对产品质量可能有一定影响。 （　）

93. 机械产品的质量必须由装配最终来保证。 （　）

94. 起重时，千斤顶应垂直安置在重物下面。工作地面较软时，应加垫铁，以防陷入或倾斜。 （　）

95. 台虎钳是用来夹持工件的专用夹具。 （　）

96. 台虎钳的规格是用钳口宽度来表示的。 （　）

97. 砂轮机托架和砂轮之间的距离应保持在 3 mm 以内，以防工件扎入造成事故。 （　）

98. 量具按其用途和特点，可分为万能量具、专用量具和标准量具 3 种类型。 （　）

99. 游标卡尺、千分尺、百分表等量具是专用量具。 （　）

100. 选用量块组时，应尽可能采用最少的块数，块数越多，则误差越大。 （　）

101. 量块是机械制造业中长度尺寸的标准。 （　）

102. 塞尺是用来检验两个接合面之间间隙大小的片状量规。 （　）

103. 塞尺由钢片制成，所以可测量温度较高的工件。 （　）

104. 影响齿轮接触精度的主要因素是齿形精度及齿轮的安装是否正确。 （　）

105. 当圆柱齿轮接触斑点位置正确而面积太小时，是由于安装误差太大，应提高齿轮的安装精度。 （　）

106. 两圆柱齿轮啮合同向偏接触是因为两齿轮轴线歪斜。 （　）

107. 两圆柱齿轮啮合异向偏接触是因为两齿轮轴线不平行。 （　）

108. 两圆柱齿轮啮合单面偏接触是因为两齿轮轴线不平行。 （　）

109. 蜗杆和蜗轮接触斑点的正确位置应在蜗轮中部稍偏于蜗杆旋出方向。 （　）

110. 机器起动前，进给机构通常都应处于"停止"位置，应仔细检查安全防护装置，确保可靠。　　　　　　　　　　　　　　　　　　　　　　　　　　　　　（　　）

111. 机器起动后，应立即观察供油系统是否正常，有无异常噪声和振动。　（　　）

112. 起动过程中，发现不正常征兆时，应立即检查，分析并找出原因，当发现情况严重时，应立即停车。　　　　　　　　　　　　　　　　　　　　　　　　　　　　（　　）

113. 操作钻床时必须戴手套。　　　　　　　　　　　　　　　　　　　　（　　）

114. 装配双头螺柱时，其中心线必须与机体表面垂直。　　　　　　　　　（　　）

115. 松键连接能保证轴与轴上零件有较高的同轴度。　　　　　　　　　　（　　）

116. 楔键连接中，键的两侧面是工作面，键上面与键槽有一定间隙。　　　（　　）

117. 带传动时，带在带轮上的包角不能小于120°。　　　　　　　　　　（　　）

118. 正确安装V带的方法是：先将V带完全套在大带轮上，再往小带轮上安装。（　　）

119. 毡圈、橡胶油封式密封装置结构简单，但摩擦力较大，适用于运动速度不高时。
　　　　　　　　　　　　　　　　　　　　　　　　　　　　　　　　　　（　　）

120. 减小零件表面的粗糙度值，可以提高零件的疲劳强度。　　　　　　　（　　）

121. 在制作某些板材件时，必须先要按图样在板料上画成展开图形，才能进行落料和弯曲成形。　　　　　　　　　　　　　　　　　　　　　　　　　　　　　　（　　）

122. 标准群钻圆弧刃上各点的前角，比磨出圆弧刃之前减小，楔角增大，强度提高。（　　）

123. 钻小孔时，因钻头直径小，强度低，容易折断，故钻孔时的钻头转速要比钻一般孔低。
　　　　　　　　　　　　　　　　　　　　　　　　　　　　　　　　　　（　　）

124. 液体动压轴承的油膜形成和压力的大小与轴的转速有关。　　　　　　（　　）

125. 机床导轨面经刮削后，只要检验其接触点数达到规定要求即可。　　　（　　）

126. 在装配过程中，每个零件都必须进行试装，通过试装时的修理、刮削、调整等工作，才能使产品达到规定的技术要求。　　　　　　　　　　　　　　　　　　　　（　　）

127. 评定主轴旋转精度的主要指标是主轴的径向圆跳动和端面圆跳动误差。（　　）

128. 使用液压千斤顶放下重物时应缓慢地放开回油阀，不能突然放开。　（　　）

129. 在使用挥发性的零件清洗剂时，要特别注意防火措施，并且在零件清洗后，一定要采取防锈措施。　　　　　　　　　　　　　　　　　　　　　　　　　　　　（　　）

130. 水剂清洗剂清洗零件后，零件表面涂一层润滑油就可以装配。　　　（　　）

131. 所有的工艺基准，即装配、测量、定位、工序基准，都应该与设计基准保持一致，否则零件加工精度就达不到设计要求。　　　　　　　　　　　　　　　　　　（　　）

132. 工件由装夹到夹紧的过程称为工件的安装。　　　　　　　　　　　　（　　）

133. 在满足加工要求的前提下，限制自由度的数目少于4个的定位，称为不完全定位。
　　　　　　　　　　　　　　　　　　　　　　　　　　　　　　　　　　（　　）

134. 工件在V形架上定位时，它可限制4个自由度。　　　　　　　　　（　　）

135. 在高温、重载工作条件下工作的滚动轴承，应选用高粘度润滑油。　（　　）

136. 车床床身导轨的平行度超差不会影响到精车外圆的圆柱度。　　　　　（　　）

137. 滑动轴承装配完后，必须进行空运转试车4 h，试车中若进行故障处理、换油等，空运转时间则减去处理时间，累积4 h即可。　　　　　　　　　　　　　　　　（　　）

138. 角接触球轴承背靠背安装时，预紧力以两轴承轴向间的内、外垫来调整，一般应该是外垫比内垫厚。　　　　　　　　　　　　　　　　　　　　　　　（　）

139. 推力球轴承两环的内孔尺寸不一样，有松环、紧环之分，在装配时，松环必须随轴一起转动，紧环靠在孔壁上。　　　　　　　　　　　　　　　　　　　　　（　）

140. 外锥内柱轴承孔的刮削，首先是要求外锥与锥孔的接触精度，接触区应达60%以上，才能保证内孔刮削或工作中不变形。　　　　　　　　　　　　　　　　　　（　）

141. 测量机床导轨直线度的测量数据（用水平仪测量）为0、+1格、+3格、+5格，做出曲线图后，该曲线呈中凸形。　　　　　　　　　　　　　　　　　　　　　（　）

142. 主轴的轴向窜动的检测，是使固定的百分表测头触及心棒端部中心孔内的钢球，缓慢而均匀地用手转动主轴，百分表读数的最大差值即是轴向窜动误差。　　　　　（　）

143. 检验主轴中心线对床鞍移动的平行度时，也要将检验心棒相对于主轴翻转180°测量两次，两次测量结果代数和的一半，即是平行度误差。　　　　　　　　　　　（　）

144. 在检验主轴和尾座两顶尖的等高度时，首先要将尾座心棒侧母线与主轴心棒侧母线调整到合格精度的位置，才能检测该项目。　　　　　　　　　　　　　　　　（　）

145. 设备工作精度的形位公差超差，是由设备的几何精度或综合精度超差造成的，另外还有设备的刚性、弹性变形、热变形。　　　　　　　　　　　　　　　　　　（　）

146. 卧式车床精车端面精度检验，是用千分表测头压住圆盘中心，随中滑板远离中心到边缘，其读数的最大差值即是误差值，并要求圆盘中凹。　　　　　　　　　　（　）

147. 标准群钻与标准麻花钻相比，其横刃缩短了。　　　　　　　　　　　　　（　）

148. 通常用水平仪或光学平直仪来检查导轨的直线度。　　　　　　　　　　　（　）

149. 圆柱面的研磨一般都采用手工与机器互相配合的方式进行。　　　　　　　（　）

150. 离心力的大小与转速的大小成正比。　　　　　　　　　　　　　　　　　（　）

151. 各有关装配尺寸所组成的尺寸链就是装配尺寸链。　　　　　　　　　　　（　）

152. 每个尺寸链至少有4个环。　　　　　　　　　　　　　　　　　　　　　（　）

153. 正弦规是专门测量工件角度的量具。　　　　　　　　　　　　　　　　　（　）

154. 台式钻床不适于锪孔和铰孔。　　　　　　　　　　　　　　　　　　　　（　）

155. 摇臂钻床的摇臂不能回转360°。　　　　　　　　　　　　　　　　　　　（　）

156. 装配工艺规程是组织装配生产的重要依据。　　　　　　　　　　　　　　（　）

157. 小孔钻削时，切削速度选择要适当，且孔径越小，切削速度应越大。　　（　）

158. 群钻是由麻花钻经过刃磨改进出来的一组先进钻头。　　　　　　　　　　（　）

159. 钻削有机玻璃的群钻，其外刃锋角$2\phi = 100° \sim 110°$。　　　　　　　　（　）

160. 静平衡只适用于长径比较小的旋转件。　　　　　　　　　　　　　　　　（　）

161. 轴承按其工作的摩擦性质分为滑动轴承和滚动轴承。　　　　　　　　　　（　）

162. 动压滑动轴承是将具有一定压力的润滑油通过节流器输入到轴与轴承之间，形成压力油膜将轴浮起，获得液体润滑的滑动轴承。　　　　　　　　　　　　　　　（　）

163. 整体式滑动轴承是指轴承与轴承座做成一体的轴承。　　　　　　　　　　（　）

164. 整体式滑动轴承装配时，应根据轴套尺寸和配合过盈的大小采取敲入法或压入法将轴套装入轴承座孔内，并进行固定。　　　　　　　　　　　　　　　　　（　）

165. 单个滚动轴承的预紧可通过调整螺母，使弹簧产生不同的预紧力施加在轴承内圈上，来达到预紧的目的。　　　　　　　　　　　　　　　　　　　　　　　　　　　　　（　　）

166. 按定向装配法装配后的轴承，应保证其内圈与轴颈不再发生相对转动，否则将丧失已获得的调整精度。　　　　　　　　　　　　　　　　　　　　　　　　　　　　　　（　　）

167. 轴承固定的方式有两端单向固定法和一端双向固定法。　　　　　　　　　　（　　）

168. 轴承采用两端单向固定法固定工件时不会产生轴向窜动，轴受热后能自由地向一端伸长，轴不会被卡死。　　　　　　　　　　　　　　　　　　　　　　　　　　　　　（　　）

169. 一个尺寸链至少有一个封闭环。　　　　　　　　　　　　　　　　　　　（　　）

170. 一个尺寸链中，组成环均可分为增环和减环。　　　　　　　　　　　　　（　　）

171. 尺寸链中，封闭环的公差等于各增环的公差与各减环的公差之和。　　　　（　　）

172. 装配精度完全取决于零件制造精度。　　　　　　　　　　　　　　　　　（　　）

173. 正弦规可用于直接测量工件的角度或锥度。　　　　　　　　　　　　　　（　　）

174. 车床精车端面试验中，试件的最大长度为最大车削直径的 1/8。　　　　　（　　）

175. 卧式车床的几何精度检验共包括 G16 项。　　　　　　　　　　　　　　（　　）

176. 立式钻床工作台不能绕床身转动。　　　　　　　　　　　　　　　　　　（　　）

177. 钻较深的小孔时，可采用两面同时钻孔的方法。　　　　　　　　　　　　（　　）

178. 在斜面上钻孔时，一般情况下可先用立铣刀在斜面上铣出一个平面，再钻孔。（　　）

179. 钻削深孔一般用接长钻套的方法来加工。　　　　　　　　　　　　　　　（　　）

180. 钻削两个直径不等的相交孔时，一般先钻直径较小的孔，再钻直径较大的孔。（　　）

181. 标准群钻的主切削刃分为两段，有利于分屑、排屑和断屑。　　　　　　　（　　）

182. 钻削精密孔的关键是钻床精度高且转速及进给量合适，与钻头无关。　　　（　　）

183. 钻薄板的群钻，其外缘刀尖比中心刀尖高 0.5 ~ 1 mm，中心刀尖起定心作用，外缘刀尖切外圆，即可将薄板很整齐地切下一个圆。　　　　　　　　　　　　　　　　　（　　）

184. 水平仪中气泡移动的距离越大，说明水平仪倾斜的角度越大。　　　　　　（　　）

185. 与标准麻花钻相比，群钻钻削轻快省力，轴向力和转矩小。　　　　　　　（　　）

186. 适当地增大滚动轴承的配合间隙，可以提高主轴的旋转精度。　　　　　　（　　）

187. 钻小孔时，以手进刀为宜。　　　　　　　　　　　　　　　　　　　　　（　　）

188. 钻削有机玻璃时，应加足切削液，选择合适的转速和较大的进给量。　　　（　　）

189. 用加热法装配轴承时，不能用锤子直接敲击。　　　　　　　　　　　　　（　　）

190. 测量滚动轴承内圈径向圆跳动误差时，外圈固定不动，内圈端面上加适当负荷。（　　）

191. V 带传动时，带与带轮靠侧面接触来传递动力。　　　　　　　　　　　　（　　）

192. 铰刀的种类很多，按使用方法可分为手用铰刀和机用铰刀两大类。　　　　（　　）

193. 丝锥、扳手、麻花钻多用硬质合金制成。　　　　　　　　　　　　　　　（　　）

194. 划线的作用之一是确定工件的加工余量，使机械加工有明显的加工界线和尺寸界线。　　　　　　　　　　　　　　　　　　　　　　　　　　　　　　　　　　　　（　　）

195. 找正就是利用划线工具，使工件上有关部位处于合适的位置。　　　　　　（　　）

196. 划线时涂料只有涂得较厚，才能保证线条清晰。　　　　　　　　　　　　（　　）

197. 锯条装反后不能正常锯削，原因是前角为负值。　　　　　　　　　　　　（　　）

198. 錾子后角的作用是减小后刀面与工件切削面之间的摩擦，引导錾子顺利錾削。（　　）

199. 錾子前角的作用是减小切削变形，使切削较快。（　　）

200. 锉削可完成工件各种内、外表面及形状较复杂的表面加工。（　　）

201. 粗齿锉刀适用于锉削硬材料或狭窄平面。（　　）

202. 粘接的工艺正确性及粘接剂选择的正确性，对粘接后的效果影响极大。（　　）

203. 所有的金属材料都能进行校直与弯形加工。（　　）

204. 脆性材料较适合于弯形加工。（　　）

205. 校直轴类零件弯曲变形的方法是使凸部受压缩短，使凹部受拉伸长。（　　）

206. 钻头顶角越大，轴向所受的切削力越大。（　　）

207. 麻花钻主切削刃上各点后角不相等，其外缘处后角最小。（　　）

208. 用麻花钻钻较硬材料，钻头的顶角应比钻软材料时磨得小些。（　　）

209. 将要钻穿孔时应减小钻头的进给量，否则易折断钻头或卡住钻头等。（　　）

210. 钻孔时加切削液的目的是以润滑为主。（　　）

211. 扩孔钻的刀齿较多，钻心粗，刚度好，因此切削量可大些。（　　）

212. 手铰过程中要避免刀刃常在同一位置停歇，否则易使孔壁产生振痕。（　　）

213. 铰削带键槽的孔，可采用普通直槽铰刀。（　　）

214. 铰铸铁孔加煤油润滑，铰出的孔径略有缩小。（　　）

215. 铰孔选择铰刀时，只需孔径的基本尺寸和铰刀的公称尺寸一致即可。（　　）

216. 精刮时落刀要轻，起刀要快，每个研点只刮一刀，不能重复。（　　）

217. 刮花的目的是为了美观。（　　）

218. 在研磨过程中，研磨压力和研磨速度对研磨效率及质量都有很大影响。（　　）

219. 用于研磨的研具应比工件硬，这样研出的工件质量才好。（　　）

220. 手攻螺纹时，每扳转铰杠一圈就应倒转 1/2 圈，不但能断屑，且可减少切削刃因粘屑而使丝锥轧住的现象发生。（　　）

221. 机攻螺纹时，丝锥的校准部位应全部出头后再反转退出，这样可保证螺纹牙型的正确性。（　　）

222. 电磨头的砂轮工作时转速不快及形状不规则都不要紧。（　　）

223. 润滑油的牌号数值越大，粘度越高。（　　）

224. 对滚动轴承预紧，能提高轴承的旋转精度和寿命，减小振动。（　　）

225. 装配滚动轴承时，压力或冲击力不许通过滚动体。（　　）

226. 被装配产品的产量，在很大程度上决定产品的装配程序和装配方法。（　　）

227. 圆锥销装配后，要求销头大端有少量露出孔表面，小端不允许露出孔外。（　　）

228. 在密封性试验中，要达到较高压力多采用液压试验。（　　）

229. 在拧紧成组紧固螺栓时，应对称循环拧紧。（　　）

230. 两圆柱齿轮的啮合侧隙与中心距偏差毫无关系。（　　）

231. 张紧力不足而引起带轮打滑，若不及时调整将导致带的急剧磨损。（　　）

（二）选择题（选择正确答案，将答案序号填入题中空格处。）

1. 经过划线确定的加工尺寸，在加工过程中可通过_____来保证尺寸的精度。

207

A. 测量　　　　　　　B. 找正　　　　　　C. 借料　　　　　　D. 调整

2. 划线应从_____开始进行。

　　A. 工件中间　　　　B. 工件边缘　　　　C. 划线基准　　　　D. 工件几何中心

3. 一次装夹在方箱上的工件，通过方箱翻转，可划出_____个方向上的尺寸线。

　　A. 1　　　　　　　　B. 2　　　　　　　C. 3　　　　　　　D. 4

4. 一般划线精度能达到_____。

　　A. 0.025~0.05 mm　B. 0.25~0.5 mm　C. 0.5 mm 左右　　D. 0.5 mm 以上

5. 钻头直径大于 13 mm 时，夹持部分一般做成_____。

　　A. 柱柄　　　　　　B. 莫氏锥柄　　　　C. 莫氏柱柄　　　　D. 柱柄或锥柄

6. 当孔的精度要求较高和表面粗糙度值要求较小时，加工中应取_____。

　　A. 较大进给量和较小切削速度　　　　　B. 较小进给量和较大切削速度

　　C. 较大切削深度　　　　　　　　　　　D. 较小切削深度

7. 孔的精度要求较高和表面粗糙度值要求较小时，加工中应选用主要起_____作用的切削液。

　　A. 润滑　　　　　　B. 冷却　　　　　　C. 冷却和润滑　　　D. 清洗

8. 钻头套的号数是_____号。

　　A. 0~4　　　　　　B. 1~5　　　　　　C. 2~6　　　　　　D. 0~5

9. 钻头套一般外圆锥比内锥孔大 1 号，特制钻头套则大_____。

　　A. 1 号　　　　　　B. 4 号　　　　　　C. 3 号　　　　　　D. 2 号或更大

10. 机械加工后留下的刮削余量不宜太大，一般为_____ mm。

　　A. 0.05~0.4　　　　B. 0.04~0.05　　　C. 0.4~0.5　　　　D. 0.02~0.5

11. 校准工具是用来研点和检查被刮面_____的工具。

　　A. 角度　　　　　　B. 尺寸　　　　　　C. 表面粗糙度　　　D. 准确性

12. 粗刮时，显示剂应涂在标准研具表面上，精刮时，显示剂应涂在_____表面上。

　　A. 工件　　　　　　B. 校准平板　　　　C. 标准研具　　　　D. 工件或平板

13. 检查内曲面刮削质量时，校准工具一般是采用与其配合的_____。

　　A. 孔　　　　　　　B. 轴　　　　　　　C. 孔或轴　　　　　D. 标准研具

14. 当工件被刮削面小于平板面时，推研中最好_____。

　　A. 超出平板　　　　B. 不超出平板　　　C. 用力大一些　　　D. 用力小一些

15. 进行细刮时，推研后显示出有些发亮的研点，应_____。

　　A. 刮轻些　　　　　B. 刮重些　　　　　C. 先重后轻地刮　　D. 先轻后重地刮

16. 标准平板是检验、划线及刮削中的_____。

　　A. 基本量具　　　　B. 一般量具　　　　C. 基本工具　　　　D. 精密量具

17. 研具材料应比被研磨的工件_____。

　　A. 软　　　　　　　B. 硬　　　　　　　C. 牢固一些　　　　D. 重一些

18. 研磨孔径时，有槽的研磨棒用于_____。

　　A. 精研磨　　　　　B. 粗研磨　　　　　C. 精研磨或粗研磨　D. 超精研磨

19. 主要用于碳素工具钢、合金工具钢、高速钢和铸铁工件研磨的磨料是_____。

A. 碳化物磨料　　　B. 氧化物磨料　　　C. 金刚石磨料　　　D. 碳化硅

20. 研磨中起调制磨料、冷却和润滑作用的是_____。

A. 磨料　　　　　B. 研磨液　　　　　C. 研磨剂　　　　　D. 润滑脂

21. 冷矫正由于存在冷作硬化现象，因此只适用于_____。

A. 刚性好、变形严重的材料　　　　　B. 塑性好、变形不严重的材料

C. 刚性好、变形不严重的材料　　　　D. 棒料和板料

22. 材料弯曲后，外层因受拉力而长度_____。

A. 伸长　　　　　B. 缩短　　　　　C. 不变　　　　　D. 可能伸长或缩短

23. 当材料厚度不变时，弯曲半径越大，变形_____。

A. 越小　　　　　B. 越大　　　　　C. 可能大也可能小　D. 由小到大

24. 铆钉直径在 8 mm 以下的均采用_____。

A. 热铆　　　　　B. 冷铆　　　　　C. 混合铆　　　　　D. 紧固铆

25. 粘接接合处的表面应_____。

A. 粗糙些　　　　B. 细些　　　　　C. 粗细均匀　　　　D. 干净些

26. 采用控制螺栓长度法来保证预紧力时，按预紧力要求拧紧后的螺栓长度_____拧紧前的螺栓长度。

A. 等于　　　　　B. 大于　　　　　C. 小于　　　　　D. 等于或小于

27. 装配双头螺柱时，其中心线必须与机体表面_____。

A. 同轴　　　　　B. 平行　　　　　C. 垂直　　　　　D. 保持一定的角度

28. 拧紧矩形布置的成组螺母或螺钉时，应从_____扩展。

A. 左端开始向右端　　　　　　　　　B. 右端开始向左端

C. 中间开始向两边对称　　　　　　　D. 上到下

29. 机械防松装置包括_____防松。

A. 止动垫圈　　　B. 弹簧垫圈　　　C. 锁紧螺母　　　D. 紧固螺钉

30. 松键连接能保证轴与轴上零件有较高的_____。

A. 同轴度　　　　B. 垂直度　　　　C. 平行度　　　　D. 圆跳动

31. 轴上零件轴向移动量较大时，则采用_____连接。

A. 半圆键　　　　B. 导向平键　　　C. 滑键　　　　　D. 楔键

32. 动连接花键装配中，套件在花键轴上_____。

A. 固定不动　　　B. 自由滑动　　　C. 可以自由转动　D. 可自由滑动和转动

33. 圆锥销的规格是以_____和长度来表示的。

A. 小头直径　　　B. 大头直径　　　C. 中间直径　　　D. 锥度

34. 过盈连接装配时，应保证其最小过盈量_____连接所需要的最小过盈量。

A. 等于　　　　　B. 稍大于　　　　C. 稍小于　　　　D. 大于或小于

35. 带传动时，带在带轮上的包角不能_____120°。

A. 大于　　　　　B. 小于　　　　　C. 等于　　　　　D. 等于或大于

36. V 带传动中，在测量载荷 F 的作用下，产生的挠度大于计算值，说明张紧力_____规定值。

A. 大于　　　　　　B. 小于　　　　　　C. 等于　　　　　　D. 等于或小于

37. 两链轮装配后，中心距小于500 mm时，轴向偏移量应在_____ mm以下。

A. 1　　　　　　　B. 2　　　　　　　C. 3　　　　　　　D. 5

38. 安装渐开线圆柱齿轮时，接触斑点处于异向偏接触，其原因是两齿轮_____。

A. 轴线歪斜　　　　B. 轴线平行　　　　C. 中心距太大　　　D. 中心距太小

39. 蜗杆蜗轮传动机构装配后，蜗轮在任何位置上，用手旋转蜗杆所需的扭矩_____。

A. 均应相同　　　　B. 大小不同　　　　C. 方向相同　　　　D. 方向相反

40. 安装深沟球轴承时，当内圈与轴颈配合较紧，外圈与壳体孔配合较松时，应将轴承_____。

A. 先压入壳体孔中　　B. 先装在轴上　　　C. 同时压装　　　　D. 先加热后装配

41. 对刮削面进行粗刮时应采用_____法。

A. 点刮　　　　　　B. 短刮　　　　　　C. 长刮　　　　　　D. 长短结合

42. 装配时，使用可换垫片、衬套和镶条等消除零件间的积累误差或配合间隙的方法是_____。

A. 修配法　　　　　B. 选配法　　　　　C. 调整法　　　　　D. 完全互换法

43. 装配精度完全依赖于零件加工精度的装配方法是_____。

A. 完全互换法　　　B. 选配法　　　　　C. 调整法　　　　　D. 分组法

44. 台虎钳是用来夹持工件的_____。

A. 工具　　　　　　B. 专用夹具　　　　C. 通用夹具　　　　D. 万能夹具

45. 砂轮机托架和砂轮之间的距离应保持在_____ mm以内，以防工件扎入造成事故。

A. 5　　　　　　　B. 4　　　　　　　C. 3　　　　　　　D. 1

46. 发现精密量具有不正常现象时，应_____。

A. 报废　　　　　　　　　　　　　　　B. 及时送交计量检修单位检修

C. 继续使用　　　　　　　　　　　　　D. 不用

47. 冷作硬化后的材料给进一步的矫正或其他冷加工带来困难，必要时可进行_____处理，使材料恢复到原来的力学性能。

A. 淬火　　　　　　B. 回火　　　　　　C. 退火　　　　　　D. 调质

48. 齿轮接触面积和接触部位的正确性可用_____检查。

A. 压铅丝法　　　　B. 百分表法　　　　C. 涂色法　　　　　D. 检查仪

49. 支承座孔和主轴前后颈的_____误差，使轴承内外圆滚道相对倾斜。

A. 平行度　　　　　B. 位置度　　　　　C. 圆跳动　　　　　D. 同轴度

50. CA6140型卧式车床主轴前端的锥孔为_____锥度。

A. 米制5号　　　　B. 米制6号　　　　C. 莫氏5号　　　　D. 莫氏6号

51. 一般机床导轨的平行度误差为_____/1 000。

A. 0.015 ~ 0.025 mm　　　　　　　　　B. 0.02 ~ 0.04 mm

C. 0.02 ~ 0.05 mm　　　　　　　　　　D. 0.03 ~ 0.5 mm

52. _____间隙直接影响丝杠副的传动精度。

A. 轴向　　　　　　B. 法向　　　　　　C. 径向　　　　　　D. 齿顶

53. 在 V 形架上定位，能限制圆柱工件的_____个自由度。

    A. 1   B. 2   C. 3   D. 4

54. 通常指孔的深度为孔径_____倍以上的孔叫深孔。

    A. 3   B. 4   C. 8   D. 10

55. 钻精密孔时，若工件材料为铸铁，切削速度一般选_____ m/min 左右。

    A. 5   B. 10   C. 20   D. 25

56. 当钻套内径大于 25 mm 时，钻套材料应采用_____。

    A. T10A   B. W18Cr4V   C. 20Cr   D. 3Crl3

57. 合金工具钢刀具材料的热处理硬度是_____ HRC。

    A. 40 ~ 45   B. 60 ~ 65   C. 70 ~ 80   D. 85 ~ 90

58. 磨削硬质合金时应选用_____砂轮。

    A. 棕刚玉   B. 白刚玉   C. 黑色碳化硅   D. 绿色碳化硅

59. 硬质合金的耐热温度是_____℃。

    A. 1 100 ~ 1 300   B. 800 ~ 1 000   C. 500 ~ 600   D. 300 ~ 400

60. 操作者对于安全操作规程，应做到应知、应会，_____不允许上岗独立操作设备。

    A. 未接受安全教育   B. 未经领导同意

    C. 未经专业培训   D. 未经安全教育考试合格

61. 电气装置或电气设备采取了保护接地措施后，一旦发生漏电，电流就通过_____的接地装置流入大地。

    A. 电压较大   B. 电容较小   C. 电阻较小   D. 电压较小

62. 当查出安全隐患后，应做到"三定"，即定人员、定期限和_____加以消除。

    A. 定问题   B. 定措施   C. 定计划   D. 定设备

63. 带传动、套筒滚子链传动、齿形链传动都存在带或链张不紧的问题，适当的张紧力是保证_____的主要因素。

    A. 传动比   B. 传动效率   C. 传动力   D. 传动力矩

64. 机械传动系统图是用来表示机械_____的综合简图。

    A. 传动比   B. 传动系统   C. 传动齿轮   D. 传动速度

65. 工件在短 V 形架上定位时，短 V 形架可限制_____个自由度。

    A. 2   B. 4   C. 5   D. 6

66. 零件在夹具中_____是绝对不允许的。

    A. 完全定位   B. 不完全定位   C. 过定位   D. 欠定位

67. 钻床的夹具主要依靠_____保证工件的加工精度。

    A. 操作人员的操作技术   B. 机床的几何精度

    C. 刀具的回转和直线运动精度   D. 夹具钻模板精度即导向精度

68. 刮削滑动轴承内孔时，除研点点数和表面粗糙度要达到精度要求外，一般还要求研点的显示_____硬一些。

    A. 前端   B. 中间   C. 后端   D. 两端

69. 研磨圆形孔时，研磨棒的直径比孔径要小_____ mm，长度是孔长的 2 ~ 3 倍。

A. 0.03 ~ 0.04   B. 0.02 ~ 0.03   C. 0.01 ~ 0.015   D. 0.008 ~ 0.01

70. 机械传动系统中，旋转件的_____可以产生不正常的振动。

    A. 锈蚀   B. 摩擦或碰撞   C. 旋转速度   D. 润滑

71. 卧式车床尾座移动对床鞍移动的平行度的检测方法是_____。

    A. 移动尾座进行检测   B. 移动床鞍进行检测

    C. 尾座与床鞍一起移动进行检测   D. 移动尾座套筒进行检测

72. 对机床主要零部件进行质量指标误差值的几何精度检验时，机床要处于_____状态下。

    A. 非运行   B. 正常运行   C. 空运转   D. 工作运转

73. 机床的几何精度检验一般分两次进行，第一次检验是在_____后进行。

    A. 部件装配完   B. 设备总装完成   C. 空运转试验   D. 负荷试验

74. 设备几何精度的检测中，被测件与量仪的安装面和测量面都应保持_____。

    A. 精密直线度   B. 精密平面度   C. 精密稳定性   D. 高清洁度

75. 使用水平仪时，由于测量时间较长，环境温度的变化对水平仪_____的影响，会直接影响测量的准确性。

    A. 测量面直线度   B. V 形测量基面   C. 气泡长短   D. 几何形状

76. 采用指示器(百分表等)检测时，其测量力应适度，测量杆一般有_____ mm 左右的压缩量为宜。

    A. 0.1   B. 0.3   C. 0.5   D. 0.8

77. 设备负荷试车时，由于主轴刚性差，主轴轴承间隙过大等，常出现_____，它是综合故障的反映。

    A. 圆度超差   B. 圆柱度超差   C. 严重"颤抖"   D. 轴向波纹

78. CA6140 卧式车床尾座的锥孔是_____锥度。

    A. 莫氏 4 号   B. 莫氏 5 号   C. 莫氏 6 号   D. 1:20

79. 盘形旋转零件的静平衡标准是，被测零件在_____都可以处于静止不再转动的状态。

    A. 任何位置   B. 四点位置   C. 三点位置   D. 两点位置

80. 一般尺寸公差和表面粗糙度有一定的内在联系，尺寸公差越小，它的表面粗糙度 Ra 值_____。

    A. 越大   B. 越小   C. 不变   D. 不变或较大

81. 车床主轴箱的功能是支承主轴并将动力从电动机经变速机构和_____传给主轴，使主轴带动工件按一定的转速旋转，实现主运动。

    A. 操纵机构   B. 换向机构   C. 传动机构   D. 制动机构

82. 正圆锥管展开后的图形是_____。

    A. 矩形   B. 梯形   C. 扇形   D. 圆形

83. 在钻削加工中，一般把加工直径在_____ mm 以下的孔称为小孔。

    A. $\phi 2$ B. $\phi 1$ C. $\phi 3$ D. $\phi 5$

84. 钻削铸铁的群钻，其后角比钻钢材的钻头_____。

    A. 大 3° ~ 5°   B. 小 3° ~ 5°   C. 大 13° ~ 15°   D. 小 13° ~ 15°

85. 研磨工件外圆柱面时，研磨一段时间后，应将工件调头再进行研磨，这样可以消除可能出现的_____等。

　　A. 斜度　　　　　　B. 锥度　　　　　　C. 椭圆　　　　　　D. 圆度误差

86. 滚动轴承采用定向装配法进行装配前，需对主轴及轴承等主要配合零件进行_____，并作好标记。

　　A. 清洗　　　　　　B. 选配　　　　　　C. 分组　　　　　　D. 测量

87. 每个尺寸链至少有_____个环。

　　A. 1　　　　　　　B. 2　　　　　　　C. 3　　　　　　　D. 4

88. 水平仪主要用来测量平面对水平面或垂直面的_____。

　　A. 尺寸偏差　　　　B. 垂直度　　　　　C. 平面度　　　　　D. 位置偏差

89. 若某一水平仪气泡移动一格，1 m 内的倾斜高度差为 0.06 mm，则该水平仪的精度为_____。

　　A. 0.06　　　B. 0.06 mm　　　C. $\dfrac{0.06}{1\,000}$　　　D. $\dfrac{0.06}{1\,000}$ mm

90. 普通机床在空运转试验时，噪声不应超过_____dB。

　　A. 70　　　　　　　B. 75　　　　　　　C. 80　　　　　　　D. 85

91. 在空运转试验中，机床主轴的滑动轴承温度不得超过_____℃，温升不得超过30 ℃。

　　A. 60　　　　　　　B. 70　　　　　　　C. 75　　　　　　　D. 80

92. 检验车床工作精度时，精车外圆试验的试件外径最小为_____mm。

　　A. ϕ 40　　　　　B. ϕ 50　　　　　C. ϕ 80　　　　　D. ϕ 100

93. 检查高精度机床在垂直平面内的直线度时，规定在 1 m 行程上和全部行程上都是用水平仪读数最大_____来计算。

　　A. 代数差　　　　　B. 代数和　　　　　C. 代数差的一半　　　D. 代数和的一半

94. 摇臂钻床的主轴箱固定在_____上。

　　A. 立柱　　　　　　B. 底座　　　　　　C. 摇臂　　　　　　D. 床身

95. 任何一个产品的装配工作都由若干个_____组成。

　　A. 装配单元　　　　B. 装配系统　　　　C. 装配工序　　　　D. 装配工步

96. 划线时，为减少工件翻转次数，垂直线可用_____一次划出。

　　A. 钢直尺　　　　　B. 高度尺　　　　　C. 划针　　　　　　D. 90°角尺

97. 第二次划线要把_____作为找正依据。

　　A. 主要非加工表面　B. 待加工表面　　　C. 第一划线位置　　D. 已加工表面

98. 在加工过程中，工件上形成待加工表面、加工表面和_____三个表面。

　　A. 已加工表面　　　B. 非加工表面　　　C. 毛坯表面　　　　D. 基准表面

99. 零件加工后的实际几何参数与理论几何参数的差称为_____。

　　A. 加工公差　　　　B. 加工误差　　　　C. 测量误差　　　　D. 公差

100. 装配单元系统图能简明直观地反映出产品的_____。

　　A. 部件名称和编号　B. 结构特点　　　　C. 装配难易程度　　D. 装配顺序

101. 当磨钝标准相同时，刀具耐用度越大表示刀具磨损_____。

213

A. 越快　　　　　　　B. 越慢　　　　　C. 不变　　　　　　D. 先快后慢

102. 磨削的工件硬度高时，应选择_____的砂轮。

A. 较软　　　　　　　B. 较硬　　　　　C. 任意硬度　　　　D. 氧化物

103. 用 3 个支承点对工件的某一平面定位时，能限制_____自由度。

A. 1 个移动、2 个转动　　　　　　　　B. 3 个移动

C. 3 个转动　　　　　　　　　　　　　D. 1 个转动、2 个移动

104. 夹具中布置 6 个支承点，限制了 6 个自由度，这种定位称为_____。

A. 过定位　　　　　　B. 欠定位　　　　C. 完全定位　　　　D. 部分定位

105. 当加工的孔需要依次进行钻削、扩削、铰削多种加工时，应采用_____。

A. 可换钻套　　　　　B. 快换钻套　　　C. 固定钻套　　　　D. 专用钻套

106. 在刀具的几何角度中，控制排屑方向的是_____。

A. 刃倾角　　　　　　B. 后角　　　　　C. 前角　　　　　　D. 刀尖角

107. 移动装配法适用于_____生产。

A. 小批　　　　　　　B. 单件　　　　　C. 大批　　　　　　D. 大型产品

108. 切削用量中对切削温度影响最大的是_____。

A. 进给量　　　　　　B. 切削速度　　　C. 切削深度　　　　D. 进给和背吃刀量

109. 铰刀磨损主要发生在切削部位的_____。

A. 后面　　　　　　　B. 前面　　　　　C. 切削刃　　　　　D. 横刃处

110. 使工件相对于刀具占有一个正确位置的夹具装置称为_____。

A. 定位装置　　　　　B. 夹紧装置　　　C. 对刀装置　　　　D. 辅助装置

111. 表示装配单元装配顺序的图称为_____。

A. 装配单元系统图　　B. 装配简图　　　C. 装配工艺卡　　　D. 装配流程图

112. 有扭矩要求的螺栓或螺母，拧紧后要用_____检查拧紧力矩。

A. 套筒扳手　　　　　B. 棘轮扳手　　　C. 加力扳手　　　　D. 定扭矩扳手

113. 一个零件在空间如果不加任何约束，它有_____个自由度。

A. 3　　　　　　　　　B. 4　　　　　　　C. 5　　　　　　　　D. 6

114. 测量车床主轴与尾座的等高度时，可用_____。

A. 水平仪　　　　　　B. 千分尺　　　　C. 千分表与试棒　　D. 千分尺与试棒

115. 在大批量生产中，应尽量采用高效的_____夹具。

A. 通用　　　　　　　B. 专用　　　　　C. 组合　　　　　　D. 回转

116. 某尺寸链共有 n 个组成环，则有_____个封闭环。

A. n　　　　　　　　B. $n-1$　　　　　C. 1　　　　　　　　D. 2

117. 尺寸链中被间接控制的，在其他尺寸确定后自然形成的尺寸，称为_____。

A. 组成环　　　　　　B. 封闭环　　　　C. 增环　　　　　　D. 减环

118. 正弦规是利用三角函数的正弦定理，间接测量零件_____的一种精密量具。

A. 锥度　　　　　　　B. 斜度　　　　　C. 角度　　　　　　D. 直线度

119. 立体划线要选择_____划线基准。

A. 1 个　　　　　　　B. 2 个　　　　　C. 2 个或 2 个以上　D. 3 个或 3 个以上

120. 滑动轴承所受负荷越大，转速越高，并有振动和冲击时，轴承配合应该_____。
　　 A. 越松　　　　　 B. 越紧　　　　　 C. 不变　　　　　 D. 有较大的间隙

121. 推力球轴承的装配应区分紧环与松环，装配时一定要使_____靠在转动零件的表面上。
　　 A. 松环　　　　　 B. 紧环

122. 直接进入机器(或产品)装配的_____称为组件。
　　 A. 装配单元　　 B. 零件　　　　　 C. 部件　　　　　 D. 总成

123. 尺寸链中，封闭环的公称尺寸就是其他各组成环公称尺寸的_____。
　　 A. 代数差　　　 B. 代数和　　　　 C. 绝对值之差　 D. 绝对值之和

124. _____就是利用划线工具，使工件上的有关表面处于合理的位置。
　　 A. 划线　　　　　 B. 找正　　　　　 C. 借料　　　　　 D. 拉线

125. 划线在选择尺寸基准时，应使尺寸基准与图样上的_____基准一致。
　　 A. 测量　　　　　 B. 装配　　　　　 C. 设计　　　　　 D. 工艺

126. 滚动轴承内径尺寸偏差是_____。
　　 A. 正偏差　　　 B. 负偏差　　　　 C. 正或负偏差　 D. 零偏差

127. 在铝、铜等有色金属光坯上划线，一般涂_____。
　　 A. 白石水　　　 B. 蓝油　　　　　 C. 锌钡白　　　　 D. 红丹粉

128. 錾削时后角一般控制在_____为宜。
　　 A. $1°\sim4°$　　 B. $5°\sim8°$　　 C. $9°\sim12°$　 D. $12°\sim20°$

129. 铆接时铆钉直径一般等于板厚的_____倍。
　　 A. 1.2　　　　　 B. 1.8　　　　　 C. 2.5　　　　　 D. 3.0

130. 半圆头铆钉杆的伸出长度等于铆钉直径的_____倍，才可铆半圆头形。
　　 A. $0.8\sim1.0$　 B. $1.25\sim1.5$　 C. $1.5\sim2.0$　 D. $2\sim3$

131. 材料弯曲变形后_____长度不变。
　　 A. 外层　　　　　 B. 中性层　　　　 C. 内层　　　　　 D. 外层和内层

132. 材料厚度不变时，弯曲半径越小，_____。
　　 A. 变形越小　　 B. 变形越大　　　 C. 变形一样　　　 D. 变形先大后小

133. 工具制造厂出厂的标准麻花钻，顶角为_____。
　　 A. $110°\pm2°$　 B. $118°\pm2°$　 C. $125°\pm2°$　 D. $130°\pm2°$

134. 钻头后角增大，切削刃强度_____。
　　 A. 增大　　　　　 B. 减小　　　　　 C. 不变　　　　　 D. 可能增大，也可能减小

135. 精铰 $\phi20\text{mm}$ 的孔(已粗铰过)应留_____ mm 加工余量。
　　 A. $0.02\sim0.04$　 B. $0.1\sim0.2$　 C. $0.3\sim0.4$　 D. $0.1\sim0.3$

136. 铰刀的前角是_____。
　　 A. $-10°$　　　 B. $10°$　　　　 C. $0°$　　　　　 D. $0°\sim5°$

137. 三角蛇头刮刀最适合刮_____。
　　 A. 平面　　　　　 B. 钢套　　　　　 C. 轴承衬套　　 D. 平面和铜套

138. 以下磨料最细的是_____。
　　 A. W40　　　　　 B. W20　　　　　 C. W14　　　　　 D. W5

139. 攻螺纹前的底孔直径应_____螺纹小径。

    A. 略大于　　　B. 略小于　　　C. 等于　　　　D. 等于或略小于

140. 在砂轮机上磨刀具，应站在_____操作。

    A. 正面　　　　B. 任意地方　　C. 侧面　　　　D. 正面或侧面

141. 装配推力球轴承时，紧环应安装在_____位置。

    A. 紧靠轴肩　　B. 静止的圆柱　C. 转动零件的端面D. 紧靠箱体

142. 蜗轮箱经组装后，调整接触斑点精度是靠移动_____的位置来达到的。

    A. 蜗轮轴向　　B. 蜗轮径向　　C. 蜗杆径向　　D. 蜗杆径向和蜗轮轴向

143. 分组选配法是将一批零件逐一测量后，按_____的大小分组。

    A. 基本尺寸　　B. 极限尺寸　　C. 实际尺寸　　D. 理想尺寸

144. 薄壁件、细长件利用压入配合法装配时，最好采用_____压入，以防歪斜和变形。

    A. 平行　　　　B. 垂直　　　　C. 倾斜　　　　D. 横向

145. 薄壁轴瓦与轴承座装配时，为达到配合紧密，有合适的过盈量，其轴瓦的剖分面与轴承座的剖分面相比应_____。

    A. 高一些　　　B. 低一些　　　C. 一样高　　　D. 一样高或略低些

146. 修配法一般适用于_____。

    A. 单件生产　　B. 成批生产　　C. 大量生产　　D. 大批大量

147. 装拆内六角螺钉时，使用的工具是_____。

    A. 套筒扳手　　B. 内六方扳手　C. 锁紧扳手　　D. 呆扳手

148. 拧紧长方形布置的成组螺母时，应从_____。

    A. 对角顶点开始　B. 任意位置开始　C. 中间开始　　D. 边缘开始

149. 用热油加热零件安装属于_____。

    A. 压入装配法　B. 冷缩装配法　C. 热胀装配法　D. 均匀装配法

二、技能试题

第一题　8 字形体锉配

1. 考核内容及要求

（1）考核工件图样（图 6 – 1）

（2）考核要求

1）按图样加工成形。

2）未注公差按 IT12 ~ IT14 规定。

3）不准用砂纸打磨或抛光工件。

2. 准备工作

设备、毛坯、工具与量具准备。

3. 考核时间

1）基本时间　360 min。

2）时间允差　每超过 5 min 从总分中扣除 1 分，不足 5 min 按 5 min 计算，超过 30 min 不计成绩。

216

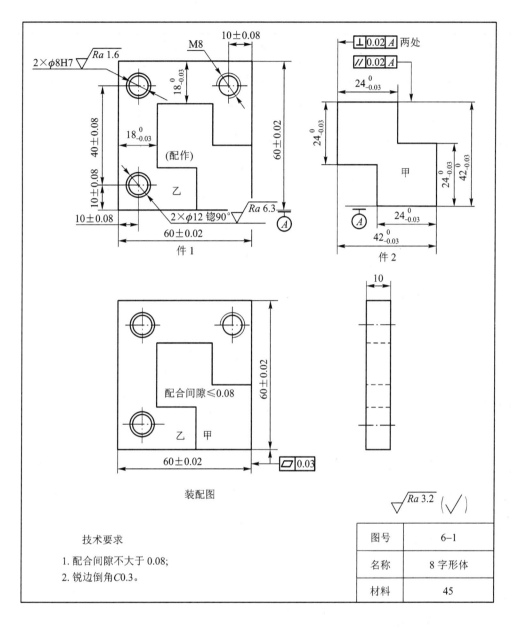

图 6-1　8 字形体锉配

4. 评分项目及标准(表 6-1)

表 6-1　评分项目及标准

项　目	考 核 要 点		配分	评分标准及扣分	得分	备注
件 1 精 度	60±0.02	(2 处)	6	1 处每超差 0.01 扣 1 分		
	10±0.08	(3 处)	6	1 处每超差 0.01 扣 1 分		
	40±0.08		4	每超差 0.01 扣 2 分		

项　目	考核要点		配分	评分标准及扣分	得分	备注
件 1 精 度	$\phi 8H7$　（2 处）		4	1 处超差扣 2 分		
	$\phi 12$ 锪 90°　（2 处）		2	1 处超差扣 1 分		
	$Ra6.3$　（2 处）		1	1 处超差扣 0.5 分		
	$Ra1.6$　（2 处）		3	1 处超差扣 1.5 分		
	M8		2	超差扣 2 分		
	$18_{-0.03}^{\ 0}$　（2 处）		6	1 处每超差 0.01 扣 1 分		
件 2 精 度	$42_{-0.03}^{\ 0}$　（2 处）		4	1 处超差扣 2 分		
	$24_{-0.03}^{\ 0}$　（4 处）		10	1 处超差扣 2.5 分		
	⊥ | 0.02 | A　（2 处）		4	1 处超差扣 2 分		
	// | 0.02 | A		2	超差扣 2 分		
	$Ra3.2$　（8 处）		4	1 处超差扣 0.5 分		
配合 精度	配合间隙≤0.08　（6 处）		18	1 处超差扣 3 分		
	▱ | 0.03 | （2 处）		4	1 处超差扣 2 分		
工具使用 与安全生产	工具设备使用与维护		10	视情况扣 1~10 分		
	安全生产		10	视情况扣 1~10 分		
合计			100			

第二题　双方头凸凹体锉配

1. 考核内容及要求

（1）考核工件图样（图 6-2）

（2）考核要求

1）按图样加工成形。

2）未注公差按 IT12~IT14 规定。

3）不准用砂纸打磨或抛光工件。

4）锐边倒角 C0.3。

2. 准备工作

设备、毛坯、工具与量具准备。

3. 考核时间

1）基本时间　330 min。

2）时间允差　每超过 5 min 从总分中扣除 1 分，不足 5 min 按 5 min 计算，超过 30 min 不计成绩。

4. 评分项目及标准（表 6-2）

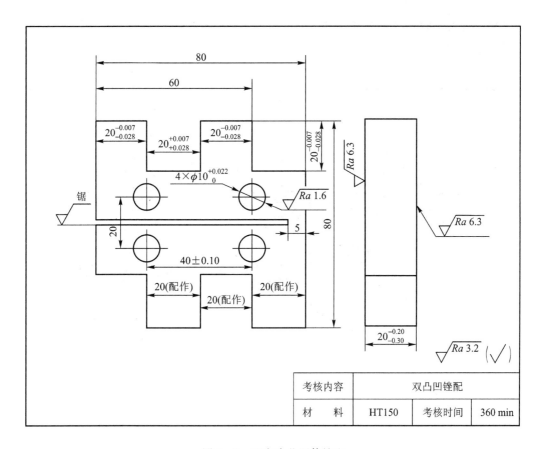

图 6 – 2 双方头凸凹体锉配

表 6 – 2 评分项目及标准

项 目	考 核 要 点	配分	评分标准及扣分	得分	备注
1	$20_{-0.028}^{-0.007}$ （3 处）	12	1 处超差扣 4 分		
2	$20_{+0.007}^{+0.025}$	12	每超差 0.01 扣 2 分		
3	自编尺寸链	7	尺寸链错误扣 7 分		
4	配合间隙 ≤0.054	20	每超差 0.01 扣 5 分		
5	$Ra3.2$	10	1 处超差扣 1 分		
6	40 ± 0.10	5	每超差 0.01 扣 1 分		
7	$Ra1.6$ （4 孔）	4	1 孔超差扣 1 分		
8	20	2	超差扣 2 分		
9	$\phi10_{0}^{+0.022}$ （4 孔）	8	1 孔超差扣 2 分		
10	工具、设备使用与维护	10	视情况扣 1 ~ 10 分		
11	安全文明生产	10	视情况扣 1 ~ 10 分		
12	合计	100			

第三题　装配 C620 – 1 型车床尾座

1. 考核内容及要求

（1）考核工件图样（图 6 – 3）

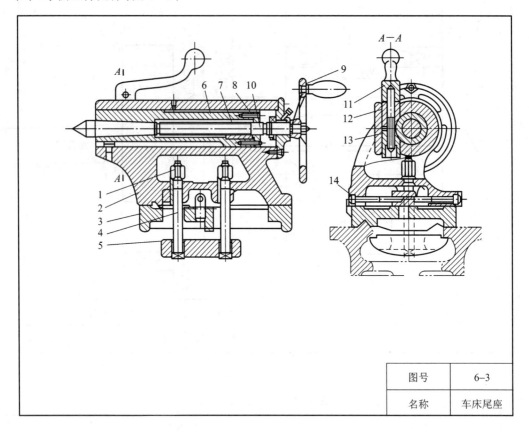

图 6 – 3　车床尾座装配示意图

1—紧固螺母；2—尾座体；3—尾座垫板；4—紧固螺栓；5—压板；6—尾座套筒；7—丝杠螺母；

8—螺母压盖；9—手轮；10—丝杠；11—压紧块手柄；12—上压紧块；13—下压紧块；14—调整螺栓

（2）考核要求

1）尾座垫板与床身导轨接触良好，符合有关规定。

2）装配工艺正确，手轮转动轻快灵活，手柄锁紧后位置正确。

3）油路畅通，油孔位置正确。

2. 准备工作

1）读懂装配图，熟悉各项技术要求。

2）夹紧块与尾座套筒接触部分属考试内容，不准提前做出。

3）清洗、清理、修复部分，可在考前做完，不计入考核时间。

3. 考核时间

1）基本时间　300 min。

2）时间允差　每超过 5 min 从总分中扣除 1 分，不足 5 min 按 5 min 计算，超过 30 min 不计成绩。

4. 评分项目及标准(表 6 – 3)

表 6 – 3　评分项目及标准

项　目	考核内容及要求	配分	评分标准及扣分	得分	备注
刮削尾座垫板	尾座垫板与机床导轨面的接触精度： （1）接触斑点合理，均布 12 点/25 mm×25 mm	20	平导轨及 V 形导轨接触点在 25 mm×25 mm 内：8~12 点扣 4 分，4~8 点扣 8 分，2~6 点扣 12 分 接触：两端硬中间软不扣分；两端软中间硬扣 5 分；单向偏接触扣 3 分；双向偏接触扣 10 分		
	（2）无磕碰及毛刺，无明显粗糙刀痕	10	有磕碰痕迹，不影响接触精度不扣分		
装配精度	丝杠无明显轴向窜动，手轮移动轻快灵活	20	手轮空行程应小于 30°，达到 60°扣 8 分，超过 60°应重新调整；转动不均匀，有轻微阻滞，不影响其他扣 3 分		
	夹紧块与套筒接触良好，接触位置正确	15	接触点均布，无偏接触，否则扣 10 分		
	夹紧手柄夹紧时位置正确	15	夹紧手柄位置有误扣 12 分		
工具设备使用与安全生产	工具、设备使用	10	视情况扣 1~10 分		
	安全生产	10	视情况扣 1~10 分		
合计		100			

第四题　装配和调整 M2110A 内圆磨床磨具

1. 考核内容及要求

（1）考核工件图样(图 6 – 4)

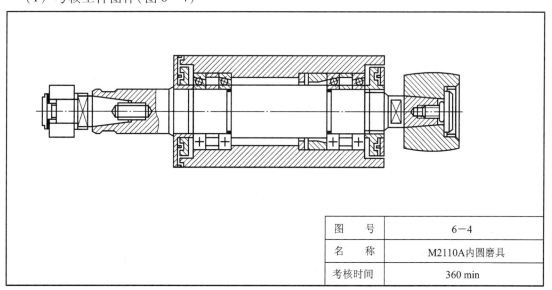

图　号	6-4
名　称	M2110A内圆磨具
考核时间	360 min

图 6 – 4　M2110A 内圆磨床磨具结构图

（2）考核要求

1）装配后主轴锥孔用心棒检验，径向圆跳动应符合要求。

2）空运转试车 2 h 后，温升应低于 25 ℃，然后检验径向圆跳动仍应符合要求。

3）装配工艺应正确合理。

2. 准备工作

1）准备内圆磨具装配图及零件图。

2）准备内圆磨具主轴和其他零件，准备供选配的角接触球轴承。

3）合理选用和使用检具、量具。包括千分尺、比较仪、内径表、两顶尖径向圆跳动测量仪、V 形架、测量轴承内、外套径向圆跳动专用量架、磁性表座、研磨平板、平面磨床一台，准备预加负荷（配重）。

4）准备清洗、润滑、擦拭等辅助材料。

3. 考核时间

1）基本时间　准备时间 15 min，正式操作时间 360 min。

2）时间允差　每超过 5 min 从总分中扣除 1 分，超过 30 min 不计成绩。

4. 评分项目及标准（表 6 - 4）

表 6 - 4　评分项目及标准

项目	考核要点	配分	评分标准及扣分	得分	备注
1	根据主轴、套筒尺寸精度选配两组，每组两套轴承。 （1）外径尺寸允差 0.002 mm （2）内径尺寸允差 0.002 mm （3）与主轴、套筒孔配合间隙 0.002 5 ~ 0.005 mm 及 0.005 ~ 0.008 mm （4）选择所用弹簧	18	检测方法不正确扣 8 分，每漏测一项扣 2 分，无记录、无分组标记扣 4 分，测量数据不准确，出现一项扣 2 分		
2	预加负荷测试工作： （1）预加负荷的确定 （2）预加负荷（配重）的组合选用 （3）成组轴承内、外圈端面差的测量 （4）轴承内、外圈径向圆跳动值及最高点测定及标记 （5）轴承内、外圈的尺寸确定及制作，其平面度、平行度为 0.002 mm	20	预加负荷确定错误扣 2 分，配重误差超过 2 kg 扣 2 分，测量方法不正确扣 4 分，无径向圆跳动值及最高点记录或标记扣 4 分，内、外隔垫厚度值不正确扣 4 分，内、外垫圈平面度、平行度达不到要求扣 4 分		
3	内圆磨头的装配： （1）装配前清洗 （2）用定向装配法装配轴承、主轴，锂基脂加注 （3）不允许漏装零件 （4）主轴锥孔中心线的径向圆跳动（0.01 mm/150 mm）的检测	20	清洗不干净扣 4 分，定向装配不正确扣 4 分，润滑脂加注不正确扣 4 分，漏装一个零件扣 2 分，主轴锥孔中心线圆跳动数据不准确扣 4 分		

项目	考核要点	配分	评分标准及扣分	得分	备注
4	空运转试车： （1）空运转 4 h，不出现"发热"或"抱轴"现象 （2）温度小于 60 ℃，温升小于 30 ℃	30	出现一次停止试车扣 10 分，温度或温升超过要求扣 10 分		
5	工具、设备使用与维护	6	视情况扣 1～6 分		
6	安全文明生产	6	视情况扣 1～6 分		
7	合计	100			

第五题　装配和调整 C620－1 车床主轴

1. 考核内容及要求

（1）考核工件图样（图 6－5）

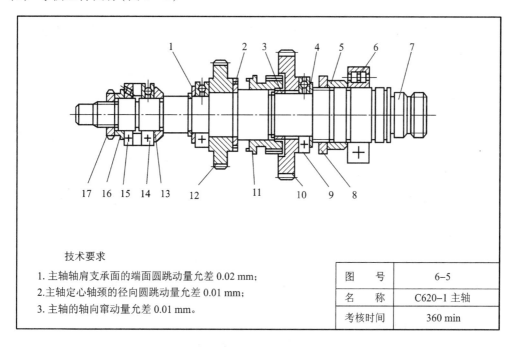

技术要求

1. 主轴轴肩支承面的端面圆跳动量允差 0.02 mm；
2. 主轴定心轴颈的径向圆跳动量允差 0.01 mm；
3. 主轴的轴向窜动量允差 0.01 mm。

图　号	6-5
名　　称	C620-1 主轴
考核时间	360 min

图 6－5　车床主轴组件装配图

1、2、3、4—垫圈；5—调整垫圈；6—主轴前轴承；7—主轴；8—调整螺母；

9—推力轴承；10—大斜齿轮；11—花键齿轮；12—小斜齿轮；13—挡圈；

14—推力球轴承；15—主轴后轴承；16—后轴承调整垫圈；17—调整螺母

（2）考核要求

1）主轴装配工艺正确，运转正常，温升低。

2）调整轴承间隙。主轴各项检测精度符合 GB/T 4020—1997 的有关规定。

① 轴肩支承面端面圆跳动的检验方法　将百分表（或其他指示器）测头顶在主轴定心轴颈的表面上，旋转主轴检验。百分表最大示值之差即为误差值。

223

② 主轴的轴向窜动检验方法　在主轴锥孔中紧密地插入一根短检验棒。将百分表（或其他指示器）固定在床身上，百分表测头顶在检验棒端面靠近中心的位置（或顶在放入检验棒顶尖孔的钢球表面上），旋转主轴检验。百分表最大示值之差就是轴向窜动量。

③ 定心轴颈的径向圆跳动检验方法　将百分表固定在机床上，使百分表（或其他指示器）测头顶在主轴定心轴颈的表面上，旋转主轴检验。百分表最大示值之差即为误差值。

3）齿轮与主轴的间隙正确、合理，与相邻轴齿轮的啮合位置正确。

4）紧固安全、可靠，密封良好、无泄漏。

2. 准备工作

1）对照装配图 6-5 及考核的要求和检验方法，熟悉考核的各个项目。

2）清理所有的零件，清除在机械加工和搬运过程中产生的毛刺和磕碰痕迹。检查所有零件的外观质量，并检查尺寸是否合格，不合格又不能修复的，应及时予以调换。

3）对轴承、螺钉及卡簧等标准件应仔细清洗，擦干备用。

4）按照图样的要求，对零件进行预加工，包括将铜套装入齿轮并加工相应的油孔，制作密封垫圈等。

5）对装入主轴的所有零件均应进行预装，拨动齿轮的拨叉及滑块可在考前装好，预装所用时间不计入考核时间。

6）上述工作完成后，将所有零件放入带盒的箱子里封存，以备考核时用。

7）准备好考核时所需的全部工具和量具。

8）装配时易出现的问题和解决方法如下：

① 装配时不可损坏轴承；后轴承的精度等级要低于前轴承，在轴承的选用时应注意。

② 齿轮的啮合位置是通过装在主轴上的垫圈厚度的增减来实现的，预装时应注意测量的准确性，并注意调整垫圈所处位置的正确性。

③ 斜齿轮装入铜套后应进行刮削，适当控制与主轴接触部分的间隙，既不能过大，也不能过小，并应设法通过刮削改善其润滑性。

3. 考核时间

1）基本时间　360 min。

2）时间允差　每超过 5 min 从总分中扣除 1 分，不足 5 min 按 5 min 计算，超过 30 min 不计成绩。

4. 评分项目及标准（表 6-5）

表 6-5　评分项目及标准

项目	考 核 要 点	配分	评分标准及扣分	得分	备注
主轴精度检验	主轴轴肩支承面的端面圆跳动：a、b 两点分别测量，百分表最大示值差即为误差值，允差为 0.02 mm	15	百分表最大示值差超过 0.02 mm，通过调整仍不合格，扣 10 分，禁止使用本身车本身的方法达到要求		
	主轴定心轴颈的径向圆跳动：百分表的最大示值差即为误差值，允差为 0.01 mm	20	百分表最大示值差超过 0.01 mm，通过调整仍不合格，扣 15 分，禁止使用本身车本身的方法达到要求		
	主轴的轴向窜动：百分表（应使用平测头）的最大示值差即为误差值，允差为 0.01 mm	15	百分表最大示值差超过 0.01 mm，通过调整仍不合格，本考题为不合格		

项目	考核要点	配分	评分标准及扣分	得分	备注
装配过程	不得装入装配图中没有标注的零件	3	装入装配图中没有标注的零件，每处扣1.5分，超过两处扣3分		
	所装位置正确	11	弹簧卡圈、垫圈位置不到位，试运转前发现，扣1分，试运转后发现且尚未造成事故，扣3分；推力球轴承的松环和紧环位置颠倒，装配前发现，扣1分，试运转后发现且造成设备零件损坏，扣8分；齿轮啮合位置正确，与相邻齿轮啮合沿齿宽应达到90%以上，达到85%扣2分，80%～85%扣3.5分，低于80%应重新拆卸下配制垫圈，扣5分		
	轴承调整方法正确	5	调整方法不正确扣5分		
	零件在装配中无损伤	4	造成零件轻微损伤但不影响使用，扣1分；影响使用需拆下修复或更换，扣4分；属于零件本身质量问题不在此列		
	手柄扳动轻快，无阻滞	2	轻微阻滞，稍费力扣1分；扳动费力需拆卸下重新修复再装配，扣2分		
	无重复装配	3	装入某零件后发现错误，又将主轴沿原装配方向抽出重新装配，每次扣1分，重复上述过程三次以上扣3分		
	紧固安全可靠	2	紧固螺钉、螺栓在试运转后发现有松动，扣2分		
	密封好，无泄漏	2	外观不洁，没擦去紧固后溢出的密封胶，扣1分；有渗漏现象，需重新密封的，扣2分		
空运转试车	空载，不装卡盘，试运转可由低速向高速逐级进行，每挡转速运行时间不得低于5 min，最高挡运行时间应不少于30 min，主轴轴承温升低于40 ℃，CA6140卧式车床主轴轴承温升应低于30 ℃ 主轴运行平稳、噪声小	8	（1）由于齿轮套与主轴间隙过小而造成运行中主轴发生"抱轴"现象，需将齿轮卸下重新修刮铜套，扣3分。（2）温升超过40 ℃扣2分。运转不平稳、有轻微振动和噪声，不影响使用性能，扣1分。有冲击、振动或较明显噪声，应拆卸下主轴及齿轮，属装配造成的机械损伤，修复后使用正常，扣1分；无法修复，重新更换零件，扣2分		
安全及文明生产	无安全隐患，无人身设备事故	5	发现安全隐患，扣1～5分		
	量具使用正确，环境整洁	5	工具、量具使用不正确，扣1～3分；环境不整洁，扣2分		
合计		100			

6.2 职业技能鉴定考核模拟试卷

一、理论知识考核

注意事项：

（1）试卷时间：120 min。

（2）请首先按要求在试卷的标封处填写您的姓名、准考证号和所在单位的名称。

（3）请仔细阅读各种题目的回答要求，在规定的位置填写您的答案。

（4）不要在试卷上乱写乱画，不要在标封区填写无关的内容。

	（一）	（二）	总　分
得　分			

得　分	
评分人	

（一）选择题（第 1 题～第 40 题。选择正确的答案，将相应的字母填入题内的括号中。每题 1 分，满分 40 分。）

1. 在砂轮机上磨削时，磨屑只能向（　　）飞离砂轮。

    A. 上   B. 下   C. 左   D. 右

2. 台式钻床一般用来钻削直径在（　　）mm 以下的孔。

    A. 3   B. 5   C. 10   D. 13

3. 摇臂钻床的摇臂可绕立柱在（　　）的范围内回转。

    A. 180°   B. 240°   C. 360°   D. 任意角度

4. 1/50 mm 的游标卡尺，游标尺共有（　　）格。

    A. 50   B. 40   C. 30   D. 20

5. 外径千分尺测微杆的螺距为（　　）mm。

    A. 1/100   B. 1/50   C. 0.5   D. 1

6. 分度值为 0.02/1 000 的水平仪，若被测平面在 1 m 长度内偏移 1 格，其平面在 1 m 长度上的高度差为（　　）mm。

    A. 0.04   B. 0.02   C. 0.01   D. 0.002

7. 划线基准一般有（　　）种类型。

    A. 3   B. 4   C. 5   D. 6

8. 把圆周进行 12 等分，每 1 等份弧长所对的圆心角为（　　）。

    A. 15°   B. 30°   C. 45°   D. 60°

9. 在满足錾子强度要求的前提下，应尽量选择（　　）的楔角。

    A. 较大   B. 较小   C. 0°   D. 10°

10. 单齿纹锉刀，常用来锉削（　　）的材料。

A. 较软　　　　　　B. 较硬　　　　　　C. 一般　　　　　　D. 有色金属

11. 刮削的形状和位置精度用(　　)检验。

A. 千分尺　　　　B. 千分表　　　　C. 水平仪　　　　D. 塞尺

12. 刮削的贴合程度用(　　)检验。

A. 千分尺　　　　B. 千分表　　　　C. 水平仪　　　　D. 塞尺

13. 研磨材料中，应用最广泛的是(　　)。

A. 灰铸铁　　　　B. 软钢　　　　　C. 铜　　　　　　D. 巴氏合金

14. 研磨时能加速研磨过程的材料是(　　)。

A. 研磨液　　　　B. 磨料　　　　　C. 辅助材料　　　D. 研磨膏

15. 标准麻花钻的顶角为118°，当顶角小于118°时，钻头两切削刃呈(　　)形。

A. 中间凹　　　　B. 中间凸　　　　C. 直线　　　　　D. 外凹内凸

16. 标准麻花钻的螺旋角在(　　)之间。

A. 5°～15°　　　B. 18°～30°　　　C. 30°～45°　　　D. 45°～55°

17. 用 ϕ20 的麻花钻钻孔时，其背吃刀量为(　　) mm。

A. 5　　　　　　B. 10　　　　　　C. 15　　　　　　D. 20

18. 用 ϕ10 的麻花钻钻孔，若选用 1 000 r/min 的转速，其切削速度为(　　) m/min。

A. 7.85　　　　　B. 15.7　　　　　C. 31.4　　　　　D. 62.8

19. 钢板弯形后，长度不变的部分是(　　)。

A. 外层　　　　　B. 内层　　　　　C. 中间层　　　　D. 中性层

20. 如果薄板的对角发生翘曲，矫正时应(　　)锤击。

A. 由中间向边缘　　　　　　　　　B. 由边缘向中间

C. 沿有翘曲的对角线　　　　　　　D. 沿翘曲的对角线

21. 锡焊时，烙铁加热时温度应在(　　)之间比较合理。

A. 100～200 ℃　　B. 250～550 ℃　　C. 400～700 ℃　　D. 600～750 ℃

22. 常用铆接的形式有搭接、对接和(　　)几种。

A. 直接　　　　　B. 角接　　　　　C. 斜接　　　　　D. 交叉接

23. 常用的铆接材料有铜质、钢质和(　　)质几种。

A. 铝　　　　　　B. 铁　　　　　　C. 巴氏合金　　　D. 工程塑料

24. 通常半圆铆钉的伸出长度等于铆钉直径的(　　)倍。

A. 0.5～1　　　　B. 1.25～1.5　　　C. 1.5～2　　　　D. 2～2.5

25. 装配时，各配合零件不经修配、选配和调整，即可达到装配精度的方法，称为(　　)装配法。

A. 分组　　　　　B. 调整　　　　　C. 修配　　　　　D. 互换

26. 每个尺寸链最少有(　　)个环。

A. 1　　　　　　B. 2　　　　　　C. 3　　　　　　D. 4

27. 尺寸链中，最后形成的尺寸是(　　)环。

A. 增　　　　　　B. 减　　　　　　C. 组成　　　　　D. 封闭

28. 尺寸链中，封闭环的基本尺寸，等于各组成环基本尺寸的(　　)。

227

A. 和   B. 代数和   C. 差   D. 代数差

29. 松键连接采用的键有普通平键、导向键、半圆键和（　　）等。

    A. T 形键   B. 楔键   C. 花键   D. 钩头键

30. 装配套筒滚子链时，弹簧卡片开口的方向应和链条运动的方向（　　）。

    A. 相反   B. 相同   C. 相交   D. 垂直

31. 检验齿轮啮合间隙最直观最简单的方法是（　　）法。

    A. 塞尺   B. 压铅丝   C. 杠杆表   D. 正弦规

32. 装配蜗杆蜗轮传动时，采用调整（　　）位置，来保证蜗杆轴线在蜗轮轴线对称中心平面内。

    A. 蜗杆轴向   B. 蜗轮轴向   C. 蜗杆径向   D. 蜗轮径向

33. 动压滑动轴承按结构不同可分为：整体式、剖分式、内柱外锥式、（　　）式和瓦块式等几种。

    A. 内柱内锥   B. 外柱外锥   C. 内锥外柱   D. 内锥外锥

34. 滚动轴承按承载荷的方向和滚动体的形式可分为（　　）种。

    A. 7   B. 8   C. 9   D. 10

35. 总装配一般应根据先里后外，（　　）的装配原则进行。

    A. 先上后下   B. 先下后上   C. 先左后右   D. 先右后左

36. 用机床加工出零件的精度来考核机床精度，称为机床的（　　）精度。

    A. 几何   B. 工作   C. 运动   D. 综合

37. 用正确方法检验主轴定心轴颈径向圆跳动时，千分表读数最大值和最小值的（　　），就是圆跳动误差。

    A. 代数和   B. 代数和的一半   C. 代数差   D. 代数差的一半

38. 车床主轴尾座两顶尖的等高度要求是，只允许（　　）。

    A. 尾座高   B. 主轴高   C. 一样高   D. 前高后低

39. 车床主轴轴线对溜板移动在垂直面内的平行度要求是，只允许检验棒前端（　　）偏。

    A. 向左   B. 向右   C. 向下   D. 向上

40. 对新产品样机的各项指标进行的全面试验和检验，称为（　　）试验。

    A. 空运转   B. 寿命   C. 型式   D. 性能

得　分	
评分人	

（二）判断题（第 41 题 ~ 第 100 题。将判断结果填入括号中。正确的填"√"，错误的填"×"。每题 1 分，满分 60 分。）

41. 砂轮机的转向要正确，只能是磨屑向上飞离砂轮。   （　　）

42. 乳化液因为其比热容小、粘度大、流动性好，所以主要起冷却作用。   （　　）

43. 使用活动扳手时，钳口与用力方向无关。   （　　）

44. 电磨头新换上砂轮后，勿需修整，即可投入使用。   （　　）

45. 使用钟表式百分表测量时，应先将长针调整到零位。   （　　）

46. 量块是机械制造中长度尺寸的标准量具。 （　　）

47. 水平仪是测量工件水平度的精密量仪。 （　　）

48. 划线时，石灰水常用于铸件毛坯表面上的涂色。 （　　）

49. 平面划线一般选两个划线基准；立体划线一般要选三个划线基准。 （　　）

50. 錾子一般用碳素工具钢 T7A 锻成。 （　　）

51. 锯削管材时，为防止夹扁工件，最好是一次装夹直至工件锯断为止。 （　　）

52. 起錾时，一般都应从工件边缘尖角处着手。 （　　）

53. 经刮削后的表面组织虽然会变得疏松，但润滑性好，所以比较耐磨。 （　　）

54. 蓝油主要用于精密工件、有色金属及合金在刮削时的涂色。 （　　）

55. 刮削时工件表面上出现振痕的原因是：多次同方刮削，刀迹没有交叉而造成的。
（　　）

56. 研磨的目的是为了提高工件的形状和位置精度。 （　　）

57. 研磨时，开槽平板用于精研，不开槽的完整平板用于粗研。 （　　）

58. 研磨剂中辅助材料的作用是加速研磨的进程。 （　　）

59. 麻花钻的前角是变化的，外缘处前角小，而靠近钻心处前角大。 （　　）

60. 标准麻花钻的横刃斜角在 40°~55°之间。 （　　）

61. 标准群钻上的月牙槽，不仅能使横刃锋利，也不影响钻头强度。 （　　）

62. 攻螺纹前的底孔直径，应略大于螺纹小径。 （　　）

63. 攻螺纹过程中，只允许丝锥正转，决不允许丝锥反转。 （　　）

64. 弯形是使材料产生弹性变形，只能是弹性好的材料才能进行弯形。 （　　）

65. 钢板弯形后，它的外层材料伸长，而内层材料缩短。 （　　）

66. 弯形时，为抵消材料的弹性变形，弯形中应多弯一些。 （　　）

67. 矫正的实质就是让金属材料产生一种新的弹性变形，来消除原来不应存在的弹性
变形。 （　　）

68. 锡焊用的焊剂也称为焊药。 （　　）

69. 焊锡是一种锡铅合金，其熔点一般在 180~300 ℃之间。 （　　）

70. 锡焊时，烙铁的温度越高越好。 （　　）

71. 压缩空气罐、高压容器和蒸气锅炉等，均需要强密铆接。 （　　）

72. 埋头铆钉伸出的长度，应等于铆钉直径的 0.8~1.2 倍。 （　　）

73. 将零件、部件及各装配单元组合成一台完整产品的装配工作，叫总装配。 （　　）

74. 旋转体零件当转速升高时，其离心力将随转速的升高而减小。 （　　）

75. 在零件加工和装配中，最后形成的尺寸，称为组成环。 （　　）

76. 一个尺寸链中至少有一个封闭环。 （　　）

77. 封闭环的公差，一定大于各组成环公差之和。 （　　）

78. 尺寸链中，封闭环的基本尺寸，一定等于各组成环基本尺寸的代数和。 （　　）

79. 完全互换装配法，适应于组成环数量较少、精度要求不高或大批大量生产的场合。
（　　）

80. 拧紧成组螺母时，拧紧的顺序一般是从中间向两边对称扩展。 （　　）

81. 松键连接是靠键的顶面和底面来传递扭矩的。　　　　　　　　　　（　　）

82. 松键连接时，键和键槽在长度方向上是不允许有间隙的。　　　　　（　　）

83. 圆锥销具有1∶50的锥度，可多次拆装。　　　　　　　　　　　　（　　）

84. 蜗杆蜗轮传动机构中，单头蜗杆自锁性差，多头蜗杆自锁性好。　（　　）

85. 装配以背锥面为基准的锥齿轮时，两背锥面必须对正对齐。　　　（　　）

86. 多片式摩擦离合器中的外摩擦片，必然和轴一起转动。　　　　　（　　）

87. 牙嵌式离合器除传递扭矩外，还具有保险作用。　　　　　　　　（　　）

88. 静压滑动轴承是利用液体的静压力，来支承载荷的一种滑动轴承。（　　）

89. 推力球轴承紧圈紧套在轴上，与轴一起转动。　　　　　　　　　（　　）

90. 对于承载力较大、旋转精度要求较高的轴承，装配时都需要进行预紧。（　　）

91. 采用背对背式装配角接触球轴承时，应该是轴承的外圈窄边相对。（　　）

92. 液压缸是将系统中的液压能转成机械能的能量转换装配。　　　　（　　）

93. 锁紧车床尾座套筒时，应当顺时针旋转锁紧手柄。　　　　　　　（　　）

94. 检验车床导轨横向在垂直平面内平行度的仪器是水平仪。　　　　（　　）

95. 车床主轴轴线对溜板纵向移动，在水平面内的平行度要求是，只允许检验棒前端向外偏。　　　　　　　　　　　　　　　　　　　　　　　　　　　　　（　　）

96. 车床横刀架移动对主轴轴线的垂直度，其偏差方向是$\alpha \geq 90°$。　　（　　）

97. 试车时，机器起动前，各进给机构都应处于"停止"位置。　　　（　　）

98. 试车起动后，若发现不正常征兆时，应立即停机。　　　　　　　（　　）

99. 对于某些高速运转的机械，应在临界转速时进行较长时间的转速试验，以检验机床的抗振性能。　　　　　　　　　　　　　　　　　　　　　　　　　　　（　　）

100. 按规定和要求对产品的零、部件进行的直到破坏为止的试验，称为破坏性试验。
　　　　　　　　　　　　　　　　　　　　　　　　　　　　　　　（　　）

二、技能考核

C620-1车床主轴箱Ⅰ轴的装配、安装与试车

（一）考核内容及要求

1. 考核工件图样（图6-6）

2. 考核要求

（1）按要求将Ⅰ轴装配成形。

（2）将Ⅰ轴安装到车床主轴箱内。

（3）试车达要求。

（二）准备工作

1. 读懂Ⅰ轴装配图（图6-6），根据题目内容，熟悉各项技术要求。

2. 对照装配图清洗、整理所有需装配的零部件，该清洗的要在装前清洗干净。

3. 准备好所需的工具、量具及合适的作业场地。

（三）考核时间

1. 基本时间　360 min。

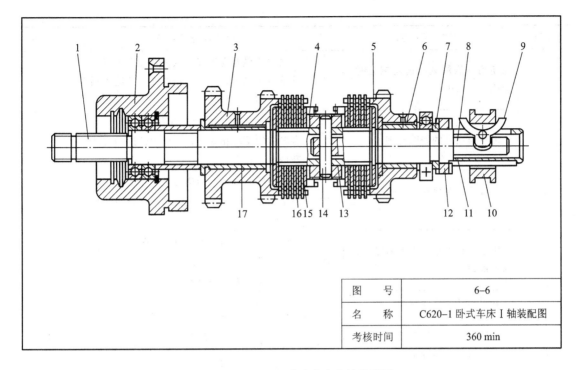

图 号	6-6
名 称	C620-1 卧式车床Ⅰ轴装配图
考核时间	360 min

图 6-6   C620-1 卧式车床Ⅰ轴装配图

1—Ⅰ轴；2—轴承座套；3—正车齿轮；4—调整环；5—反车齿轮；6—反车齿轮铜套；

7—对开定位垫；8—拉杆；9—摆杆；10—滑套；11—键；12—偏心套；13—花键套；

14—圆柱销；15—内摩擦片；16—外摩擦片；17—正车齿轮铜套

2. 时间允差　每超过 5 min 从总分中扣除 1 分，不足 5 min 按 5 min 计算，超过 30 min 不计成绩。

（四）评分项目及标准　见表 6-6。

表 6-6　评分项目及标准

项目	考核要点	配分	评分标准及扣分	得分	备注
装配精度	所有零件一次装配合格	5	发现不合格又拆下，每处扣 1 分，超过 3 处扣 5 分		
	零件位置正确	10	反转齿轮铜套装反扣 5 分；齿轮的啮合位置均应在沿齿宽方向 90% 以上，在 85%～90% 内扣 2 分，在 80%～85% 内扣 5 分，低于 80% 应予调整，无法调整需拆下重新装配扣 10 分		
	零件装配过程中无损伤，而且不损伤其他轴和轴上零件	10	在装配过程中有损伤，但不影响使用性能的每处扣 2 分；若影响使用性能应修复或更换，修复能使用扣 4 分，更换扣 6 分，损伤其他轴或轴上零件每处扣 5 分，但最多扣分不得超过 10 分		

231

项目	考 核 要 点	配分	评分标准及扣分	得分	备注
装配精度	使用热胀法装配齿轮铜套时，加热温度适中	10	铜套加热温度不够，致使装配困难或拆下重新加热扣5分；加热温度过高造成铜套报废扣10分		
	齿轮与铜套的间隙合理	5	转动I轴时，正、反两齿轮应无摆动，有轻微的摆动扣3分；有较大的摆动需重新调整，扣5分		
	花键套、摆杆和定位销的位置正确	10	正、反向有一定的调整余量，单向无调整余量扣5分，正、反向均无调整余量扣10分		
	用手转动I轴灵活无阻滞，转动力均匀	10	用手轻微转动I轴，有轻微阻力不均扣5分；转动力不均匀，有较大阻力扣8分；阻力过大需拆下重装扣10分		
安装精度	紧固螺钉均匀拧紧，可靠、无松动	10	螺钉有损坏或连接不牢固有1处扣3分		
	空载试车各部分正常	10	变速困难，调整后仍不符合要求扣5分，润滑不良扣5分		
	离合器工作可靠，全负荷切削时转速变化小	10	速度下降大于5%，调整后仍不能满足要求，需拆卸下I轴更换零件后再重新调整扣10分		
安全及文明生产	按达到规定标准的程度评定	5	违反有关安全生产规定扣1~5分		
	按达到规定标准的程度评定	5	工作场地整洁，工、量具放置整齐合理不扣分；表现稍差扣1~3分；很差扣3~5分		
合计		100			

232

参 考 答 案

6.1 理论知识与技能训练试题参考答案

一、理论知识试题

（一）判断题

1. √	2. ×	3. ×	4. ×	5. ×	6. √	7. √	8. √
9. ×	10. √	11. ×	12. √	13. ×	14. ×	15. ×	16. √
17. ×	18. √	19. √	20. ×	21. √	22. ×	23. ×	24. √
25. √	26. ×	27. ×	28. ×	29. √	30. ×	31. √	32. √
33. ×	34. ×	35. √	36. ×	37. ×	38. √	39. √	40. ×
41. √	42. ×	43. √	44. ×	45. √	46. ×	47. √	48. √
49. √	50. ×	51. √	52. ×	53. √	54. ×	55. √	56. √
57. ×	58. √	59. √	60. ×	61. ×	62. ×	63. ×	64. √
65. √	66. √	67. ×	68. √	69. ×	70. √	71. √	72. √
73. ×	74. ×	75. √	76. √	77. ×	78. ×	79. √	80. √
81. √	82. √	83. ×	84. √	85. √	86. √	87. √	88. √
89. ×	90. √	91. √	92. ×	93. √	94. √	95. ×	96. √
97. √	98. √	99. ×	100. √	101. √	102. √	103. ×	104. √
105. ×	106. ×	107. ×	108. √	109. √	110. √	111. √	112. √
113. ×	114. √	115. √	116. ×	117. √	118. ×	119. √	120. √
121. √	122. ×	123. ×	124. √	125. ×	126. ×	127. ×	128. √
129. √	130. ×	131. √	132. ×	133. ×	134. √	135. √	136. ×
137. ×	138. ×	139. ×	140. √	141. √	142. √	143. √	144. √
145. √	146. ×	147. √	148. √	149. √	150. √	151. √	152. ×
153. ×	154. √	155. ×	156. √	157. ×	158. √	159. √	160. ×
161. √	162. ×	163. √	164. √	165. ×	166. √	167. √	168. ×
169. ×	170. √	171. √	172. ×	173. ×	174. √	175. ×	176. √
177. √	178. √	179. √	180. ×	181. √	182. √	183. ×	184. √
185. √	186. ×	187. √	188. ×	189. √	190. √	191. √	192. √
193. ×	194. √	195. √	196. ×	197. √	198. √	199. √	200. √
201. ×	202. √	203. ×	204. ×	205. √	206. √	207. √	208. ×

209. √ 210. × 211. √ 212. √ 213. × 214. √ 215. × 216. √
217. × 218. √ 219. × 220. √ 221. × 222. × 223. √ 224. √
225. √ 226. √ 227. √ 228. √ 229. √ 230. × 231. √

（二）选择题

1. A 2. C 3. C 4. B 5. B 6. B 7. A 8. B
9. D 10. A 11. D 12. A 13. B 14. B 15. B 16. C
17. A 18. B 19. B 20. B 21. B 22. A 23. A 24. B
25. A 26. B 27. C 28. C 29. A 30. A 31. C 32. B
33. A 34. B 35. B 36. B 37. A 38. A 39. A 40. B
41. C 42. C 43. A 44. C 45. C 46. B 47. B 48. C
49. D 50. D 51. C 52. A 53. D 54. D 55. C 56. C
57. B 58. D 59. B 60. D 61. C 62. B 63. B 64. B
65. A 66. D 67. D 68. D 69. C 70. B 71. C 72. A
73. C 74. D 75. C 76. C 77. C 78. B 79. A 80. B
81. C 82. C 83. C 84. A 85. B 86. D 87. C 88. B
89. C 90. D 91. A 92. B 93. C 94. C 95. C 96. D
97. C 98. A 99. B 100. D 101. B 102. A 103. A 104. C
105. B 106. A 107. C 108. B 109. A 110. A 111. A 112. D
113. D 114. C 115. B 116. C 117. B 118. C 119. D 120. B
121. B 122. C 123. B 124. B 125. C 126. B 127. B 128. B
129. B 130. B 131. B 132. B 133. B 134. C 135. B 136. C
137. C 138. D 139. A 140. C 141. C 142. A 143. C 144. B
145. A 146. A 147. B 148. C 149. C

6.2 职业技能鉴定考核模拟试卷参考答案

一、理论知识考核

（一）选择题

1. B 2. D 3. C 4. A 5. C 6. B 7. A 8. B
9. B 10. A 11. C 12. D 13. A 14. C 15. B 16. B
17. B 18. C 19. D 20. C 21. B 22. B 23. A 24. B
25. D 26. C 27. D 28. B 29. C 30. A 31. B 32. B
33. C 34. D 35. B 36. B 37. C 38. A 39. D 40. D

（二）判断题

41. × 42. × 43. × 44. × 45. √ 46. √ 47. × 48. √
49. √ 50. √ 51. × 52. √ 53. × 54. √ 55. √ 56. ×
57. × 58. √ 59. × 60. × 61. √ 62. √ 63. × 64. ×

65. √ 66. √ 67. × 68. √ 69. √ 70. × 71. √ 72. √
73. √ 74. × 75. × 76. × 77. × 78. √ 79. √ 80. √
81. × 82. × 83. √ 84. × 85. √ 86. × 87. × 88. √
89. √ 90. √ 91. × 92. √ 93. √ 94. √ 95. × 96. √
97. √ 98. × 99. × 100. √

郑 重 声 明

　　高等教育出版社依法对本书享有专有出版权。任何未经许可的复制、销售行为均违反《中华人民共和国著作权法》，其行为人将承担相应的民事责任和行政责任，构成犯罪的，将被依法追究刑事责任。为了维护市场秩序，保护读者的合法权益，避免读者误用盗版书造成不良后果，我社将配合行政执法部门和司法机关对违法犯罪的单位和个人给予严厉打击。社会各界人士如发现上述侵权行为，希望及时举报，本社将奖励举报有功人员。

反盗版举报电话： (010)58581897/58581896/58581879

传　　真： (010)82086060

E - mail： dd@hep.com.cn

通信地址： 北京市西城区德外大街4号
　　　　　　高等教育出版社打击盗版办公室

邮　　编： 100120

购书请拨打电话： (010)58581118